高等学校教材
新世纪电工电子实验系列规划教材

电子技术实验指导书

主　编　张　丹　王玉珏
副主编　周广丽
主　审　孙梯全

东南大学出版社
SOUTHEAST UNIVERSITY PRESS
·南京·

内 容 提 要

电子技术实验指导书是在总结多年电子技术实践教学改革经验的基础上，综合考虑理论课程特点和电子技术发展趋势，为适应当前应用创新型人才培养目标要求而编写的。教材从本科学生实践技能和创新意识的早期培养着手，注重结合电子技术的工程应用实际和发展方向，在帮助学生验证、消化和巩固基础理论的同时，注意引导学生思考和解决工程实际问题，激发学生的创新思维。教材第一部分为模拟电子技术实验，共安排了 11 个实验内容，第二部分为数字电子技术实验，也安排了 11 个实验内容，第三部分为综合设计性实验，安排了 10 个实验内容，最后一部分为附录。

本书可作为高等学校电子信息类、计算机类、电气类学生"电子技术基础实验"、"模拟电子技术实验"、"数字电子技术实验"等课程的教材，也可供相关工程技术人员、教师和学生参考。

图书在版编目(CIP)数据

电子技术实验指导书 / 张丹，王玉珏主编. — 南京：东南大学出版社，2021.9(2022.9 重印)
新世纪电工电子实验系列规划教材
ISBN 978-7-5641-9681-3

Ⅰ.电… Ⅱ.①张… ②王… Ⅲ.①电子技术-实验-高等学校-教学参考资料 Ⅳ.①TN-33

中国版本图书馆 CIP 数据核字(2021)第 187002 号

电子技术实验指导书(Dianzi Jishu Shiyan Zhidaoshu)

主　　编 张　丹　王玉珏
出版发行 东南大学出版社
出 版 人 江建中
社　　址 南京市四牌楼 2 号
邮　　编 210096

经　　销 全国各地新华书店
印　　刷 兴化印刷有限责任公司
开　　本 787 mm×1092 mm　1/16
印　　张 13.5
字　　数 352 千字
版　　次 2021 年 9 月第 1 版
印　　次 2022 年 9 月第 2 次印刷
书　　号 ISBN　978-7-5641-9681-3
定　　价 48.00 元

(本社图书若有印装质量问题，请直接与营销部联系。电话：025-83791830)

前　言

电子技术基础课程包括模电和数电两大部分内容，是电子、信息、通信、测控、计算机、电气等专业的重要的专业基础课，具有较强的理论性和工程实践性。电子技术实验是“电子技术基础”课程的实践教学环节。本教材是在总结多年电子技术实践教学改革经验的基础上，综合考虑理论课程特点和电子技术发展趋势，为适应当前应用创新型人才培养目标要求而编写的。教材从本科学生实践技能和创新意识的早期培养着手，注重结合电子技术的工程应用实际和发展方向，在帮助学生验证、消化和巩固基础理论的同时，注意引导学生思考和解决工程实际问题，激发学生的创新思维，培养学生的工程素养和创新能力，促进学生“知识”、“能力”水平的提高和“综合素质”的培养。全书共分为三个部分及附录。

第1章为模拟电子技术实验，共安排了11个实验内容，第2章为数字电子技术实验，也安排了11个实验内容。

这两章侧重于基本型(验证性)实验，实验内容与理论课程结合较紧密，实验难度循序渐进，旨在引导学生加深对理论知识的理解，培养学生的实验技能和实验兴趣。

第3章为综合设计性实验，安排了10个实验内容。

综合设计性实验的重点是让学生综合利用已学过的理论知识和已掌握的基本实践技能，有选择地完成一个或几个较复杂的电子线路或系统的分析/设计、安装、调试任务，进一步培养学生综合运用所学知识分析、解决工程实际问题的能力。

最后为附录。

本教材各章节及各章节的实验既循序渐进又相对独立，方便教师根据学生的情况和教学需要选择不同的教学内容。

本书由张丹主编，并负责全书的规划和统稿。第1章和第3章(实验1—5)由王玉珏编写，第2章由张丹编写，第3章(实验6—10)和附录由周广丽编写。王萌、王程、莫天豪协助完成图稿等部分的编写工作。在编写和出版的过程中，衷心感谢孙梯全老师和朱珉老师给与的大力支持和帮助。

由于编者水平有限，加之编写时间局促，书中的疏漏和错误之处，恳请读者批评指正。

编　者

2021年9月

目　录

模拟电子技术实验

实验1 常用电子仪器的使用

1.1.1 实验目的

(1) 学会常用电子仪器(示波器、信号源、直流稳压电源、交流毫伏表、万用表)的操作和使用方法。

(2) 初步掌握用示波器测量交流电压的幅值、频率、相位等有关参数的方法。

1.1.2 实验原理

在电子技术实验里,测定和定量分析电路的静态和动态工作状况时,最常用的电子仪器有:示波器、信号发生器、直流稳压电源、交流毫伏表、万用表等,如图1.1.1所示。

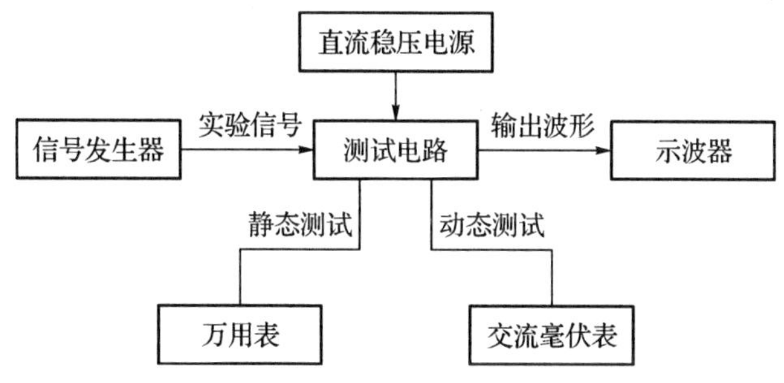

图1.1.1 电子技术实验中测量仪器连接图

(1) 直流稳压电源:由于电子技术的特性,电子设备对电源电路的要求就是能够提供持续稳定、满足负载要求的电能,而且通常情况下都要求提供稳定的直流电能。可以提供这种稳定的直流电能的电源就是直流稳压电源。直流稳压电源在电源技术中占有十分重要的地位。

(2) 信号发生器:是一种能提供各种频率、波形和输出电平信号的设备。在测量各种电信系统或电信设备的振幅特性、频率特性、传输特性及其他电参数,以及测量元器件的特性与参数时,用作测试的信号源或激励源。能够产生多种波形[如三角波、锯齿波、矩形波(含方波)、正弦波]的电路被称为函数信号发生器。

(3) 交流毫伏表:是由微型计算机、集成电路及晶体管组成的高稳定度的放大器等组成的测量装置,具有结构紧凑、精度高、可靠性强等特点,主要用于测量电路输入、输出信号的有效值。测量前一般先把量程开关置于较大位置上,以防因过载而损坏。

(4) 示波器:是一种用途十分广泛的电子测量仪器,它能把肉眼看不见的电信号变换成看得见的图像,便于人们研究各种电现象的变化过程。示波器分为模拟示波器和数字示波器两种，目前较多使用的是数字示波器。数字示波器一般支持多级菜单，能提供给用户多种选择及多种分析功能。有一些示波器还提供存储功能，实现对波形的保存和处理。利用示波器能观察各种不同信号幅度随时间变化的波形曲线，它可直接观测和真实显示被测信号的波形，定量测量电信号的幅度、频率、周期、相位等参数。

(5) 万用表：又被称为复用表、多用表、三用表、繁用表等，是电力电子等部门不可缺少的测量仪表，一般以测量电压、电流和电阻为主要目的。万用表按显示方式分为指针万用表和数字万用表。万用表一般可测量直流电流、直流电压、交流电流、交流电压、电阻和音频电平等，有的还可以测电容量、电感量及半导体的一些参数(如 β)等。

1.1.3 实验仪器

(1) 数字示波器　　1台
(2) 函数信号发生器　　1台
(3) 直流稳压电源　　1台
(4) 交流毫伏表　　1台
(5) 万用表　　1台
(6) 实验台　　1台

1.1.4 实验内容及步骤

1) 稳压电源操作

(1) 单电源输出的调整与测量

输出＋12 V，只要打开稳压电源开关，通过粗调和微调即可调出 12 V，可用万用表“直流电压”挡或直流电压表(注意极性不能弄错)，测定输出正、负端电压值。

(2) 输出正、负对称电源的调整与测量

以输出±12 V 为例，只要把两个稳压电源均调至 12 V，再把两电源按图 1.1.2 连接，串联端为公共端(接地端)，这时，从第一个稳压源正端输出为＋12 V，第二个稳压源负端输出为－12 V。

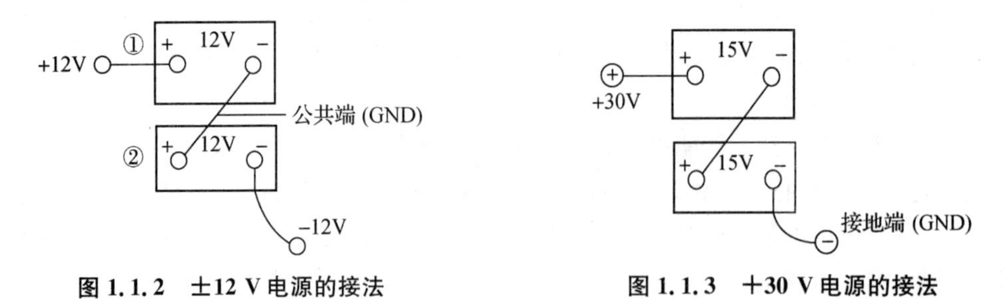

图 1.1.2　±12 V 电源的接法　　图 1.1.3　＋30 V 电源的接法

(3) 大于 18 V 电源的调整

以输出＋30 V 为例，把两个稳压电源分别调至 15 V，再把两电源按图 1.1.3 所示连接，两输出端电压为 30 V。

2) 示波器操作

(1) 前面板介绍(见图 1.1.4)

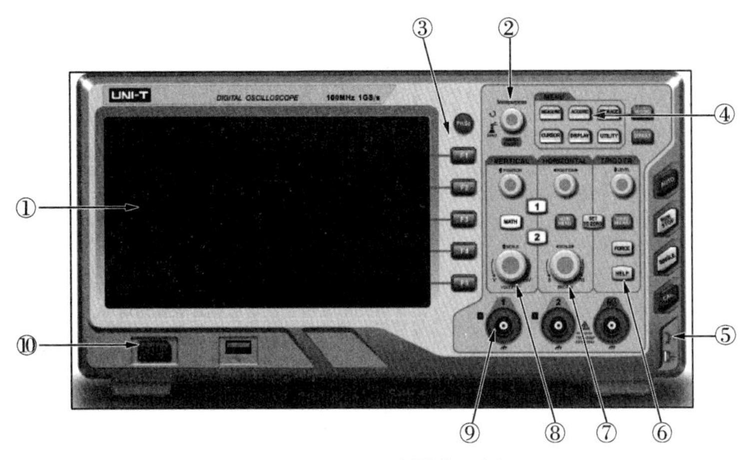

图 1.1.4 示波器前面板

① 屏幕显示区域 ② 多功能旋钮(Multipurpose)

③ 控制菜单键 ④ 功能菜单软键

⑤ 探头补偿信号连接片和接地端 ⑥ 触发控制区(TRIGGER)

⑦ 水平控制区(HORIZONTAL) ⑧ 垂直控制区(VERTICAL)

⑨ 模拟通道输入端 ⑩ 电源软开关键

(2) 迅速显示和测量校准信号的频率和峰峰值

① 将测试探头接入信号输入通道的 CH1 通道,将测试探头信号线的测试钩挂在示波器校准信号的输出端,测试探头的地端夹子夹在校准信号的地线端(地端夹子悬空,与此效果相同),按下示波器的电源开关(在示波器顶端左侧),并将探头上的衰减开关设定为“1×”。

② 按下“AUTO”按键,数字存储示波器将自动设置使波形显示达到最佳。

③ 旋转垂直“SCALE”旋钮,选择电压档位指示值为“1.00 V”;旋转水平“SCALE”旋钮,选择时间档位指示值为“200 μs”。

④ 分别用自动测量和测算两种方法测出校准信号的频率和峰值。

(3) 同时观测两个频率不同的信号

① 示波器的 CH1 通道依然接校准信号。示波器的 CH2 通道接信号发生器输出的信号。

② 调整信号发生器,使其输出频率为 1 kHz、峰峰值为 2 V 的正弦信号。

③ 按下“AUTO”按键,CH1、CH2 两个通道的信号波形分别显示在示波器的上、下半屏幕,但 CH2 通道的波形不稳。

④ 按下“TRIG MENU”按键,设置触发源为“交替”,可同时稳定显示两个信号的波形,然后可分别对两个波形进行有关电压、时间的测量。

(4) 保存

保存(3)中稳定显示的两个波形:

① 将 U 盘插入 USB 接口。

② 按下“STORAGE”按键，按“F1”选择“位图”。

③ 旋转多用途旋钮，选择合适的存储位置(1～20 中的一个数字)。

④ 按下“F4”，保存屏幕上的波形。

示波器的使用方法请仔细阅读“附录Ⅰ的附录 5”。

3）函数信号发生器操作

(1) 函数信号发生器幅值的调整与测定

调节函数信号发生器的有关旋钮，使输出频率为 1 kHz，电压峰峰值为 5 V 的正弦波，按表 1.1.1 变换分贝衰减器位置，用示波器及交流毫伏表定量测定其输出电压的峰峰值与有效值，填表记录测量结果。

表 1.1.1　函数信号发生器幅值的调整与测定

输出衰减/dB	示波器测量值			交流毫伏表测量值/V
	一周期垂直占显示的屏格数	垂直偏转因数	峰峰值/V	
0				
−20				
−40				

(2) 函数信号发生器频率的调整与测定

将函数信号发生器的电压幅度调定为 5 V 正弦波并保持不变，按表 1.1.2 调定信号频率，用示波器定量测定其频率。

表 1.1.2　函数信号发生器频率的调整与测定

信号发生器频率/Hz	示波器测量值				交流毫伏表测量值/V
	一周期垂直占显示的屏格数	水平偏转因数	周期/ms	频率/kHz	

4）万用表对晶体二极管、小功率晶体三极管极性判别操作

(1) 晶体二极管判别原理

指针式万用表电阻挡量程放在“$R\times100$”或“$R\times1$”，分别用红、黑表笔接触二极管的两个电极，经过两次交换测量后，如果测量的结果有明显的差异，根据二极管的单向导电性，认为二极管是好的。测量的结果为低电阻时，黑表笔所接的为二极管的正极，另一端为负极。

将万用表的黑表笔接二极管的正极，红表笔接负极，可测得二极管的正向电阻。一般几千欧姆以下为好(各档位都应在表指针满偏的 2/3 以上)。将红表笔接二极管的正极，黑表笔接负极，可测反向电阻，一般应大于 500 kΩ。

(2) 小功率晶体三极管判断原理

① 判断三极管类型和基极 b。以 NPN 型三极管为例，用黑表笔接某个电极，红表笔分别接触另外两个电极。若测量的阻值都比较大，再将表笔交换测量后，若测量的阻值都比较小，则可判定第一次测量中黑笔所接电极为基极；反之，如果测量阻值一大一小相差很大，则证明第一次测量中黑表笔接的不是基极，应更换其他电极再重测。若已知黑表笔所接为基极，再用红表笔分别接触另外两个电极，电阻都较小的是 NPN 型三极管，反之则为 PNP 型管。

② 判断三极管发射极 e、集电极 c。确定三极管的基极 b 后，用手指将假设的集电极和基极捏在一起，但两极不可相碰。万用表两表笔根据管型的不同分别与假设的集电极、发射极相接，然后交换表笔重测一次，两次测量的结果应不相等，其中电阻值较小的一次为正常的接法。对于 NPN 型管，红表笔接的是 e 极，黑表笔接的是 c 极；对于 PNP 型管，黑表笔接的是 e 极，而红表笔接的是 c 极。

注意：在三极管测试过程中，如果发现任何两极之间的正、反向电阻都很小（接近零）或都很大（表针不动），表明三极管已被烧坏或击穿。

(3) 实验内容

对给定的晶体二极管、三极管，分别判别其型号及性能。

1.1.5 思考题

(1) 测量中示波器测得的峰峰值大于交流毫伏表测得的有效值，为什么？

(2) 交流毫伏表能测量直流电压吗？万用表交流电压挡能测量任何频率的交流信号吗？为什么？

(3) 用示波器测量信号的频率和幅值时，如何保证测量精度？

(4) 总结本实验中所用电子仪器使用时的注意事项。

1.1.6 实验报告

整理实验结果，回答思考题。

实验 2 基本放大电路

1.2.1 实验目的

(1) 学习基本放大电路静态工作点及电压放大倍数的调整与测试方法。

(2) 掌握静态工作点和元件参数值的改变对输出信号波形及放大电路性能指标的影响。

1.2.2 实验原理

1) 实验原理

晶体管放大电路有共射极、共集电极、共基极三种基本电路形式，它们也是组成各种复杂放大电路的基本单元。图 1.2.1 是一种最常用的单级阻容耦合共射极放大电路，采用的是分压式电流负反馈偏置电路，其静态工作点 Q 主要由 R_{b1}、R_{b2}、R_e($R_{e1}+R_{e2}$)、R_c 及电源电压 $+V_{CC}$ 所决定。该电路利用电阻 R_{b1}、R_{b2} 分压固定基极电位 U_{BQ}，若满足条件 $I_1>I_{BQ}$，则当温度升高时有 $I_{CQ}\uparrow\rightarrow U_{EQ}\uparrow\rightarrow U_{BE}\downarrow\rightarrow I_{BQ}\downarrow\rightarrow I_{CQ}\downarrow$，即抑制了 I_{CQ} 的变化，从而获得稳定的静态工作点。

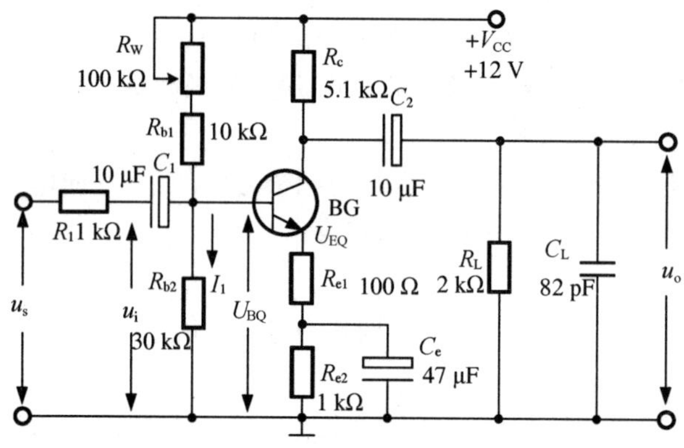

图 1.2.1 单级阻容耦合共射放大电路

2) BE 结、BC 结电压与晶体管的工作状态

晶体管具有放大、饱和、截止和倒置四种工作状态。在模拟电路中常要求晶体管工作在放大状态，在数字电路中一般要求晶体管工作在饱和和截止两种工作状态，倒置状态很少应用。这四种工作状态由晶体管的两个 PN 结的外加电压(正偏、反偏)决定。表 1.2.1 给出了晶体管的 BE 结、BC 结电压与放大、饱和、截止三种工作状态的关系。

表 1.2.1 晶体管的 BE 结、BC 结电压与放大、饱和、截止三种工作状态的关系

工作状态	PN 结电压	U_C、U_B、U_E 之间的关系		特 点
		NPN	PNP	
放大	发射结正偏、集电结反偏	$U_C>U_B>U_E$	$U_C<U_B<U_E$	$i_C=\beta i_B$, $\beta\gg1$
饱和	发射结正偏、集电结正偏	$U_B>U_C$, $U_B>U_E$	$U_B<U_C$, $U_B<U_E$	$U_{CE}=U_{CES}\approx0.3$ V
截止	发射结反偏、集电结反偏	$U_B<U_C$, $U_B<U_E$	$U_B>U_C$, $U_B>U_E$	i_C、i_B、i_E 近似为 0

图 1.2.2(a)、(b)分别说明了基极无偏置和有偏置时的情况。

显然，对于图 1.2.3，若去除偏置电路(R_W、R_{b1}、R_{b2})，即无偏置时，在 u_i 变化的整个周期内，仅当 $u_i>0.7$ V(硅管)时，BE 结才能正偏且导通，这时三极管无法正常放大输入信号(上削顶、截止失真)。

有偏置时，只有当 u_i 变化的整个周期内，U_{BE} 都大于 0.7 V(即 $U_{imin}+U_{BEQ}>0.7$ V)时，才能保证 u_i 变化的整个周期 BE 结(发射结)始终正偏。这时为了保证集电结在 u_i 变化的整个周期内始终反偏，显然要求 $U_{imax}+U_{BEQ}>U_C$，所以输入信号 u_i 的振幅不能过大，否则

会出现下削顶、饱和失真。

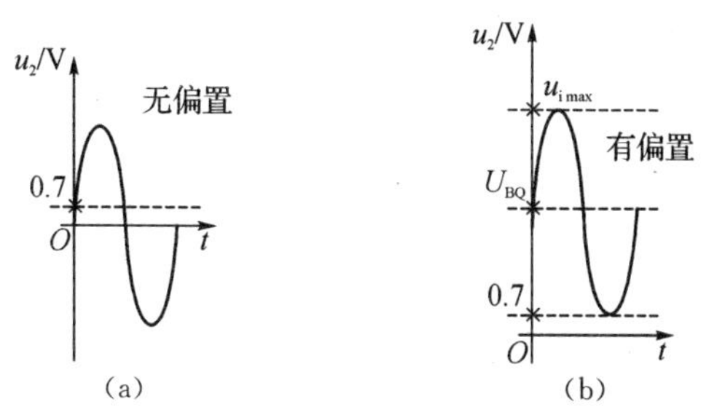

图 1.2.2　基极无偏置和有偏置时波形图

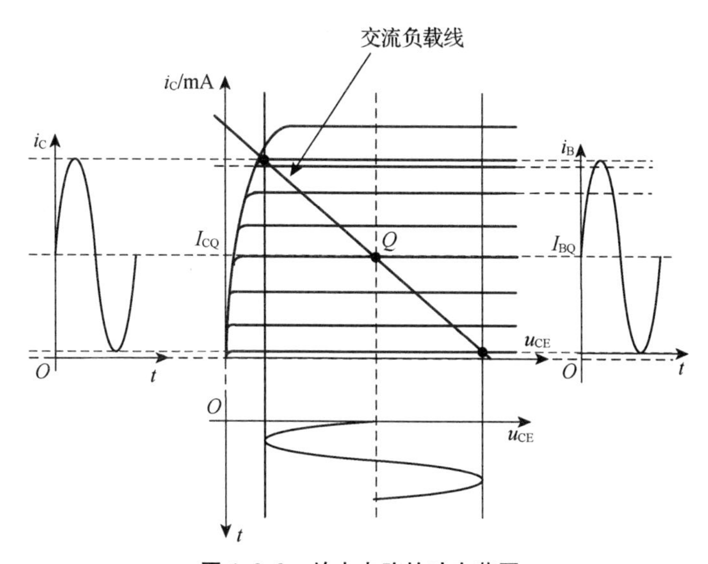

图 1.2.3　放大电路的动态范围

所以，为了保证单电源供电的三极管放大电路在输入信号变化的整个周期内都能满足发射结正偏、集电结反偏这个条件，要求：① 在三极管的基极加直流偏置电路，且保证 U_{BQ} 处于合适的值；② 输入信号的幅度不能过大。

3）最佳静态工作点和输入最大、输出不失真的调整

晶体管的最佳静态工作点是指调整偏置电阻使静态工作点处于此位置时，输入信号可以达到最大且输出不失真（见图 1.2.4），这时如果把输入信号（单一频率的正弦波信号）再稍微调大一点，输出即同时出现上削顶和下削顶（见图 1.2.4）。

下面分析一下 Q 点过高的情况。若 Q 点过高且输入信号幅度较小，输出可能不会失真，但若不断增大输入信号的幅度，输出会首先出现饱和失真。如图 1.2.5 所示，在 i_B 变化的整个周期内，当 i_B 的值超过 I_{BQ}时（如 i_B 等于 i_{B1}、i_{B2}、i_{B3}），这些 i_B 所对应的转移特性曲线与交流负载线大致交于一点 $Q_\bigstar$，$Q_\bigstar$ 这一点的纵坐标对应的 i_C 的值固定不变，所以 i_B 的变化并没有引起 i_C 的变化，即 i_C 出现上削顶，u_{CE}出现下削顶。

另外，当 Q 点偏低且输入信号幅度较小，输出可能也不会失真，但若不断增大输入信号的幅度，首先 I_B 会出现失真，如图 1.2.6 所示，i_B 的失真显然会造成 i_C 出现下削顶失真，则 u_{CE}出现上削顶失真。

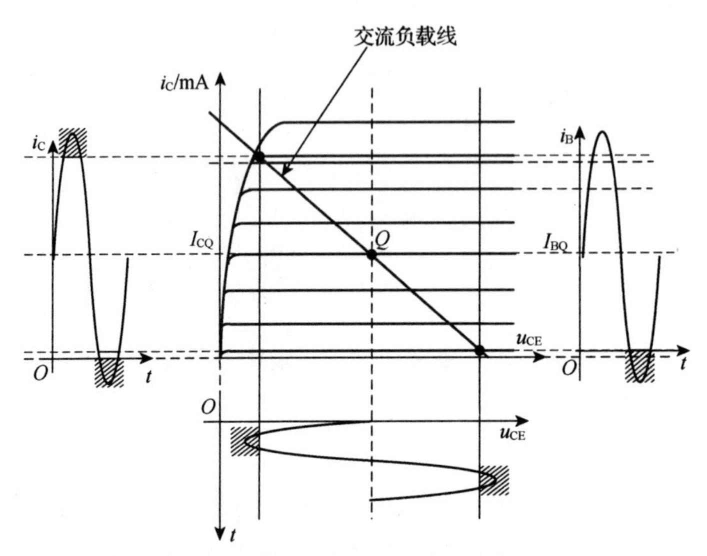

图 1.2.4　最佳静态工作点下的放大电路动态范围

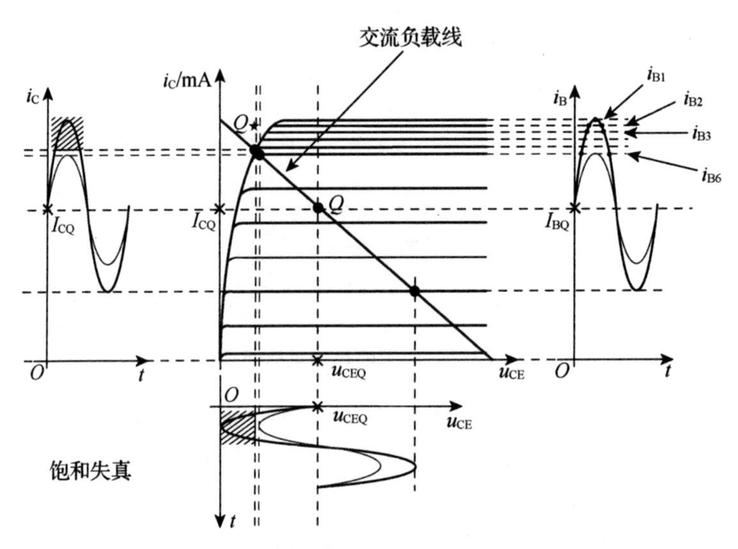

图 1.2.5　饱和失真放大电路图

从上面的分析可知,放大器必须设置合适的静态工作点 Q,才有可能不失真地放大信号,为获得输入最大、输出不失真的输出电压,最佳静态工作点应设置在输出特性曲线上交流负载线最大线性范围的中点,若 Q 点过高,容易产生饱和失真;Q 点过低,容易产生截止失真。

在本实验中,获得最佳静态工作点的方法如下:

用示波器的两个通道分别观测放大器的输入信号和输出信号,同时一只手调整电位器 R_W,另一只手调整信号源的幅度旋钮,当输入信号的幅度稍微增大一点,放大器的输出信号同时出现上、下削顶时,这时放大器的静态工作点即处于最佳状态,这时,保持 R_W 不变,将输入信号再稍微减小一点,放大器的输出信号为不失真的正弦波,此时,放大器即处于输入最大、输出不失真的状态。

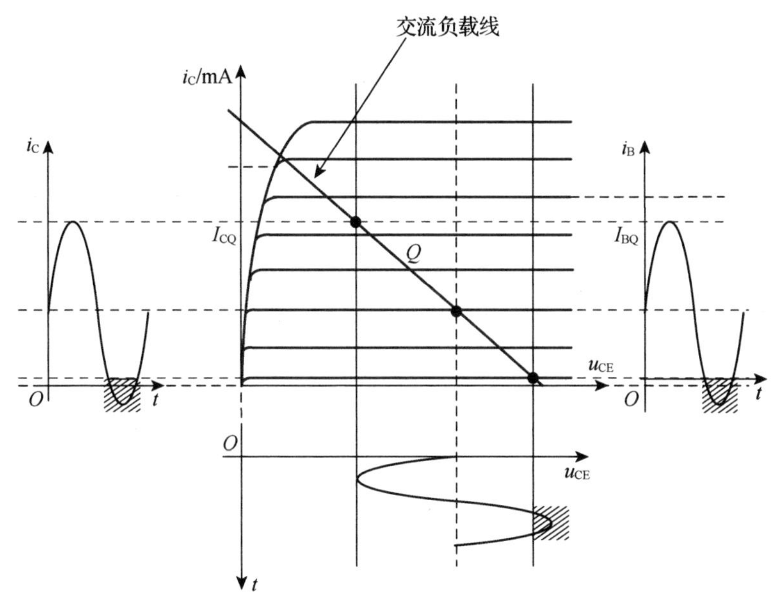

图 1.2.6　截止失真放大电路图

4）主要性能指标及其测量方法

静态工作点的选择关系到放大器的各项技术指标的优劣。调整好最佳静态工作点后，即可开始测量放大器静态工作点、放大倍数、输入电阻、输出电阻、通频带等各项技术指标。

（1）静态工作点

静态工作点的测量主要是测量晶体管静态集电极电流 I_{CQ}。常采用间接测量法，对于图 1.2.1 所示的阻容耦合放大电路，其 I_{CQ}的间接测量法见图 1.2.7，则 $I_{CQ}\approx U_{EQ}/(R_{E1}+R_{E2})$。

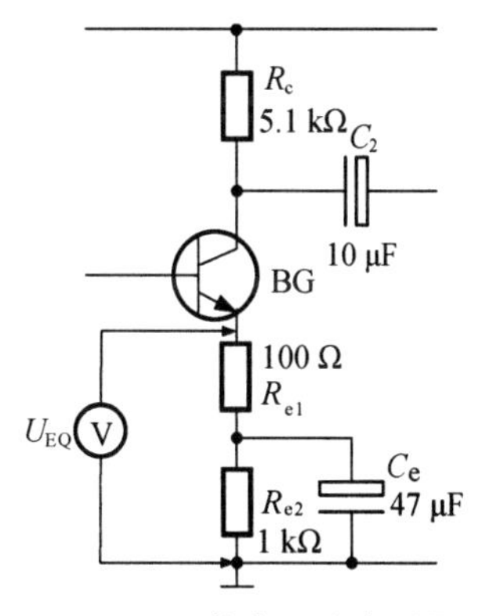

图 1.2.7　静态工作点测量

（2）电压放大倍数 A_u

电压放大倍数 A_u 为放大器输出电压、输入电压有效值或最大值之比。电压放大倍数应在输出电压波形不失真的条件下进行测量。对于图 1.2.1 所示的阻容耦合放大电路，其 A_u 可由下式对测试值进行验证。

$$A_u=-\frac{\beta(R_C /\!/ R_L)}{r_{BE}+(1+\beta)R_{E1}}$$

式中：β 为三极管共射低频小信号输出交流短路电流放大系数；r_{BE}为共射情况下 b、e 间小信号等效电阻。

（3）输入电阻 R_i

由于结电容的存在，事实上输入电阻 R_i 指的是在某一频率输入信号作用下的输入阻抗的模，或者说是从放大器输入端看进去的交流等效电阻。

R 表示放大器对信号源的负载作用。相对于信号源内阻 R_S 而言，若 $R_i\gg R_S$，则放大器从信号源获得最大输入电压；若 $R_i\ll R_S$，则放大器从信号源获得最大输入电流；若 $R_i=R_S$，则放大器从信号源获得最大输入功率。

实验中通常采用换算法测量输入电阻，测量电路如图 1.2.8，图中 R 为取样电阻，则有：

$$R_i=\frac{u_i}{I_i}=\frac{u_i}{(u_s-u_i)/R}=\frac{u_i}{u_s-u_i}R$$

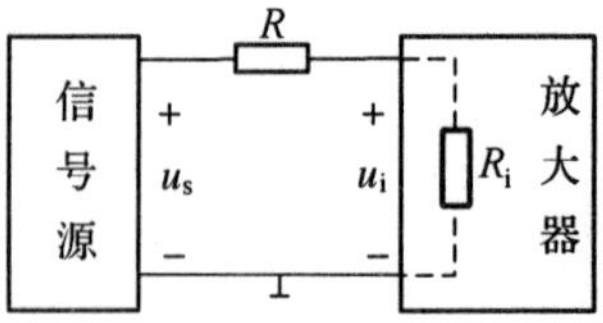

测量 R_i 时,放大器的输出端应接上负载电阻 R_L,并用示波器监测输出波形,要求在输入最大、输出不失真的条件下测量。

图 1.2.8　放大电路输入电阻

(4) 输出电阻 R_o

相对于负载而言,放大器可等效为一个信号源,这个等效信号源的内阻就定义为放大器的输出电阻。同样,由于结电容的存在,事实上输出电阻 R_o 指的是在某一频率输入信号作用下的输出阻抗的模,或者说是从放大器输出端看进去的交流等效电阻。

R_o 的大小反映放大器带负载的能力。若 $R_o \ll R_L$,则等效信号源可视为恒压源,因而具有较强的带负载能力,即当负载变化时,在晶体管功率许可范围内,负载两端的信号电压几乎维持不变,若 $R_o \gg R_L$,则等效信号源可视为恒流源。

实验中也采用换算法测量输出电阻 R_o。测量电路如图 1.2.9 所示。

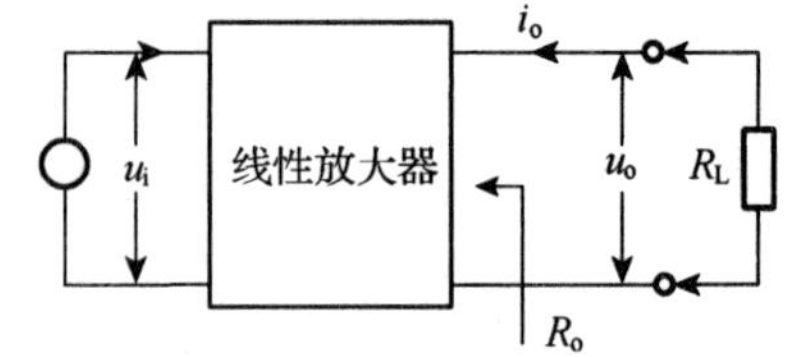

图 1.2.9　放大电路输出电阻

在放大器的输入端送入一个固定的正弦波信号,分别测出不带负载 R_L 和带负载 R_L 时的电压 u_o' 和 u_o,则有:

$$R_o=\left(\frac{u_o'}{u_o}-1\right)R_L$$

测量 R_o 时,除了要保证输入正弦信号的幅度和频率不变,还要求接入负载 R_L 前后输出波形不失真。

(5) 放大器的幅频特性

放大电路中的耦合电容、晶体管的结电容等电抗性元件的电抗值和信号频率相关,这使放大电路对不同频率信号的放大能力不同。放大电路的高频特性主要受晶体管的结电容影响,放大电路的低频特性主要受耦合电容影响。放大电路的幅频特性是指在输入正弦信号时放大器电压增益 A_u 随信号源频率而变化的稳态响应。如图 1.2.10 所示,当输入信号幅度保持不变时,放大器的输出信号幅度将随输入信号源频率的高低而变化,当信号频率太高或太低时,输出幅度都会下降,而在中间频率范围内,输出幅度基本不变。通常将增益下降到中频增益的 0.707 倍(即幅度变化 3 dB)时,所对应的下限频率 f_L 和上限频率 f_H 之差的频率范围称为放大器的通频带(BW)。

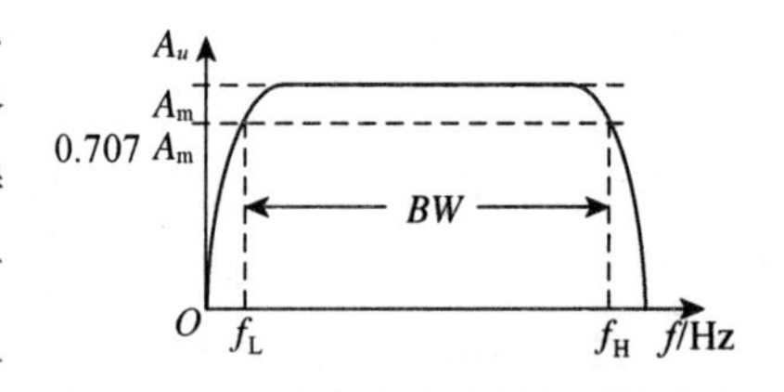

图 1.2.10　放大电路的幅频特性曲线

一般采用逐点法测量幅频特性,即保持输入信号电压 u_i 的幅度不变,逐点改变输入信号的频率,同时测量放大器相应的输出电压 u_o,由 $A_u=u_o/u_i$ 计算对应于不同频率下放大器的电压增益,从而得到放大器增益的幅频特性。用单对数坐标纸将信号源频率 f 用对数分度、放大倍数 A_u 取线性分度,即可画出幅频特性曲线。

测量幅频特性时,要注意始终保持输入电压的幅度不变,且输出波形不能失真。

1.2.3　实验仪器

(1) 双踪示波器　1台

(2) 函数信号发生器　1台

(3) 交流毫伏表　1台

(4) 实验台　1台

1.2.4　实验内容及步骤

图1.2.11为基本放大电路实验的实验电路资源，实验过程中可根据需要搭拉电路。

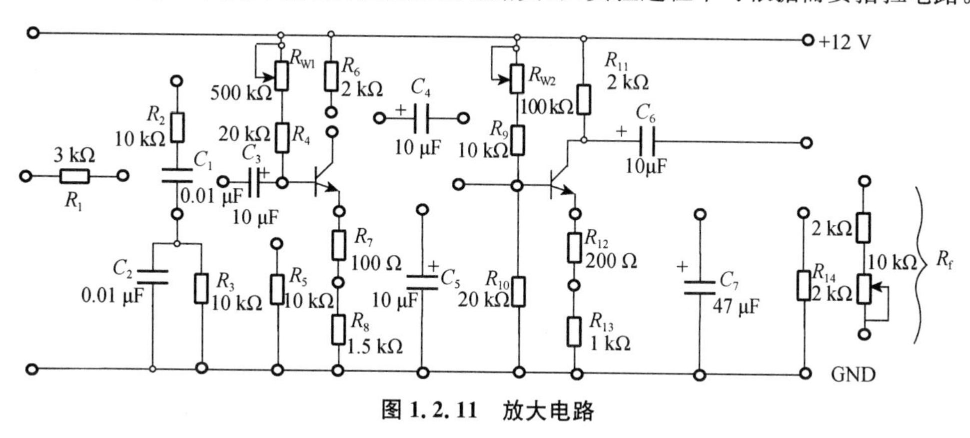

图1.2.11　放大电路

1) 静态工作点调整

(1) 调整直流稳压电源输出为 V_{CC}=12 V。

(2) 按图1.2.12连接电路，检查电路无误后，接通电源 V_{CC}，直流电压表(20 V量程)并联在电路中用于测 U_{CEQ}，直流电流表(5 mA量程)串联在电路中用于测 I_{BQ}。

(3) 调节滑动变阻器 R_{W1}，使 $U_{CEQ}\approx 6$ V，记录 I_{BQ}，估算出 I_{CQ}、β 值。

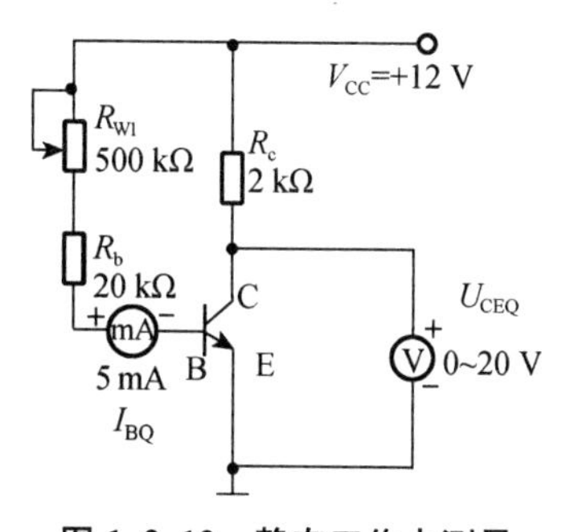

图1.2.12　静态工作点测量

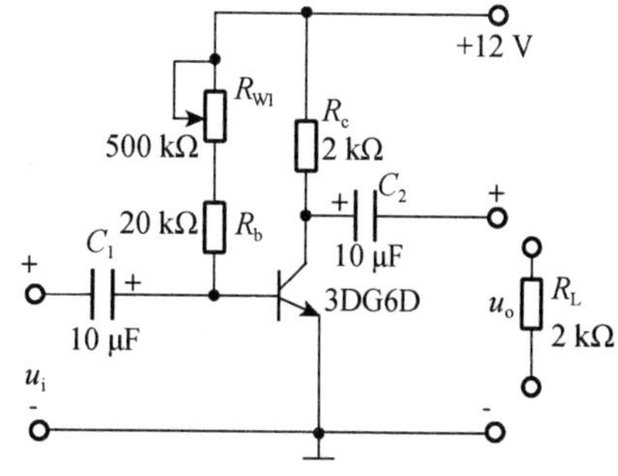

图1.2.13　动态参数测量

2) 动态参数测量

(1) 交流电压放大倍数 A_u 的测量

在静态工作点调整好的基础上，调节函数信号发生器，频率为 f=1 kHz，正弦波衰减−40 dB，接入到实验电路图1.2.13的输入电压 u_i 端，调节函数发生器使幅度分别为20 mV、

30 mV、40 mV 时，用双踪示波器同时观察输入电压 u_i、输出电压 u_o 的波形，完成表 1.2.2，并记录最大不失真输出时，所对应的输入电压值(加大函数发生器的幅值，用示波器观察最大输出不出现失真时所对应的输入电压值)。

表 1.2.2　交流电压放大倍数的测量

u_i/mV	u_o/mV	$A_u=u_o/u_i$	输出波形
20			
30			
40			
(　　)			最大不失真输出

(2) 观察负载电阻 R_L 的变化对电压放大倍数 A_u 的影响

固定交流输入电压 u_i：正弦波，$u_i=20$ mV，$f=1$ kHz，用示波器观察负载电阻 R_L 变化(空载和负载电阻 $R_L=2$ kΩ)对电压放大倍数 A_u 影响，完成表 1.2.3。

表 1.2.3　负载电阻 R_L 对电压放大倍数的影响

R_L/kΩ	u_i/mV	u_o/mV	A_u
∞			
2			

3) 观察静态工作点 Q 变化对输出波形的影响

(1) 将滑动变阻器 R_{W1} 逆时针调至底(即 $R_{W1}=0$)，逐渐加大输入交流信号 u_i，用示波器注意观察输出波形 u_o 有何变化，若不明显可继续加大输入信号 u_i，按表 1.2.4 记录实验结果(注意测量静态值时必须拆除交流输入 u_i 方可测量)。

(2) 将滑动变阻器 R_{W1} 顺时针调至底($R_{W1}=500$ kΩ)，并保持(1)的输入信号不变，重复上述内容，填写实验结果。

表 1.2.4　静态工作点 Q 变化对输出波形的影响

R_{W1}/kΩ	静态工作点	波形	失真性质
0	$U_{CEQ}=$ $I_{BQ}=$		
500	$U_{CEQ}=$ $I_{BQ}=$		

4) 输入电阻 R_i 及输出电阻 R_o 的测量

(1) 测量输入电阻 R_i。

输入电阻的测量原理框图如图 1.2.14。按上述内容中的步骤(1)恢复静态值，在放大电路与交流信号源之间串入一固定电阻 $R=3$ kΩ，保持 $u_i=30$ mV，用交流毫伏表测量 u_i 及相应 u_i' 的值，则 $R_i=\frac{u_i'}{u_i-u_i'}R$。

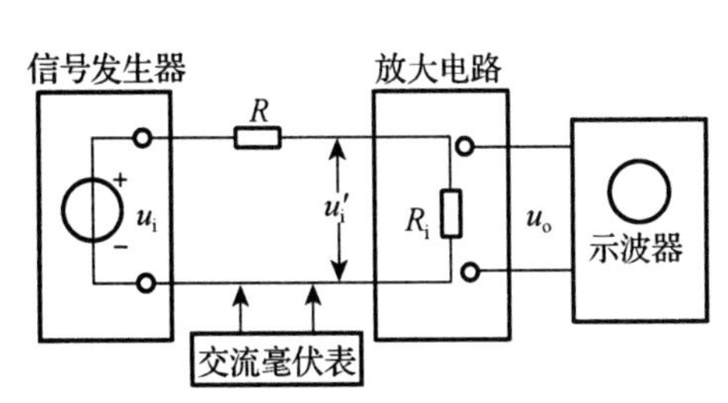

图 1.2.14　输入电阻测量原理

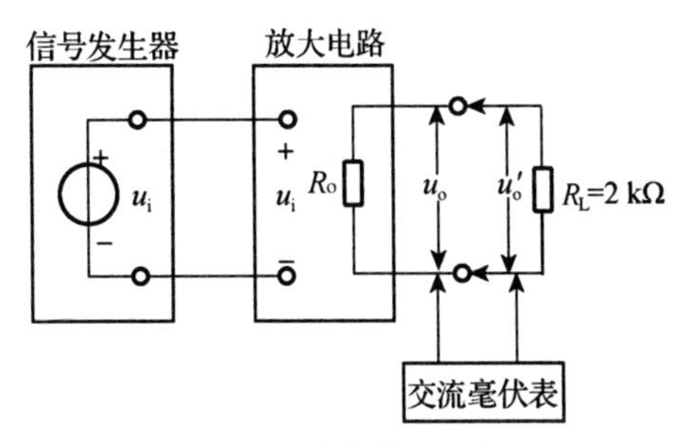

图 1.2.15　输出电阻测量原理

(2) 测量输出电阻 R_o

输出电阻测量原理如图 1.2.15 所示。保持 $u_i=30$ mV,用交流毫伏表分别测得 $R_L=\infty$(空载)和 $R_L=2$ kΩ 时输出电压 u_o 和 u_o' 的值,则 $R_o=\frac{u_o'}{u_o-u_o'}R_L$。

1.2.5　预习要求

(1) 认真阅读实验指导书明确实验内容及要求。

(2) 复习基本放大电路有关内容,掌握静态工作点调整原理。

(3) 熟悉示波器、函数信号发生器、交流毫伏表的使用方法。

1.2.6　思考题

(1) 如何通过测量 U_{CEQ} 判别电路失真性质?

(2) 负载电阻 R_L 变化对电路输出动态范围有何影响?

(3) 放大器的非线性失真在哪些情况下可能出现?

(4) 放大电路 R_i、R_o 的大小在实用电路中有何影响?

1.2.7　实验报告

(1) 整理实验表格,回答思考题。

(2) 用实验结果说明放大器负载 R_L 对放大器的放大倍数 A_u 的影响。

实验 3　多级放大电路

1.3.1　实验目的

(1) 掌握多级放大电路静态工作点的调整与测试方法。

(2) 掌握测试多级放大电路电压放大倍数的方法。

(3) 掌握测试放大电路频率特性的方法。

1.3.2　实验原理

基本放大电路主要由单个晶体管或场效应管构成,为单级放大电路,其电压放大倍数可以达到几十倍。但是很多场合需要的增益非常高，单级放大器往往很难满足需要。为了获得足够大的增益或考虑输入输出电阻的要求，放大器往往由多级构成。多级放大器常用的耦合方式有阻容耦合、变压器耦合和直接耦合三种。本次实验主要研究采用直接耦合方式的两级放大电路的分析与设计。

为了传递变化缓慢的直流信号，可以把前级的输出端直接接到后级的输入端，这种连接方式称为直接耦合，如图 1.3.1 所示。直接耦合式放大电路有很多优点，它既可以放大和传递交流信号，也可以放大和传递变化缓慢的信号或者是直流信号，且便于集成。实际的集成运算放大器内部采用的就是一个高增益直接耦合多级放大电路。由于直接耦合放大电路前后级之间存在着直流通路，使得各级静态工作点互相制约、互相影响，因此，在设计时必须采取一定的措施，以保证既能有效地传递信号，又要使各级有合适的工作点。

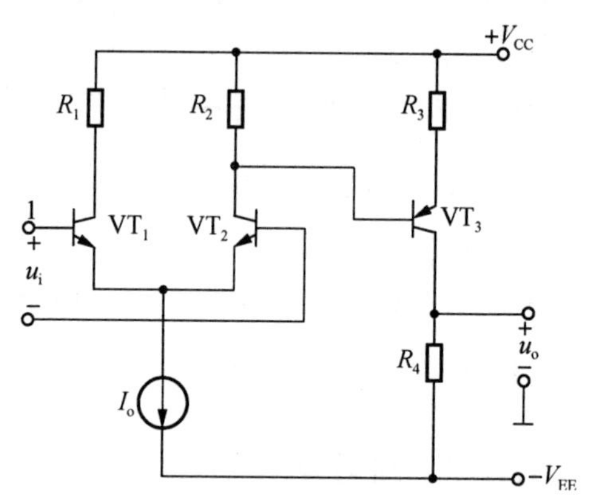

图 1.3.1　直接耦合两级放大电路

对于图 1.3.1 的电路，通常在第二级的发射极接入稳压二极管，这样既提高了第二级的基极电位，也使第一级的集电极静态电位抬高，脱离饱和工作区，可以使整个电路稳定正常地工作，稳定三极管的静态工作点。

另外，在一个多级放大电路的输入端短路时，输出电压往往并非始终不变，而是会出现电压的随机漂动，这种现象叫做漂移。产生漂移的原因有很多，主要是以下两点：一方面，由于元器件参数，特别是晶体管的参数会随温度的变化而变化；另一方面，即使温度不变化，元器件长期使用会老化，参数就会发生变化。由温度引起的叫做温漂，由元器件老化引起的叫做零漂。在多级放大电路中，第一级的影响尤为严重，它将被逐级放大，以至影响整个电路的工作，所以漂移问题是直接耦合放大电路的特殊问题。解决漂移的方法有很多种，例如引入直流负反馈来稳定静态工作点，以减小漂移；利用温度补偿元件补偿放大管的漂移，利用热敏电阻或二极管来与工作管的温度特性相补偿；利用工作特性相同的管子构成对称的一种电路——差动放大电路。

多级放大器有以下几个性能指标：

1) 放大倍数 A_u

多级放大器的放大倍数为各级放大器放大倍数的乘积，且在计算每一级放大倍数时要考虑前后级之间的影响。

2) 输入电阻

多级放大器的输入电阻取决于第一级放大器的输入电阻。

3) 输出电阻

多级放大器的输出电阻近似等于最后一级输出电阻，放大器输出电阻的大小反映了带负载能力的大小，R_o 越小，带负载能力越强。

4）频率特性

多级放大电路放大倍数为：

$$A_u = \prod_{i=1}^{n} A_{ui}$$

式中：A_u 为放大器第 i（$i=1,2,\cdots,n$）级的放大倍数。

对上式绝对值取对数，得到多级放大器的幅频特性：

$$A_u = 20\lg\left|\prod_{i=1}^{n} A_{ui}\right| \text{ dB}$$

多级放大器的相频特性为：

$$\varphi = \varphi_1 + \varphi_2 + \cdots + \varphi_n = \sum_{i=1}^{n} \varphi_i$$

负反馈在电子电路中有着广泛的应用，虽然负反馈降低放大倍数，但能改善放大电路的动态指标，如稳定放大倍数、改变输入电阻、减小非线性失真和展宽通频带。

负反馈通常有四种组态，即电压串联、电压并联、电流串联和电流并联。本实验以电压串联负反馈为例（图 1.3.2 中 R_f 并联在 u_o 端），分析负反馈对放大器频带的影响。

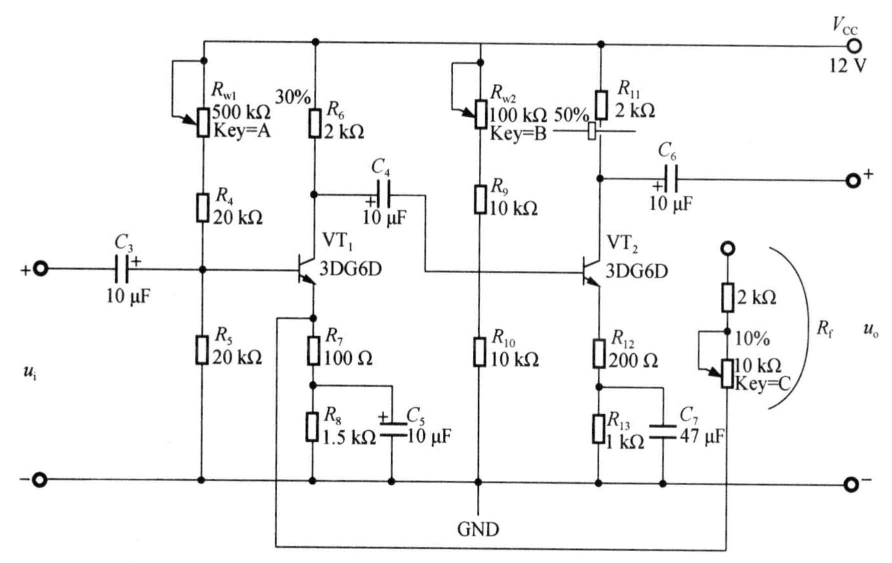

图 1.3.2　多级放大电路实验接线图

1.3.3　实验仪器

（1）实验台	1 台
（2）函数信号发生器	1 台
（3）交流毫伏表	1 台
（4）双踪示波器	1 台

1.3.4 实验内容

1）调整静态工作点

（1）调节直流稳压电源，$V_{CC}=12$ V。

（2）按图 1.3.3 连接电路，检查无误后，接通直流稳压电源。分别调节滑动变阻器 R_{w1} 和滑动变阻器 R_{w2}，使 $U_{CE1}=U_{CE2}\approx 6$ V，用直流电压表测出 U_{B1}、U_{B2}。

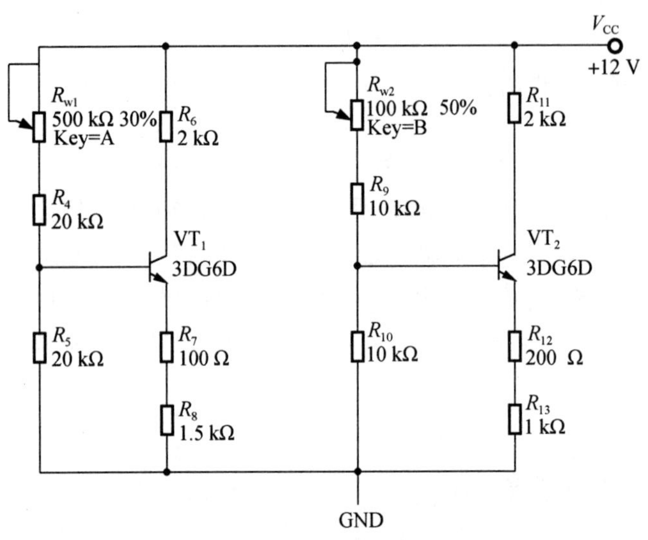

图 1.3.3 静态工作点调整

2）测量电压放大倍数

（1）按图 1.3.2 连接线路，前级放大器输出连至后级放大器输入，不接入反馈电路（R_f），构成两级阻容耦合放大器，调节函数信号发生器，使输入电压 $u_i=20$ mV，正弦波，频率 $f=1$ kHz。

（2）用示波器分别观察第一级放大器的输出波形 u_{o1} 和第二级放大器的输出波形 u_{o2}，若波形失真，可微调 R_{w1} 和 R_{w2}，直到使两级放大器输出信号波形不失真为止。

（3）空载时，在输出波形不失真的条件下，测量输入电压 u_i、输出电压 u_{o1}、输出电压 u_{o2}（可用交流毫伏表测有效值），再接入负载电阻 $R_L=2$ kΩ，其他输入条件同上，测量记录 u_i、u_{o1}、u_{o2}，将两次测量结果记入表 1.3.1 中。

表 1.3.1 静态工作点和电压放大倍数的测量

条 件	静态工作点						输入输出电压有效值/mV			电压放大倍数		
	第一级			第二级						第一级	第二级	整体
	U_{C1}	U_{B1}	U_{E1}	U_{C2}	U_{B2}	U_{E2}	u_i	u_{o1}	u_{o2}	A_{u1}	A_{u2}	A_u
空载												
$R_L=2$ kΩ												

3）观测放大器的幅频特性

分别观测无反馈和有反馈时放大器的幅频特性，并填表 1.3.2。

(1) 无反馈电路中，负载 R_L 开路，保持输入电压 $u_i=10$ mV，输入频率 $f_i=1$ kHz，正弦波，确保输出波形不失真，测 u_o 有效值(交流毫伏表)，接着，在保持 u_i 幅度不变的前提下分别降低和增大输入 u_i 的频率，选择多个不同频率，观测相应的输出电压。

注意，当改变输入信号频率时，会有两个频率点对应输出电压为 $0.707u_o$，这两点所对应的输入信号频率即是幅频特性曲线的上限(f_H)和下限(f_L)频率。

(2) 引入电压负反馈(R_f)重复上述内容，注意观察负反馈对幅频特性的影响。

表 1.3.2 放大器的幅频特性测量

f_i/Hz											
无反馈	u_o/V										
	A_u										
有反馈	u_o/V										
	A_u										

1.3.5 预习要求

(1) 复习理论教材有关内容，认真阅读实验指导书并熟悉实验内容。

(2) 两级放大电路单独工作时测得的放大倍数的乘积是否等于两级级联时测得的总的放大倍数，为什么?

1.3.6 实验报告

(1) 整理实验数据及表格。

(2) 根据表 1.3.2 中的测量数据画出带有反馈放大电路的幅频特性曲线图，并分析负反馈对幅频特性的影响。

实验 4 RC 正弦振荡电路

1.4.1 实验目的

(1) 掌握 RC 自激振荡电路工作原理与调整方法。

(2) 掌握串联电压深度反馈 A_{uf} 及反馈系数 F 的测试方法。

1.4.2 实验原理

一般来说，一个放大电路，在输入端加上输入信号的情况下，输出端才有输出信号，如果输入端无外加输入信号，输出端仍有一定频率和幅度的信号输出，这种现象称为放大电路的自激振荡。振荡电路就是在没有外加输入信号的情况下，依靠电路自激振荡而产生正弦波输出的电路。

1) 产生正弦波振荡的条件

图 1.4.1(a)所示的正弦波振荡电路是一个未加输入信号的正反馈闭环电路。若输出

正弦电压 $\dot{U}_o$ 经反馈环节产生的反馈电压 $\dot{U}_f$ 恰好等于放大电路所需的输入电压 $\dot{U}_i'$（幅度相等、相位相同），即 $\dot{U}_i'=\dot{U}_f'$，则可在闭环电路输出端得到持续稳定的正弦波，如图 1.4.1(b) 所示。由 $\dot{U}_i'=\dot{U}_f'$，可得 $AF=\frac{\dot{U}_o}{\dot{U}_i'}\frac{\dot{U}_f'}{\dot{U}_o}$ 就是产生正弦波振荡的振荡条件。若设 $\dot{A}=A\angle\varphi_A$，$\dot{F}=F\angle\varphi_F$，正弦波振荡条件可用幅度平衡条件和相位平衡条件来表示。

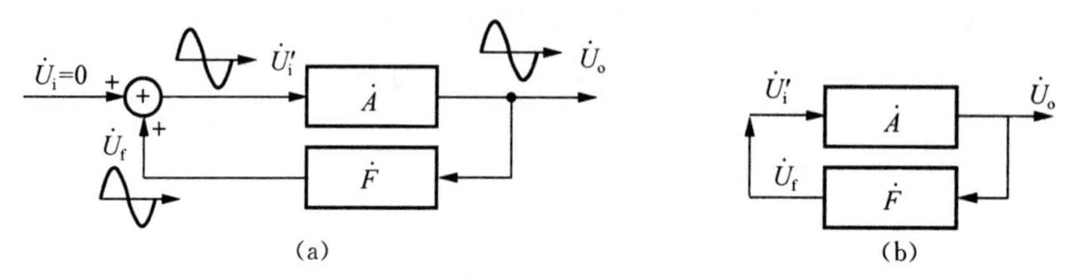

图 1.4.1　正弦波振荡电路的框图

幅度平衡条件：

$$|AF|=1$$

相位平衡条件：

$$\varphi_A+\varphi_F=2n\pi(n=0,\pm1,\pm2,\cdots)$$

2) 正弦波振荡的建立和稳定

一个实际的正弦波振荡电路的初始信号是由电路内部噪声和瞬态过程的扰动引起的。通常这些噪声和扰动的频谱很宽而幅度很小。为了最终能得到一个稳定的正弦信号，首先，必须用一个选频环节把所需的频率分量从噪声或扰动信号中挑选出来使其满足相位平衡条件，而使其他频率分量不满足相位平衡条件。其次，为了使振荡能够从小到大建立起来，要求满足：

$$|\dot{A}\dot{F}|\gg1$$

此式称为正弦波振荡的起振条件。从公式中可以看到，振荡建立起来后，输出信号将由小到大持续不断增大，好像无法得到一个稳定的正弦波，而实际上，信号的幅度最终要受到放大电路非线性的限制，即当幅度逐渐增大时，$|\dot{A}|$ 将逐渐减小，最终使 $|\dot{A}\dot{F}|=1$，达到幅度平衡条件，从而使正弦波振荡稳定。

3) 正弦波振荡电路的组成

从上述分析可知，正弦波振荡电路从组成上看必须有以下四个基本环节。

(1) 放大电路：保证电路能够由从起振到动态平衡的过程，是电路获得一定幅值的输出量，实现能量的控制。

(2) 选频网络：确定电路的振荡频率，使电路产生单一频率的振荡，即保证电路产生正弦波振荡。

(3) 正反馈网络：引入正反馈，使放大电路的输入信号等于反馈信号。

(4) 稳幅环节：也就是非线性环节，作用是使输出信号幅值稳定。

在不少实用电路中，常将选频网络和正反馈网络“合二为一”，而且，对于分立元件放大电路，也不再另加稳幅环节，而是依靠晶体管特性的非线性实现稳幅目的。

实验电路如图 1.4.2 所示。

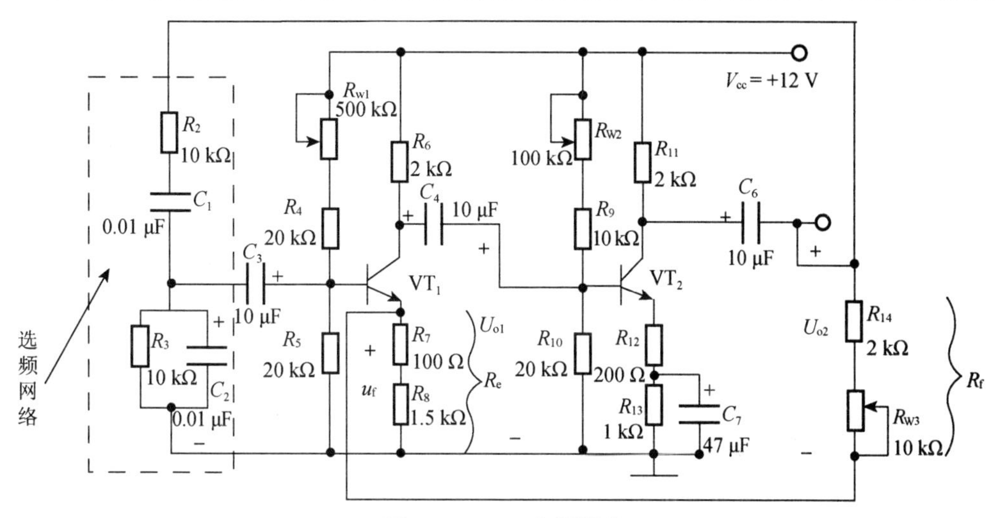

图 1.4.2　RC 自激振荡

电路由 RC 串、并联选频网络和 VT_1、VT_2 两级电压串联深度负反馈电路组成。引入负反馈的目的是为了改善波形和稳定振荡幅度，在深度负反馈的条件下电路的放大倍数由反馈元件 R_f 和 R_E 决定，因此调整 R_f 和 R_E 的参数即可改变电路的放大倍数，从而达到振荡电路的振幅条件。电路的振荡平衡条件为：

① 幅值平衡条件 $|\dot{A}\dot{F}|=1$；

② 相位平衡条件 $Q_A+Q_F=\pm 2n\pi$（n 为整数），如图 1.4.3，设 $Z_1=R_1+\frac{1}{j\omega C_1}$

图 1.4.3　RC 选频网络

$$Z_2=R_2/\!/\frac{1}{j\omega C_2}=\frac{R_2}{1+j\omega R_2C_2}$$

在 $R_1=R_2=R$，$C_1=C_2=C$ 的条件下，

$$\dot{F}=\frac{\dot{U}_f}{\dot{U}_o}=\frac{Z_2}{Z_1+Z_2}=\frac{1}{3+j\left(\omega RC-\frac{1}{\omega RC}\right)}$$

$$|F|=\frac{1}{\sqrt{3^2+\left(\frac{f}{f_0}-\frac{f_0}{f}\right)^2}}\quad\left(这里\ f_0=\frac{1}{2\pi RC}\right)$$

$$\varphi_f=-\arctan\frac{1}{3}\left(\frac{f}{f_0}-\frac{f_0}{f}\right)$$

由图 1.4.4 可知，当 $f=f_0=\frac{1}{2\pi RC}$ 时，$\varphi_f=0°$，只要 $\varphi_A=0°$，（正反馈）则电路可能产生振荡，且因 $|\dot{F}|=\frac{1}{3}$，根据上述幅值条件，只有 $|\dot{A}|=3$ 时电路才能维持振荡。电路起振的条件是 $|\dot{A}\dot{F}|>1$，因 $|\dot{F}|=\frac{1}{3}$，则只有 $|\dot{A}|>3$ 电路才能起振，但若 A 过大，振荡器的幅值将受到晶体管非线性的影响而使输出波形失真，因此为了达到稳幅和改善输出波形，放大电路

中应引入非线性电阻作反馈元件(如热敏电阻)。为了方便起见,本实验采用一般电阻(电位器)作为反馈元件 R_f。

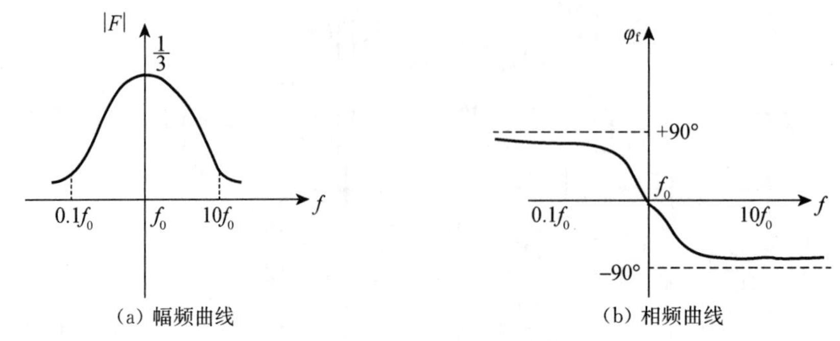

(a) 幅频曲线 (b) 相频曲线

图 1.4.4 RC 电路幅频相频图

1.4.3 实验仪器

(1) 实验台 1 台

(2) 函数信号发生器 1 台

(3) 交流毫伏表 1 台

(4) 双踪示波器 1 台

1.4.4 实验内容及步骤

1) 调整静态工作点

按图 1.4.5 连接电路,确认无误后接通 12 V 直流稳压电源,分别调节滑动变阻器 R_{W1}、R_{W2} 使 $U_{CE1}=U_{CE2}\approx6$ V。

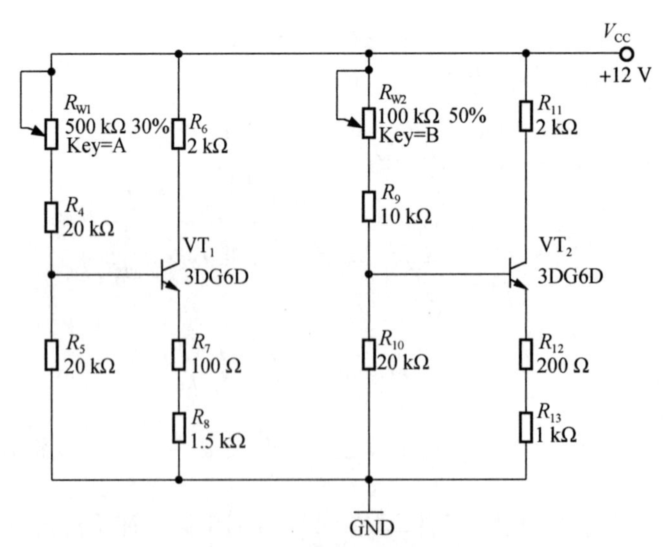

图 1.4.5 静态工作点调整

2）测反馈系数 F

按图 1.4.2 连接电路，用示波器观察电路的输入端有无振荡波，若无则调节反馈电阻 R_f 中的滑动变阻器 R_{W3}，直至有完整的正弦波为止，记录自激输入电压 u_i 的频率 $f=$（　　）Hz，用交流毫伏表测得 u_f、u_{o2}的有效值 $u_f=$（　　）V，$u_{o2}=$（　　）V，计算出反馈系数 $F_{测}=\frac{u_f}{u_{o2}}$的值。

3）测量负反馈放大电路的放大倍数 A_{uf}

断开选频网络，此时电路为两级串联电压深度负反馈放大电路，根据前面有关知识我们知道当电路振荡时幅值平衡条件$|\dot{A}\dot{F}|=1$ 和$|\dot{F}|=\frac{1}{3}$，即$|\dot{A}|=3$。为了验证这一条件我们只要知道振荡电路中基本放大电路的放大倍数是否等于 3，为此可用函数信号发生器作为振荡电路的模拟输入信号 u_i 加入到放大电路中，R_f 中的 R_{W3}维持原态不变，输入电压 $U_i=50$ mV，输入频率 $f=1$ kHz，正弦波，用示波器观察输出电压 u_{o2}的波形，用交流毫伏表测量 u_{o2}、u_i，计算出 $A_{uf}=\frac{u_{o2}}{u_i}$，判断$|\dot{A}\dot{F}|>1$ 是否成立。

4）理论值与测量值比较

切断电源 V_{CC}，用万用表“$R\times1$k”挡测量 R_f 的值（$R_f=R_{W3}+R_{14}$），在深度负反馈时 $F_{理}=\frac{R_e}{R_e+R_f}$与测量值 $F_{测}$ 相比较。

1.4.5 预习要求

（1）复习 RC 正弦自激振荡电路的原理及振荡条件。

（2）复习电压串联深度负反馈 A_{uf}、F 的计算方法。

1.4.6 实验报告

（1）整理实验数据。

（2）分析 $F_{理}$ 与 $F_{测}$，$f_{理}$ 与 $f_{测}$ 结果，若有误差，请分析原因。

实验 5 差分放大电路

1.5.1 实验目的

（1）加深对差分放大电路工作原理及特点的理解。

（2）了解零点漂移产生的原因及抑制零漂的方法。

（3）掌握差分放大电路基本参数的测试方法。

1.5.2 实验原理

差分放大电路，简称差放电路，对温度漂移具有很强的抑制能力，因此在模拟集成电路中具有重要的作用。它作为直接耦合多级放大电路中的第一级，具有放大差模信号、抑制共模信号的特性。差分放大电路主要分为两种：长尾式差分放大电路和恒流源差分放大电路。

下面介绍一下差分放大电路的结构特点、静态分析方法及差模信号和共模信号输入时电路的动态分析方法。

1）差放电路的结构及输入输出方式

差分放大电路的基本电路如图 1.5.1 所示，电路结构左右对称，三极管 VT_1、VT_2 是两个对管，VT_1、VT_2 两管集电极电阻 R_C 阻值相等。电路共有两个输入端口，输入信号 u_{i1}、u_{i2} 分别加在 VT_1、VT_2 的基极，称为 1 端口和 2 端口；电路有两个输出端口 u_{o1}、u_{o2}，分别由 VT_1、VT_2 的集电极输出，称为 3 端口和 4 端口，VT_1、VT_2 分别组成共发射极放大电路。

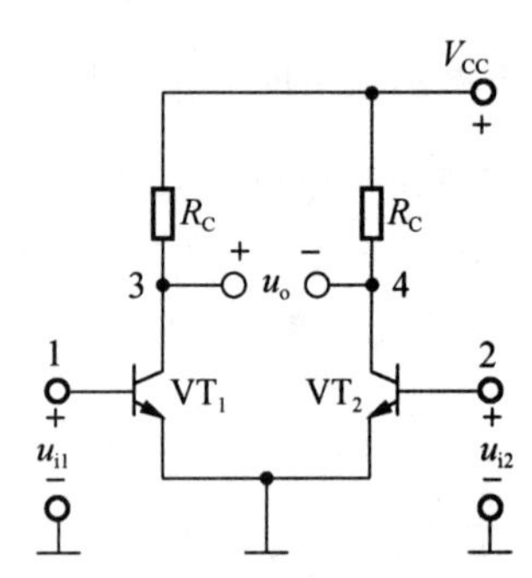

图 1.5.1　差分放大电路的基本电路

2）恒流源差分放大电路的静态分析

恒流源差分放大电路的直流通路如图 1.5.2(a)所示。对于此类恒流源差放电路，计算静态工作点按照以下步骤进行：

(1) 先求尾电流源中的 $U_{R_{B2}}$；

(2) 求解 I_{EQ3}(近似等于 I_{EQ3})；

(3) 求解 I_{CQ1}、I_{CQ2}($I_{CQ1}=I_{CQ2}=0.5I_{CQ3}$)及 I_{BQ1}、I_{BQ2}；

(4) 求解 U_{CEQ1}、U_{CEQ2}。

恒流源部分电路如图 1.5.2(b)所示，在 VT_3 基极有两个分压电阻，该部分电路和分压偏置共发射极放大电路的直流通路非常类似，如图 1.5.2(c)所示。因此，VT_3 的基极电流可以忽略不计，选择 1.5.2(a)图中的回路，可估算出 $U_{R_{B2}}$：

$$U_{R_{B2}}=\frac{R_{B2}}{R_{B1}+R_{B2}}(V_{CC}+V_{EE})$$

选择回路 2 可求得 VT_3 管的发射极电流 I_{EQ3}：

$$I_{EQ3}=\frac{U_{R_{B2}}-U_{BEQ3}}{R_{E3}}\approx I_{CQ3}$$

进而计算出 I_{CQ}，I_{BQ}

$$I_{CQ1}=I_{CQ2}\approx\frac{I_{CQ3}}{2}$$

$$I_{BQ1}=I_{BQ2}=I_{CQ1}/\beta$$

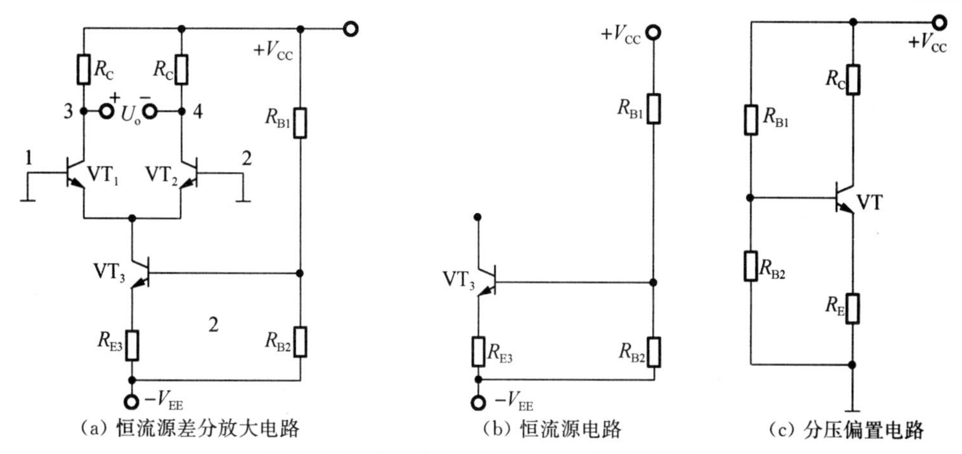

(a) 恒流源差分放大电路　　(b) 恒流源电路　　(c) 分压偏置电路

图 1.5.2　恒流源差分放大电路的直流通路

1.5.3　实验原理图

差分放大实验电路如图 1.5.3 所示，它由 2 个对称共射电路组合而成。理想差分放大器的要求是：VT_1 和 VT_2 特性相同，$R_{C1}=R_{C2}=R_C$，$R_{B1}=R_{B2}=R_B$。由于电路完全对称，两管的集电极静态电流相等，管压降相等，输出电压 $u_o=0$。

图 1.5.3 中 3 端接 4 端时，构成典型的差分放大电路。电位器 R_W 用来调节 VT_1 和 VT_2 管的静态工作点，当输入信号 $u_i=0$ 时，双端输出电压 $u_o=0$；3 端接 5 端时，构成一个恒流源差分放大电路。用晶体管恒流源代替电阻 R_E，恒流源对差模信号没有影响，但抑制共模信号的能力增强。

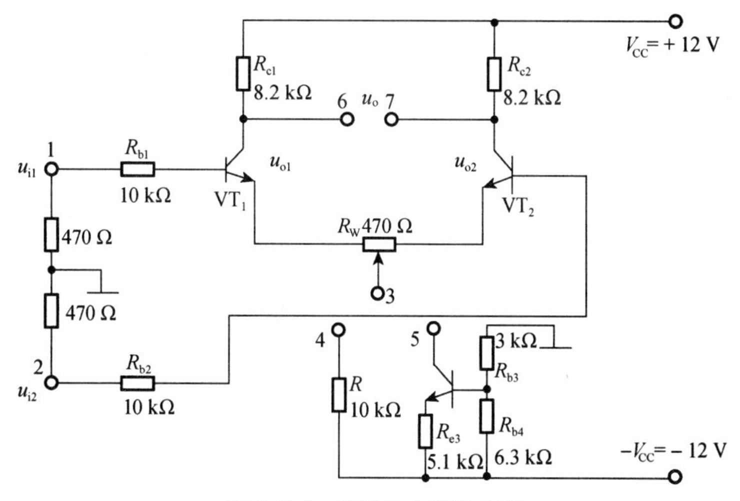

图 1.5.3　差动放大实验电路

1）静态工作点的估算

3 端接 4 端时：

$$I_E \approx \frac{V_{EE}-U_{BE}}{R_E}（认为 U_{B1}=U_{B2}\approx 0）$$

$$I_{C1}=I_{C2}=\frac{1}{2}I_E$$

3 端接 5 端时：

$$I_{C3}\approx I_{E3}\approx\frac{\frac{R_{B4}}{R_{B4}+R_{B3}}\times|-V_{CC}|-U_{BE}}{R_{E3}}$$

$$I_{C1}=I_{C2}=\frac{1}{2}I_{C3}$$

2) 差模电压放大倍数和共模电压放大倍数

当差分放大电路的射极电阻 R_E 足够大，或采用恒流源电路时，差模放大倍数 A_{ud} 主要由输出端方式决定。

双端输出：

$$A_{ud}=\frac{u_o}{u_i}=-\frac{\beta R_C}{R_B+r_{be}+\frac{1}{2}(1+\beta)R_W}$$

单端输出：

$$A_{ud1}=\frac{u_{C1}}{u_i}=\frac{1}{2}A_{ud},A_{ud2}=\frac{u_{C2}}{u_i}=-\frac{1}{2}A_{ud}$$

当输入共模信号、单端输出时，则有：

$$A_{uc1}=A_{uc2}=\frac{u_{C1}}{u_i}=\frac{-\beta R_C}{R_B+r_{be}+(1+\beta)\left(\frac{1}{2}R_W+2R_E\right)}\approx-\frac{R_C}{2R_E}$$

双端输出时，在理想情况下 $A_{uc}=\frac{u_o}{u_i}=0$。

实际上由于元件不可能完全对称，因此 A_{uc} 也不会绝对等于零。

3) 共模抑制比 K_{CMR}

共模抑制比主要用于综合衡量差分放大电路对差模信号的放大作用和对共模信号的抑制能力。

$$K_{CMR}=\left|\frac{A_{ud}}{A_{uc}}\right| \text{或} K_{CMR}=20\lg\left|\frac{A_{ud}}{A_{uc}}\right| \text{ dB}$$

1.5.4 实验仪器

(1) 双踪示波器 1台
(2) 函数信号发生器 1台
(3) 交流毫伏表 1台
(4) 实验台 1台

1.5.5 实验内容

1) 静态工作点的测量

(1) 按照图 1.5.3 连接实验电路(本实验可实现长尾式差动放大电路及恒流源式差动

放大电路),将3端和5端连接好后,仔细检查电路,确认无误后接通±12 V电源。

(2) 测量静态工作点:在 $u_i=0$ 条件下(即1孔、2孔相连接地,然后调节调零电位器 R_W,使双端输出电压(6、7两孔间) $u_o=0$。测量此时 VT_1、VT_2、VT_3 的静态工作点,先测量各极对地电压 U_{C1}、U_{C2}、U_{C3},在3、5孔串联一个直流电流表,测 I_{E3},计算出 I_{C1}、I_{C2}($I_{E3}=\dfrac{U_{C3}-U_{CES}}{R_{e3}}$,$I_{C1}=I_{C2}=\dfrac{1}{2}I_{E3}$)并将结果记录于表1.5.1中。

表 1.5.1 静态工作点的测量

测量参数	U_{C1}/V	U_{C2}/V	U_{C3}/V	I_{C1}/mA	I_{C2}/mA	I_{E3}/mA
测量值						

2) 差模电压放大倍数测量

(1) 双端输入、双端输出(或单端输出)

在放大器的1、2端加入输入电压 $u_i=100$ mV$\left(\text{注意:这时输入端对地的测量电压为}\dfrac{1}{2}u_i\right)$,$f=1$ kHz的正弦波信号,用示波器观察输出电压 u_{o1}、u_{o2} 的相位关系,在不失真的条件下,用交流毫伏表测量双端输出电压 U_o 及单端输出电压 u_{o1}、u_{o2} 的值,并计算出在双端输出及单端输出时差模电压放大倍数 A_{ud}、A_{ud1}、A_{ud2}。结果记录于表1.5.2中。

表 1.5.2 差模电压放大倍数测量

输入信号 u_i	单端输出				双端输出	
	u_{o1}	u_{o2}	A_{ud1}	A_{ud2}	u_o	A_{ud}
$u_i=100$ mV $f=1$ kHz						

(2) 单端输入,双端输出(或单端输出)

输入交流信号从1、2孔加入,2孔接公共地,$u_i=100$ mV,$f=1$ kHz,其余步骤同(1),自拟实验表格记录实验结果。

3) 共模电压放大倍数测量

将差动放大电路两入端1、2短接,将 $u_i=1$ V,$f=1$ kHz交流输入信号接入短接端和公共接地端,用交流毫伏表测量单端输出共模电压 u_{c1}、u_{c2} 及双端输出共模电压 U_o,并计算共模电压放大倍数 A_{uc1}、A_{uc2}、A_{uc} 和共模抑制比 K_{CMR},结果记录于表1.5.3中(共模抑制比:$K_{CMR}=\left|\dfrac{A_{ud}}{A_{uc}}\right|$)。

表 1.5.3 共模电压放大倍数测量

输入信号 u_i	单端输出				双端输出		
	u_{c1}	u_{c2}	A_{uc1}	A_{uc2}	u_o	A_{uc}	K_{CMR}
$u_i=1$ V $f=1$ kHz							

1.5.6　预习要求

(1) 理解差模输入、共模输入、差模电压放大倍数、共模电压放大倍数的概念及差分放大电路输入、输出信号的连接方式。

(2) 对图 1.5.3(3 端和 5 端连接)(设三极管的 $\beta=100$)计算：

① 静态工作点；

② 差模电压放大倍数 A_{ud1}、A、A_{ud}；

③ 共模电压放大倍数 A_{uc1}、A_{uc2}、A_{uc}。

1.5.7　思考题

(1) 为什么电路工作前需进行零点调整?

(2) 差分放大器对差模输入信号起放大作用,还是抑制作用? 对共模输入信号呢?

(3) 当加到差分放大器两端基极的输入信号幅值相等、相位相同时,理想情况下,双端输出电压等于多少?

(4) 电路中 R_E 起什么作用? 它的大小对电路性能有何影响?

实验 6　集成运算放大电路的线性应用

1.6.1　实验目的

(1) 掌握 LM741(F007)集成运放功能和使用方法。

(2) 掌握反相、同相放大电路,加法、减法、积分等运算电路的组成、测试及计算方法,验证理论分析结果。

1.6.2　实验原理

集成运放是一种高增益的直接耦合放大器,具有高增益(10^3～10^6)、高输入电阻(10 kΩ～3 MΩ)、低输入电阻(几十欧到几百欧)的特点。若在它的输出端与输入端之间接入负反馈网络,可以实现不同的电路功能。例如接入线性负反馈,可以实现放大功能以及加、减、微分、积分等模拟运算功能;接入非线性负反馈,可实现对数、反对数、乘、除等模拟运算功能。

1) 通用运放(μA741)

集成运算放大器在线性应用方面,可构成同相、反相放大电路,加法、减法电路,积分、微分电路等基本模拟运算电路。本实验采用集成运算放大器 μA741 作为实验基本器件,它是 8 脚双列直插式组件,引脚排列如图 1.6.1 所示。

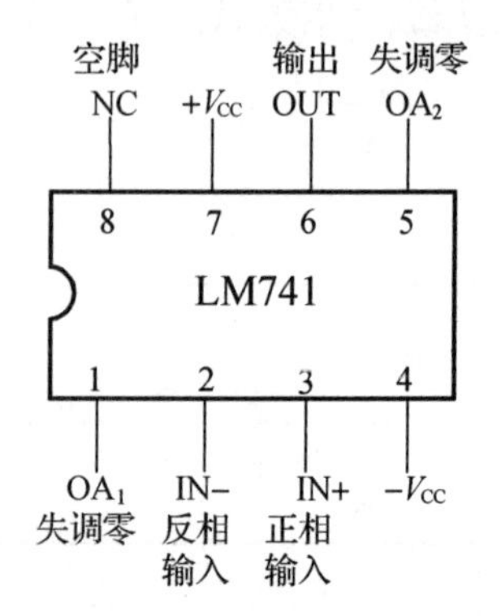

图 1.6.1　μA471 管脚排列图

2) 运放的"调零"(失调调整)

理想集成运放如果输入信号为 0,则输出电压为 0,但由于实际运放的内部电路参数不可能完全对称,而运放又具有很高的增益,输出电压往往不为 0,即会产生失调,因此,一般需要设置调零电路,以保证零输入时是零输出的要求。图 1.6.2 为两个典型的调零电路。

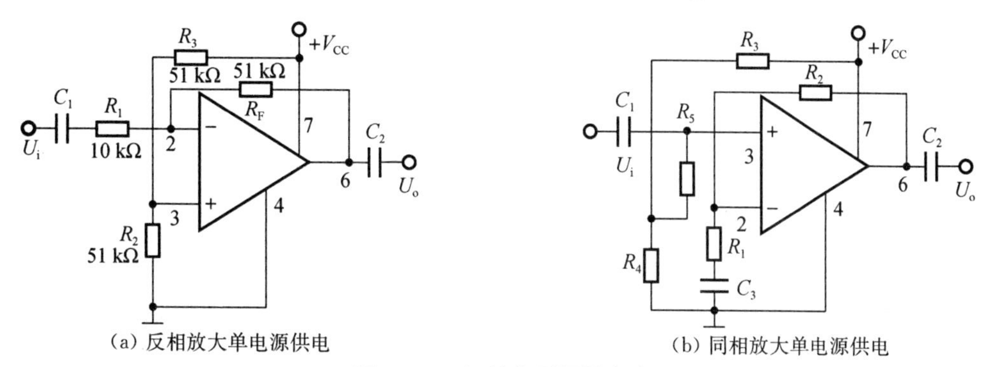

(a) 反相放大单电源供电　　(b) 同相放大单电源供电

图 1.6.2　运放典型调零电路

图 1.6.2(a)为有调零专用端的集成运放(μA741 的引脚 1、5 是外接调零电位器的专用端);图 1.6.2(b)为无调零专用端的集成运放。

调零电路的具体操作方法有两种:一种为静态调零,方法为去掉输入信号源,将输入端接地,然后调整调零电位器,使输出电压为 0,这种调零方法简便,一般用于信号源为电压信号,以及输出零点精度要求不高的电路;另一种为动态调零,精度比较高,方法为输入接交流正负等幅信号,用数字万用表或示波器检测输出,调整调零电位器,使正负输出值相等。

3) 运放的供电方式

(1) 双电源供电

集成运放常用正负电源供电,正负双电源供电的接线方式如图 1.6.3 所示。看电路原理图时要注意,原理图中集成运放的直流供电电路一般不画出来,这是一种约定俗成的习惯画法,但运放工作时一定要加直流电源。

(2) 单电源供电

集成运放也可以采用单电源供电,但是必须正确连接电路。双电源集成运放由单电源供电时,该集成运放内部各点对地的电位都将相应提高,因而输入为 0 时,输出不再为 0,这是通过调零电路无法解决的。

为使双电源集成运放在单电源供电下能正常工作,必须将输入端的电位提升。例如:在交流运放电路中,为了简化电路,可以采用单电源供电方式,为获得最大动态范围,通常使同相端的静态(即输入电压为 0 时)工作点 $U_+=V_{CC}/2$。交流运放只放大交流信号,输出信号受运放本身的失调影响很小,因此,不需要调零。此时集成运放输出端直流电平近似为电源电压的一半,使用时输入、输出都必须加隔直流电容。

① 反相放大电路

如图 1.6.3(a)所示,R_1 为输入回路电阻,R_f 为反馈电阻,R_2 为直流平衡电阻,目的是使同相与反相端外接电阻相等,避免集成运放输入偏置电流在两输入端之间产生附加的差模输入电压。要求 $R_2=R_1/\!/R_f$,R_f 可以为 R_{F1}、R_{F2} 或 $R_{F1}/\!/R_{F2}$。

可推导出反相比例运算电路输入电压与输出电压之间的函数关系为:

$$u_o=-\frac{R_f}{R_1}u_i$$

闭环增益为：

$$A_{uf}=\frac{u_o}{u_i}=-\frac{R_f}{R_1}$$

由于电路构成深度电压并联负反馈，因此反相比例运算电路的输入电阻为：

$$R'_{if}=R_1+R_{if}\approx R_1$$

而运算电路的输出电阻为：

$$R_{of}\rightarrow 0$$

在反相运算电路中，R_1 和 R_f 的取值范围通常应在 1 kΩ～1 MΩ，放大倍数限定为 0.1～100。

② 同相放大电路

如图 1.6.3(b)所示，电路构成深度电压串联负反馈。R_2 为平衡电阻，应满足 $R_2=R_1/\!/R_f$，R_f 可以为 R_{F1}、R_{F2} 或 $R_{F1}/\!/R_{F2}$。

可推导出同相比例运算电路输出与输入电压之间的函数关系为：

$$u_o=\left(1+\frac{R_f}{R_1}\right)u_i$$

闭环增益为：

$$A_{uf}=\frac{u_o}{u_i}=1+\frac{R_f}{R_1}$$

由于电路构成深度电压串联负反馈，因此同相比例运算电路的输入电阻和输出电阻分别为：

$$R_{if}\rightarrow\infty\text{、}R_{of}\rightarrow 0$$

同相比例运算电路与反相比例运算电路相比较，具有电压增益总是大于 1、输入电阻高(可达几十兆欧以上)等优点，但由于运放同相端电压与反相端电压都等于输入电压，因此输入端有较大的共模信号。当共模电压值超过运放的最大共模输入电压时可能导致运放不能正常工作，故要求集成运放具有较高的共模抑制比和较大的共模信号输入电压范围。而反相输入方式电压增益可以小于 1 也可以大于 1，同相与反相输入端电压几乎为零，没有共模电压，但输入电阻等于输入回路的电阻，其值比较小。

③ 减法运算电路

由比例运算电路、求和运算电路的分析可知，输出电压与同相输入端信号电压极性相同，与反相输入信号电压极性相反，因而如果多个信号同时作用于两个输入端时，就可以实现加减运算。

如图 1.6.3(c)所示的减法电路中，只有两个输入信号 u_{i1}、u_{i2}，分别加到集成运放的反相输入端和同相输入端，则构成减法运算电路。

采用叠加定理，令 $u_{i2}=0$，在 u_{i1} 单独作用下，得：

$$u_{o1}=-\frac{R_F}{R_1}u_{i1}$$

令 $u_{i1}=0$，在 u_{i2} 单独作用下，得：

$$u_{o2}=\left(1+\frac{R_F}{R_1}\right)\frac{R_3}{R_2+R_3}u_{i2}$$

因此，减法运算电路的输出电压为：

$$u_o = -\frac{R_F}{R_1}(u_{i1} - u_{i2})$$

可见，输出电压与两输入电压之差成正比，实现了减法运算。

又因为电路中 $R_1 = R_2, R_3 = R_F$，

$$u_o = \frac{R_F}{R_1}(u_{i2} - u_{i1})$$

④ 加法运算电路

原理同减法电路，如图 1.6.3(d)所示。电路中，$R_1 = R_2, R_3 = R_1 /\!/ R_2 /\!/ R_F$，

$$u_o = -\frac{R_F}{R_1}(u_{i1} + u_{i2})$$

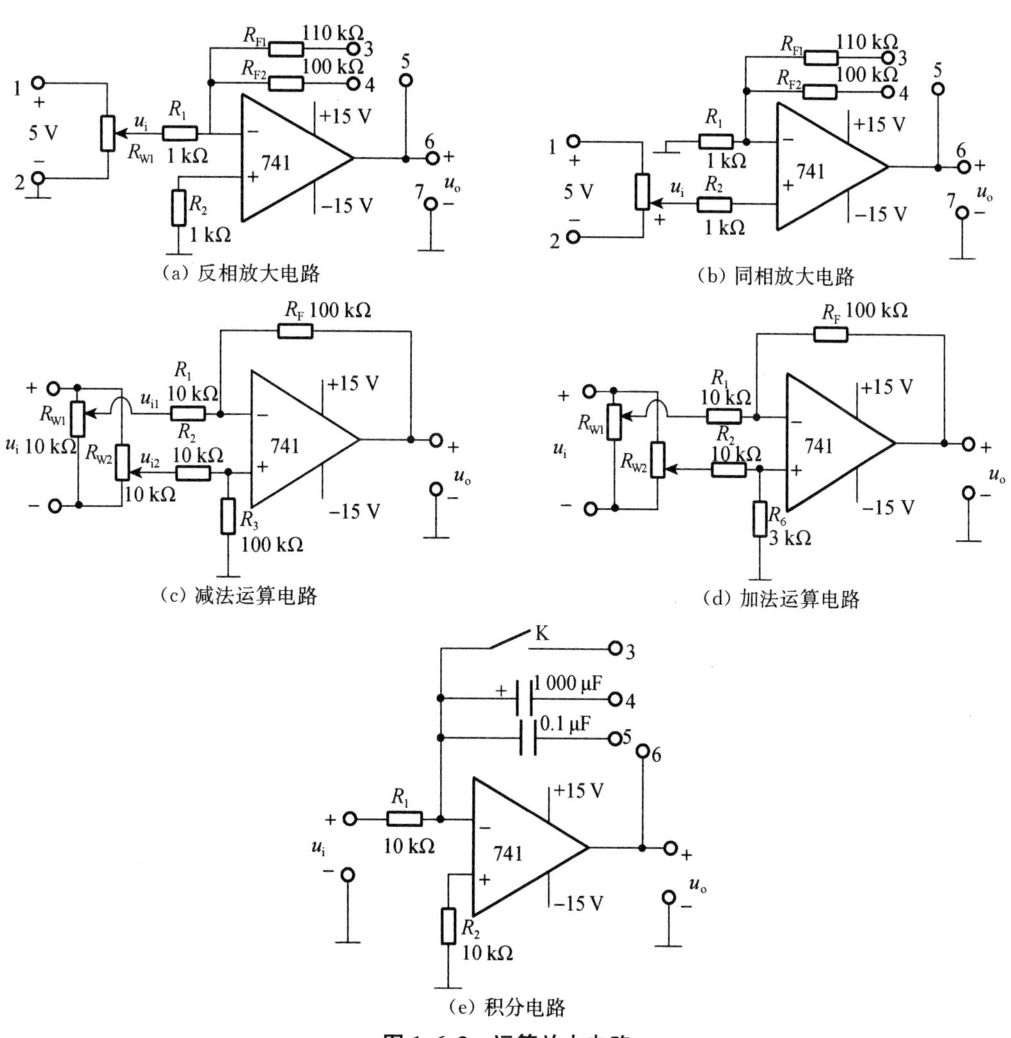

(a) 反相放大电路　　(b) 同相放大电路

(c) 减法运算电路　　(d) 加法运算电路

(e) 积分电路

图 1.6.3　运算放大电路

⑤ 积分电路

如图 1.6.3(e) 所示，$u_o(t)=\frac{1}{R_1C}\int u_i dt$，若 u_i 为阶跃电压 $U_C(t)$ 时，则 $u_o(t)=\frac{1}{R_1C}\int_0^t u_o(t)dt=-\frac{u_C}{CR}t$，当输入电压为矩形波时，输出 $u_C(t)$ 为三角波，其输出峰峰值$U_{opp}=\frac{U_{ipp}}{RC}\left(\frac{T}{2}\right)$。

1.6.3 实验仪器

(1) 交流毫伏表 1台
(2) 函数信号发生器 1台
(3) 双踪示波器 1台
(4) 实验台 1台

1.6.4 实验内容

先将直流稳压电源输出电压调到+15 V及−15 V。

1) 反相放大电路

R_F=10 kΩ，按图 1.6.3(a)连线，检查无误后，接入±15 V电源，输入端调节 R_W，使 U_i 按规定的不同数值变化，用直流电压表测量对应的输出电压。

注意：极性不能接反，记录数据并填入表 1.6.1 中(所有地线要相连)。

表 1.6.1 反相放大电路

u_i/V	+0.3	+0.5	+0.6	+0.8
u_o/V				
A_f(实测)				
A_f(理论)				

2) 同相放大电路

R_F=10 kΩ，按图 1.6.3(b)连线，实验方法同上，测试并记录数据并填入表 1.6.2 中。

表 1.6.2 同相放大电路

u_i/V	+0.3	+0.5	+0.6	+0.8
u_o/V				
A_f(实测)				
A_f(理论)				

3) 减法运算电路

按图 1.6.3(c)连线，调定直流输入电压 u_{i1}、u_{i2}，测试并记录数据填入表 1.6.3 中。

注意：电压表极性不能接反。

表 1.6.3 减法运算电路

u_{i1}/V	u_{i2}/V	$(u_{i2}-u_{i1})$/V	u_o/V	A_f(实测)	A_f(理论)
0.2	0.4				
0.5	0.3				
0.4	0.2				

4) 加法运算电路

按图 1.6.3(d)连线，实验方法同上，测试并记录数据，填入表 1.6.4 中。

注意:电压表极性不能接反。

表 1.6.4 加法运算电路

u_{i1}/V	u_{i2}/V	$(u_{i2}-u_{i1})$/V	u_o/V	A_f(实测)	A_f(理论)
0.2	0.4				
0.5	0.3				
0.4	0.2				

5) 积分电路

(1) 按图 1.6.3(e)连线，选 $C=1\,000\ \mu F$，按表 1.6.5 调定输入直流电压(若积分电容两端储有电压应预先短路放电后再加输入电压)并用秒表记录输出电压 u_o 由零到达电源电压所需的时间 t，并与理论值比较求出相对误差。

表 1.6.5 积分电路

u_i/V	t/s	u_o/V	$t_{理}$/s	$\frac{t_s-t_{理}}{t_{理}}\times 100\%$
5				
10				

(2) 选 $C=0.1\ \mu F$，输入方波信号($f=500$ Hz，振幅为 1 V)，用示波器双踪方式观察 u_i 和 u_o 的波形，并描绘之，标出幅值、周期及两者的相位关系。

1.6.5 预习要求

(1) 复习集成运放组成减法、加法、积分电路的工作原理。

(2) 复习实验电路参数的理论计算方法。

(3) 阅读实验指导书明确实验内容和要求。

1.6.6 实验报告

整理实验数据，实验中实测值与理论值是否有误差？原因何在？

实验 7　集成运算放大器在信号处理方面的应用

1.7.1　实验目的

(1) 学习电压比较电路、采样保持电路、有源滤波器电路的基本原理与电路形式，深入理解电路的分析方法。

(2) 掌握以上各种应用电路的组成及其测量方法。

1.7.2　实验原理

在测量和自动控制系统中，经常用到信号处理电路，例如电压比较电路、采样保持电路、有源滤波器电路等。

1) 过零(无滞后)电压比较器

电压比较器是一种能进行电压幅度比较和幅度鉴别的电路，能够根据输入信号是大于还是小于参考电压而改变电路的输出状态。这种电路能把输入的模拟信号转换为输出的脉冲信号。它是一种从模拟量到数字量的接口电路，广泛用于 A/D 转换、自动控制和自动检测等领域，以及波形产生和变换等场合。

用运放构成的电压比较器有多种类型，最简单的是过零电压比较器。在这种电压比较器中，运放应用在开环状态，只要两个输入端的电压稍有不同，则输出或为高电平或为低电平。常规应用中是在一个输入端加上门限电压(比较电平)作为基准，而在另一个输入端加入被比较信号 u_i。

图 1.7.1 是电压比较器原理电路。参考电压 U_R 加于运放 A 的反相输入端，U_R 可以是正值，也可以是负值。而输入电压加于运放 A 的同相输入端，这时运放 A 处于开环状态，具有很高的电压增益。其传输特性如图 1.7.2 所示。

当输入电压 u_i，略小于参考电压 U_R 时，输出电压为负饱和电压值$-U_{om}$；当输入电压 u_i 略大于参考电压 U_R 时，输出电压为正饱和电压值$+U_{om}$，它表明输入电压 u_i 在参考电压 U_R 附近有微小变化时，输出电压 u_o 将在正饱和电压值与负饱和电压值之间变化。

如果将参考电压和输入信号的输入端互换，则可得到比较器的另一种传输特性，如图 1.7.2 中虚线所示。

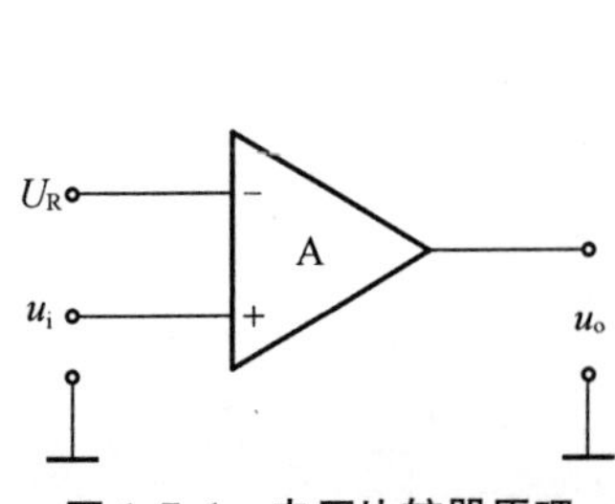

图 1.7.1　电压比较器原理

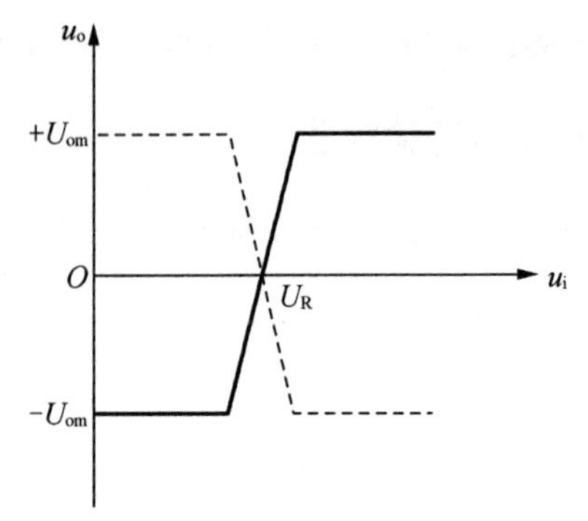

图 1.7.2　电压比较器传输特性

2）迟滞电压比较器

图 1.7.3 是一种迟滞电压比较器。R_F 和 R_2 组成正反馈电路，VD 为双向稳压管，用来限定输出电压幅度（也可不接 VD，输出端接电阻分压电路）。

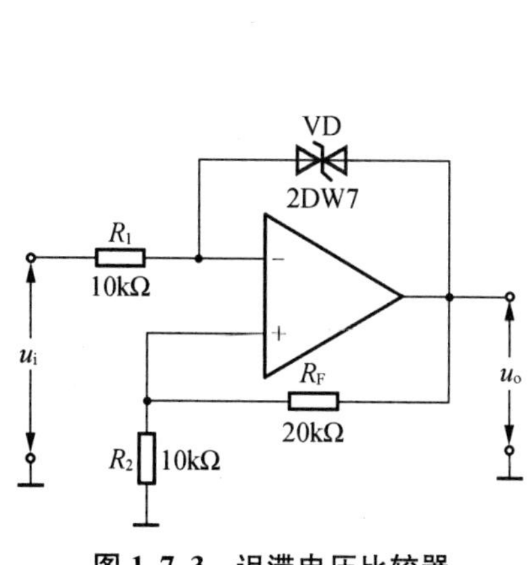

图 1.7.3 迟滞电压比较器

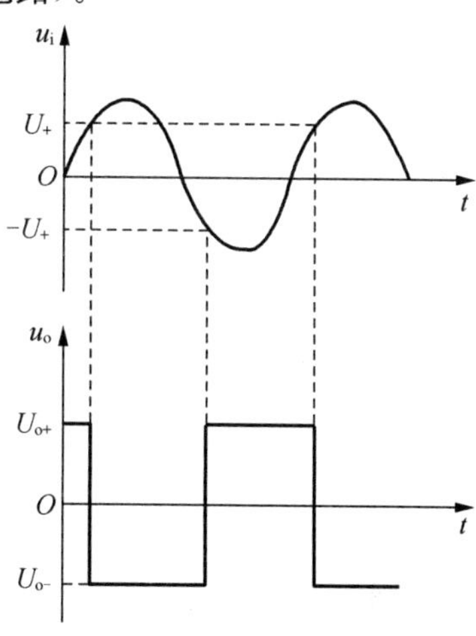

图 1.7.4 迟滞电压比较器波形

图 1.7.4 为迟滞电压比较器波形图。当 u_i 超过或低于门限电压时，比较器的输出电位就发生转换。因此，输出电压的状态可标志其输入信号是否达到门限电压。

同相输入端 $\pm U_+$ 电压为门限电压，当 $u_i > U_+$，则 $U_+ = \frac{R_2}{R_F+R_2}U_{o-}$；而当 $u_i < -U_+$ 时，$u_o = U_{o+}$，$-U_+ = \frac{R_2}{R_F+R_2}U_{o+}$。

$\pm U_+$ 之间的差值电压为该电压比较器的滞后范围，当输入信号大于 U_+ 或小于 $-U_+$ 时都将引起输出电压翻转。

由图可知，$U_{o+} \approx U_Z + \frac{R_2}{R_F+R_2}U_{o+}$（$U_Z$ 为稳压管 2DW7 的稳定电压），经整理可得：$U_{o+} \approx U_Z\left(1+\frac{R_2}{R_F}\right)$，同理可得：$U_{o-} \approx -U_Z\left(1+\frac{R_2}{R_F}\right)$。上述关系式说明电压比较器具有比较、鉴别电压的特点。利用这一特点可使电压比较器具有整形功能。例如：将一正弦信号送入电压比较器，其输出便成为矩形波，如图 1.7.4 所示。

3）双向限幅器

图 1.7.5 为双向限幅器实验电路，R_1、R_2、R_F 组成反向比例放大电路，VD 为双向稳压管，起限幅作用。图 1.7.6 为限幅器的传输特性。信号从运放的反相输入端输入，参考电压为零，从同相端输入。

当输入信号 u_i 较小，u_o 未达到稳压管 VD 击穿电压时，VD 呈现高反向电压，故该电路处于反向比例放大状态，此时传输系数为：

$$A_{uf} = -\frac{R_F}{R_1}$$

u_o 与 u_i 为线性比例关系。传输特性如图 1.7.6 斜线所示，该区域称为传输区。

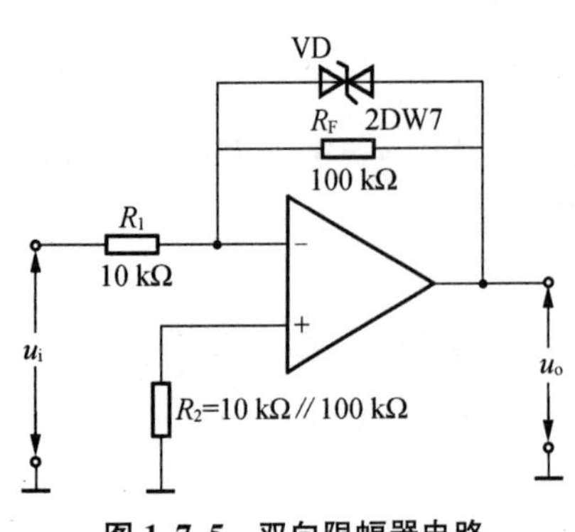

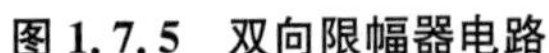
图 1.7.5　双向限幅器电路

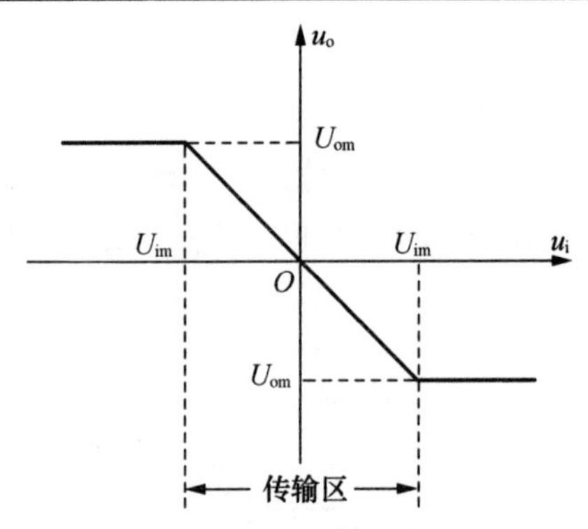

图 1.7.6　限幅器传输特性

当 u_i 正向增大，u_o 达到稳压管 VD 的击穿电压时，VD 击穿，这时输出电压为 U_{om}，$U_{om}=U_Z$。与 U_{om} 对应的输入电压为 U_{im}。U_{im} 定义为上限幅门限电压。

$$U_{im}=\frac{R_1}{R_F}U_Z$$

$u_i>U_{im}$ 后，输出电压近似为 U_{om} 值，图 1.7.6 中 $u_i>U_{im}$ 的区域称上限幅区。实际上，在上限幅区内 u_i 增大时，u_o 将会略有增大。上限幅区的传输系数为 A_{uf+}，

$$A_{uf+}=-\frac{r_Z}{R_1}$$

式中：r_Z 为 VD 击穿区的动态等效内阻，因 $R_f \gg r_Z$，故 $A_{uf+} \ll A_{uf}$。

当 u_i 负向增大时，用类似的方法可求得下限幅门限电压为：

$$U_{im}=\frac{R_1}{R_f}U_Z$$

相应的输出电压为 $U_{om}=U_Z$。在下限幅区内传输系数为：

$$A_{uf-}=-\frac{r_Z}{R_1}$$

同理，$A_{uf-} \ll A_{uf}$。限幅器的限幅特性可用限幅系数来衡量，它定义为传输区与限幅区的传输系数之比，记为 A。上、下限幅区的限幅系数分别为：

$$A_+=\frac{A_{uf}}{A_{uf+}}=\frac{R_f}{r_Z}$$

$$A_-=\frac{A_{uf}}{A_{uf-}}=\frac{R_f}{r_Z}$$

显然，A_+、A_- 越大，相应的限幅性能越好。

由 RC 元件与运放组成的滤波器称为 RC 有源滤波器，其功能定让一定频率范围内的信号通过，抑制或急剧衰减此频率范围以外的信号。

RC 有源滤波器可用于信号处理、数据传输、干扰抑制等方面。因受运算放大器频带宽度限制，这类滤波器主要用于低频范围，最高工作频率只能达到 1MHz 左右。根据滤波器对信号频率范围选择的不同，可分为低通滤波器(LPF)、高通滤波器(HPF)、带通滤波器(BPF)和带阻滤波器(BEF)等四种类型。一般滤波器可分为无源和有源两种。由简单的 RC、LC 或 RLC 元件构成的滤波器称为无源滤波器；有源滤波器除有上述元件外，还包含有晶体管或集成运放等有源器件。

4) 有源低通滤波器

低通滤波器用来通过低频信号、抑制或衰减高频信号。典型二阶低通滤波器由两级RC滤波环节和同相比例运放电路组成，其中第1级电容 C_1 接至输出端，引入适量的正反馈，以改善幅频特性。图1.7.7为典型的二阶有源低通滤波器实验电路和幅频特性曲线。

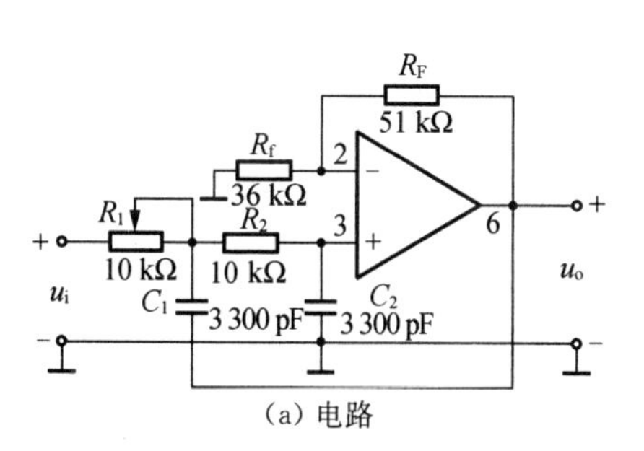

(a) 电路

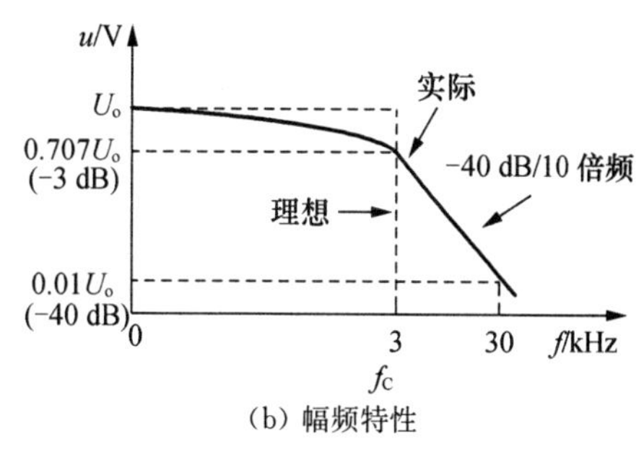

(b) 幅频特性

图 1.7.7 二阶有源低通滤波器

图中，C_1 的下端接至电路的输出端，其作用是改善在 $\omega/\omega_c=1$ 附近的滤波特性，这是因为在 $\omega/\omega_c\leqslant 1$ 且接近1的范围内，u_o 与 u_i 的相位差在90°以内，C_1 起正反馈作用，因而有利于提高这段范围内的输出幅度。

该电路传输函数为：

$$A_u(\mathrm{j}\omega)=\frac{u_o(\mathrm{j}\omega)}{u_i(\mathrm{j}\omega)}=\frac{A_{uo}}{\left(\frac{\mathrm{j}\omega}{\omega_c}\right)^2+\frac{\mathrm{j}\omega}{Q\omega_c}+1}$$

式中：A_{uo}为通带增益；Q为品质因数；ω_c为截止角频率。

当 $R_1=R_2=R, C_1=C_2=C, Q=0.707$，可得到：

$$A_{uo}=1+\frac{R_F}{R_f}$$

$$\omega_c=\frac{1}{\sqrt{R_1R_2C_1C_2}}=\frac{1}{RC}$$

$$Q=\frac{1}{3-A_{uo}}$$

$$f_c=\frac{1}{2\pi\sqrt{R_1R_2C_1C_2}}=\frac{1}{2\pi RC}$$

式中：f_c 为截止频率。

不同 Q 值的滤波器，其幅频特性曲线不同，如图1.7.8所示。

若电路设计使 $Q=0.707$，即 $A_{uo}=3-\sqrt{2}$，则该滤波电路的幅频特性在通带内有最大平坦度，称为巴特沃兹(Botterworth)型滤波器。二阶有源低通滤波器通带外的幅频特性曲线以-40 dB/10倍频程衰减。

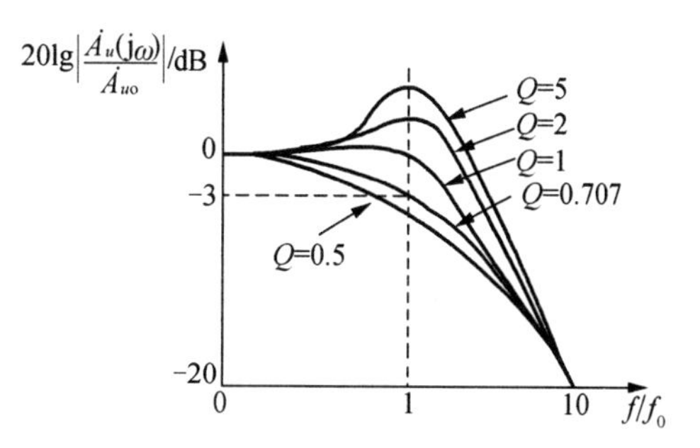

图 1.7.8 二阶有源低通滤波器幅频特性

若电路的幅频特性曲线在截止频率附近

一定范围内有起伏，但在过渡带幅频特性衰减较快，称为切比雪夫(Chebyshev)型滤波器。

5) 有源高通滤波器

高通滤波器用来通过高频信号、抑制或衰减低频信号。只要将图 1.7.7 低通滤波器电路中起滤波作用的电阻、电容互换，即可变成有源高通滤波器，如图 1.7.9 所示。

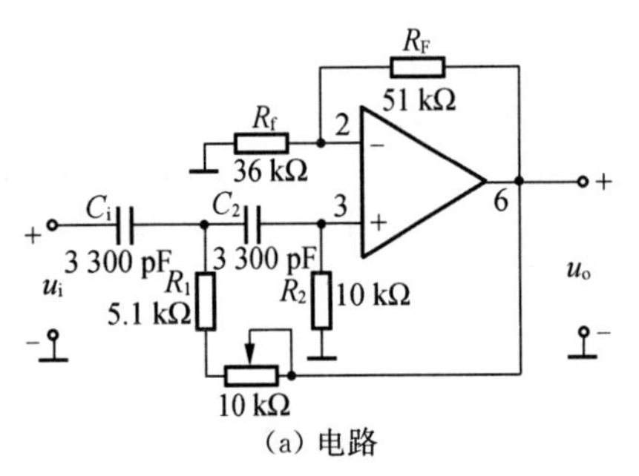

(a) 电路

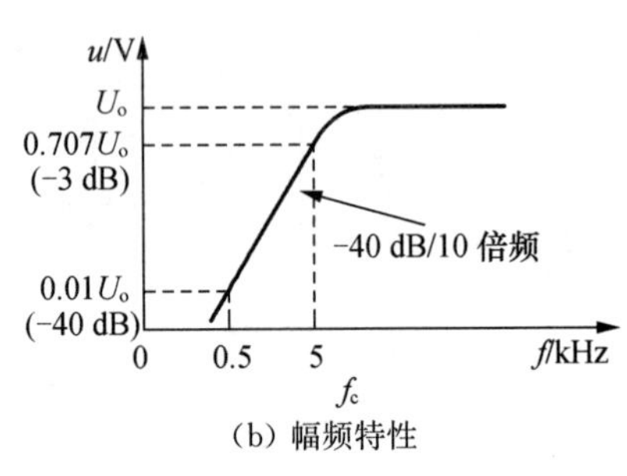

(b) 幅频特性

图 1.7.9　二阶高通滤波器

高通滤波器的性能与低通滤波器相反，其频率响应和低通滤波器是“镜像”关系。高通滤波器的下限截止频率 f_c 和通带内增益 A_u 的计算公式与低通滤波器的计算公式相同。当需要设计衰减特性更好的高(低)通滤波器时，可串联两个以上的二阶高(低)通滤波器，组成四阶以上的高(低)通滤波器，以满足设计要求。

在测量高通滤波器幅频特性时需要注意的是：随着频率的升高，信号发生器的输出幅度可能下降，从而出现滤波器的输入信号 u_i 和输出信号 u_o 同时下降的现象。这时应调整输入信号 u_i 使其保持不变。测量高频端电压增益时也可能出现增益下降的现象，这主要是由于集成运放高频响应或截止频率受到限制而引起的。

6) 有源带通滤波器

带通滤波器用来通过某一频段的信号，并将此频段以外的信号加以抑制或衰减。含有集成运放的有源带通滤波器实验电路如图 1.7.10 所示。

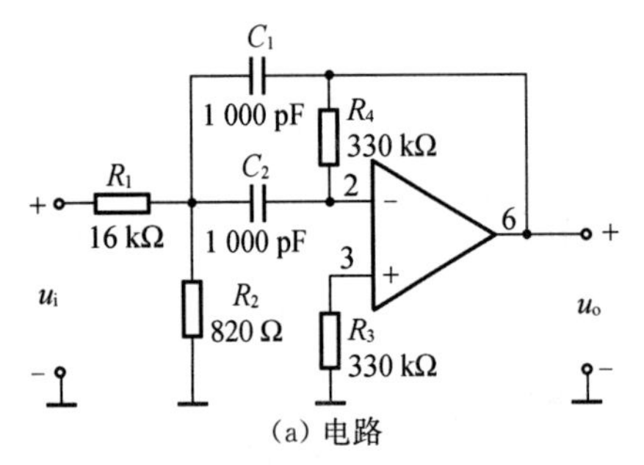

(a) 电路

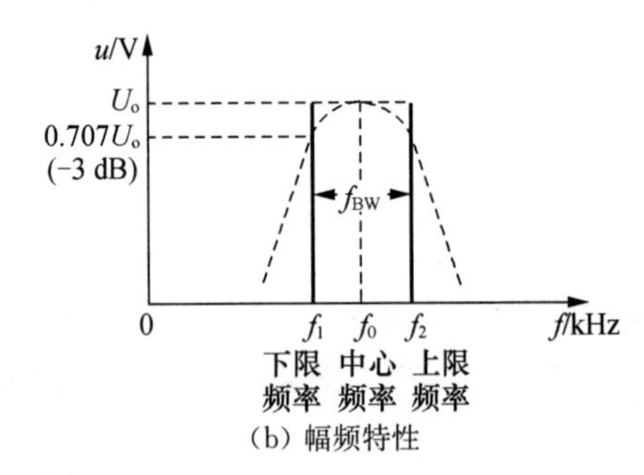

(b) 幅频特性

图 1.7.10　二阶带通滤波器

带通滤波器主要指标的计算公式如下：

$$A_u=\frac{R_3}{2R_1}$$

$$f_0=\frac{1}{2\pi C}\sqrt{\frac{1}{R_3}\left(\frac{1}{R_1}+\frac{1}{R_2}\right)}$$

$$(C_1=C_2=C)$$

$$Q=\frac{2\pi f_0}{B}=\frac{1}{2}\sqrt{R_3\left(\frac{1}{R_1}+\frac{1}{R_2}\right)}$$

式中：f_0 为通带中心频率。

1.7.3　实验仪器

(1) 双踪示波器　1台
(2) 函数信号发生器　1台
(3) 交流毫伏表　1台
(4) 实验台　1台

1.7.4　实验仪器

按实验内容要求连接实验电路，各实验电路的电源电压均选择±12 V。

1) 测量迟滞电压比较器

实验电路如图 1.7.3 所示。接通电路后，输入频率为 1 kHz 正弦波，用示波器观察并记录输入与输出波形。逐渐增大输入信号 u_i 的幅度，以得到输出电压 u_o 为整形后的矩形波；改变输入信号的频率，再用示波器观察输出电压波形，记录并分析两者间的关系。

2) 测量限幅器传输特性

(1) 双向限幅器实验电路如图 1.7.5 所示，使 u_i 在 0～±2 V 间变化，逐点测量 u_o 值，绘制传输特性曲线。

(2) 使输入信号 u_i 为 1 kHz 正弦波，并逐步增大幅度，其有效值从 0 V 增加到 1 V；观察和记录 u_i 和限幅后的 u_o 波形。

3) 测量滤波器幅频特性

(1) 连接相应的低通、高通或带通滤波器实验电路，实验电路采用直流双电源±12 V 供电。

(2) 输入频率为 200 Hz 左右的正弦信号，输入信号幅度只要不使输出波形失真即可。

4) 测量输出信号有效值

改变输入信号频率，同时用低频毫伏表测量输出信号有效值，记录测出的与输出幅度对应的截止频率 f_c 和 $10f_c$，要求满足－40 dB/10 倍频呈衰减特性。

5) 绘制幅频特性曲线

绘制滤波器的幅频特性曲线，标出对应的频率和幅度。

1.7.5　预习要求

(1) 阅读实验教材，理解各实验电路的工作原理。

(2) 复习有关集成运放在信号处理方面应用的内容，弄清与本次实验有关的各种应用电路及工作原理。

1.7.6　思考题

(1) 如何区别低通滤波器的一阶、二阶电路？它们有什么相同点和不同点？它们的幅频特性曲线有什么区别?

(2) 总结有源滤波器电路的特性,总结运放电路使用注意事项。

(3) 对实验中遇到的问题进行分析研究。

1.7.7 实验报告

(1) 实验报告中应有完整的实验电路,并标注各元件数值和器件型号;整理实验数据,画出对应的波形,画出所测电路的幅频特性曲线,计算截止频率、中心频率和带宽,并对实验结果进行分析。

(2) 小结实验中的问题和体会。

(3) 回答思考题。

实验8 集成运算放大器波形产生电路

1.8.1 实验目的

(1) 了解集成运放在波形产生方面的应用。

(2) 观察方波、三角波发生器的波形,测量其幅值及频率。

(3) 通过实验熟悉实验电路的组成及主要参数值大小对输出波形的影响。

1.8.2 实验原理

1) 正弦波振荡电路

正弦波振荡电路是用来产生一定频率和幅度的正弦信号的电子电路。它的频率范围可以从几赫兹到几百兆赫兹,输出功率可以从几毫瓦到几十千瓦,广泛用于各种电子电路中。

振荡电路是一个没有外加输入信号的正反馈放大电路,要维持等幅的自激振荡,放大电路必须满足振幅平衡条件和相位平衡条件。上述振荡条件如果仅对某一单一频率成立,则输出波形为正弦波,该振荡电路就称为正弦波振荡电路。

2) 正弦波振荡电路的基本构成

正弦波振荡电路一般包含以下几个基本组成部分。

(1) 基本放大电路:提供足够的增益,且增益的值具有随输入电压增大而减小的变化特性。

(2) 反馈网络:其主要作用是形成正反馈,以满足相位平衡条件。

(3) 选频网络:其主要作用是实现单一频率信号的振荡。在构成上,选频网络与反馈网络可以单独存在,也可合二为一。选频网络由 L、C 元件组成的,称为 LC 正弦波振荡电路,由 R、C 元件组成的,称为 RC 正弦波振荡电路,由石英晶体组成的,称为石英晶体正弦波振荡电路。

(4) 稳幅环节:引入稳幅环节可以使波形幅值稳定,而且波形的形状良好。

3）振荡电路的起振过程

振荡电路刚接通电源时，电路中会出现一个扰动从而得到频带很宽的微弱信号，它含有各种频率的谐波分量。经过选频网络的选频作用，使 $f=f_0$ 的单一频率分量满足自激振荡条件，其他频率的分量不满足自激振荡条件，这样就将频率 $f=f_0$ 的信号从最初的扰动信号中挑选出来。在起振时，除满足相位条件（即正反馈）外，还要使 $|\dot{A}\dot{F}|>1$，这样，通过放大→输出→正反馈→放大……的循环过程，$f=f_0$ 的频率信号就会由小变大，其他频率信号因不满足自激振荡条件而衰减下去，振荡就建立起来。

振荡产生的输出电压幅度是否会无限制地增长下去呢？由于晶体管的特性曲线是非线性的，当信号幅度增大到一定程度时，电压放大倍数 $\dot{A}_u$，就会随之下降，最后达到 $|\dot{A}\dot{F}|=1$，振荡幅度就会自动稳定在某一振幅上。

4）RC 串并联型选频网络

RC 串并联网络如图 1.8.1 虚线框部分所示，设 $R_1=R_2=R$，$C_1=C_2=C$，则有：

$$Z_1=R_1+\frac{1}{j\omega C_1}=\frac{1+j\omega CR}{j\omega C}$$

$$Z_2=\frac{R_2\,\frac{1}{j\omega C_2}}{R_2+\frac{1}{j\omega C_2}}=\frac{R}{1+j\omega CR}$$

则反馈系数为：

$$\dot{F}=\frac{\dot{U}_f}{\dot{U}_o}=\frac{Z_2}{Z_1+Z_2}=\frac{1}{3+j\left(\omega CR-\frac{1}{\omega CR}\right)}$$

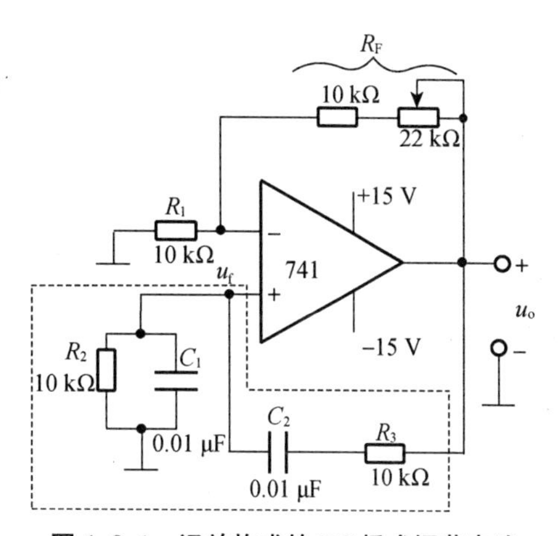

图 1.8.1 运放构成的 RC 桥式振荡电路

令 $\omega_0=\frac{1}{RC}$，即 $f_0=\frac{1}{2\pi RC}$。

5）RC 文氏桥式正弦波振荡电路

文氏电桥振荡电路，由同相放大器 A 及反馈网络 F 两部分组成。图 1.8.1 中 RC 串并联电路组成正反馈选频网络，电阻 R、R_F 是同相放大器中的负反馈回路，由它决定放大器的放大倍数。

图 1.8.1 所示的振荡电路的振荡频率为：

$$f=f_0=\frac{1}{2\pi RC}$$

在频率 f_0 下，正反馈网络的反馈系数 $F=\frac{u_f}{u_o}=\frac{1}{3}$，只有同相放大器的放大倍数 $A=1+\frac{R_F}{R_1}$ 时，才能满足振荡的振幅平衡条件 $AF=1$，因此应为 $R_F=2R_1$。为了使电路起振，使 AF 略大于 1，即 R_F 应略大于 $2R_1$，这可通过调节电位器实现。

6）方波产生电路

如图 1.8.2 所示，它是由一个反向输入的迟滞比较器和一个 RC 积分电路组成。电路中用 R_W 来改变振荡频率 f_0，稳压管 2DW234 用来限幅、改善波形。

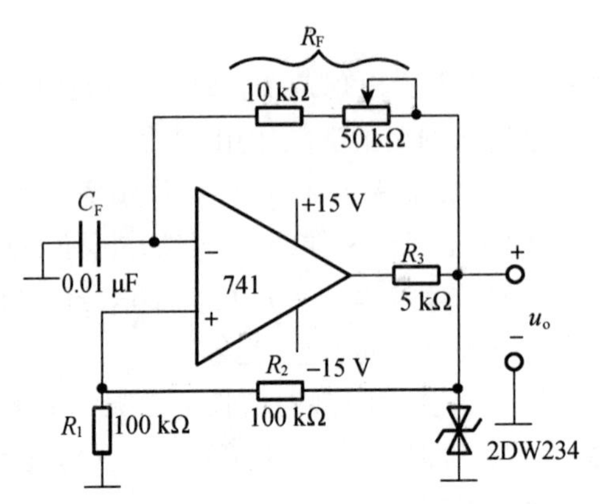

图 1.8.2 方波产生电路

电路接通电源的瞬间，电路的输出为正向限幅还是负向限幅纯属偶然，设输出处于正向限幅，即 $u_o=U_Z$ 时，则电容 C 充电，其上电压 u_C 按指数规律上升，当 u_C 上升到$\frac{R_1}{R_1+R_2}U_Z$时，运放的输出翻转为负向限幅，即 $u_o=-U_Z$。若处于负向限幅 $u_o=-U_Z$，则电容 C 放电，其上电压 u_C 按指数规律下降，当 u_C 下降到等于$-\frac{R_1}{R_1+R_2}U_Z$ 时，运放的输出又翻转为正向限幅，如此循环，形成方波输出电压，波形如图 1.8.3 所示，输出方波的周期为 $T=2R_FC_F\ln\left(1+2\frac{R_1}{R_2}\right)$。

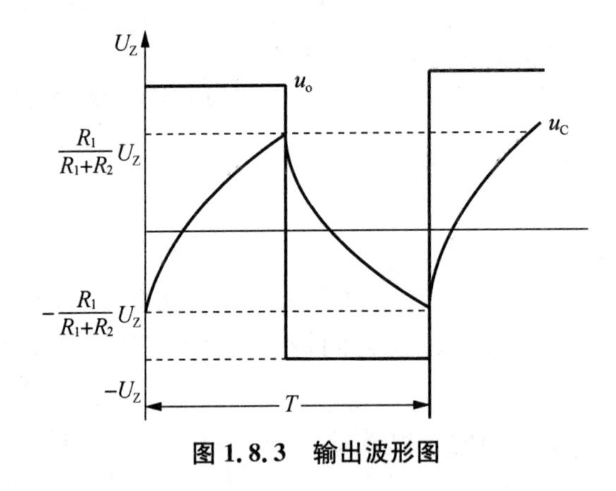

图 1.8.3 输出波形图

1.8.3 实验仪器

(1) 双踪示波器 1台
(2) 函数信号发生器 1台
(3) 交流毫伏表 1台
(4) 实验台 1台

1.8.4 实验内容

1) 正弦波产生电路

(1) 按图 1.8.1 所示连接电路。

(2) 调节使电路振荡,观察输出电压波形,测量振荡频率。

适当调节电位器 R_F 使电路产生振荡,用示波器观察到的输入波形应为稳定的最大不失真正弦波,测量输出电压的大小、周期 T,计算出振荡频率 $f=\frac{1}{T}$,且与理论值进行比较。

(3) 验证幅度平衡条件。

测量 $u_+(u_f)$、u_o 的值(均为有效值,用交流毫伏表测量),验证计算 $A_{uf}=\frac{u_o}{u_f}$、$F=\frac{u_f}{u_o}$的值是否满足起振条件。

2) 方波产生电路

按图 1.8.2 所示连接电路,调节 R_F,使 $R_F=0$ 和 $R_F=50\ \text{k}\Omega$,用示波器观察 u_o、u_c 波形并记录,注明振荡周期 T 及 u_o、u_c 的峰峰值,且与理论值进行比较。

1.8.5 预习要求

(1) 掌握信号产生电路频率参数的选择和计算。

(2) 阅读指导书有关内容,明确实验要求。

1.8.6 思考题

(1) 运算放大器用做比较器时,工作在什么区?

(2) 用集成运放接成文氏桥式正弦波振荡电路,若对调反相端与同相端行吗? 为什么?

实验 9 OTL 功率放大电路

1.9.1 实验目的

(1) 进一步理解 OTL 功率放大器的工作原理。

(2) 学会 OTL 电路的调试及主要性能指标的测量方法。

1.9.2 实验原理

图 1.9.1 所示为 OTL 低频功率放大器。其中由晶体管 VT_1 组成推动级(也称前置放大级),VT_2、VT_3,是一对参数对称的 NPN 和 PNP 型晶体管,它们组成互补推挽 OTL 功放电路。由于每个晶体管都接成射极输出器形式,因此具有输出电阻低、负载能力强等优点,适合做功率输出级。VT_1 管工作于甲类状态,它的集电极电流 I_{C1} 由电位器 R_{W1} 进行调节。I_{C1} 的一部分流经电位器 R_{W2} 及 VD,给 VT_2、VT_3 提供偏压。调节 R_{W2},可以使 VT_2、VT_3 得

到合适的静态电流而工作于甲、乙类状态，以克服交越失真。静态时要求输出端中点 A 的电位$U_A=\frac{1}{2}V_{CC}$，这可以通过调节 R_{W1} 来实现，又由于 R_{W1} 的一端接在 A 点，因此电路引入了交、直流电压并联负反馈，一方面能够稳定放大电路的静态工作点，同时也改善了非线性失真。

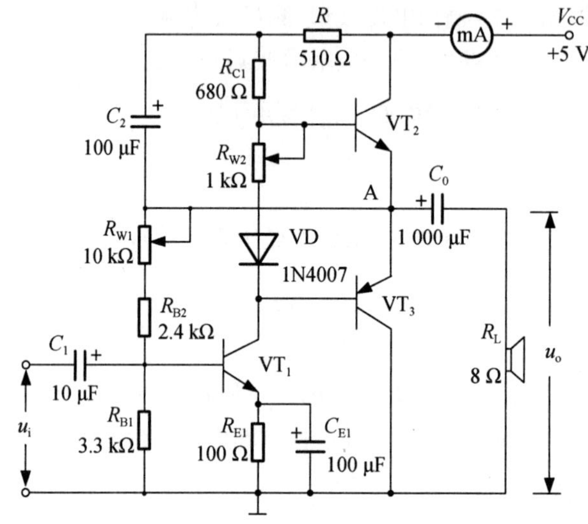

图 1.9.1　OTL 功率放大电路

当输入正弦交流信号 u_i 时，经 VT_1 放大、倒相后同时作用于 VT_2、VT_3 的基极，u_i 的负半周使 VT_2 管导通（VT_3 管截止），有电流通过负载 R_L，同时向电容 C_0 充电，在 u_i 的正半周，VT_3 导通（VT_2 管截止），则已充好电的电容器 C_0 起着电源的作用，通过负载 R_L 放电，这样在 R_L 上就得到了完整的正弦波。

C_2 和 R 构成自举电路，用于提高输出电压正半周的幅度，以得到大的动态范围。

OTL 电路的主要性能指标如下。

1）最大不失真输出功率 P_{omax}

理想情况下，$P_{omax}=\frac{V_{CC}^2}{8R_L}$，在实验中可通过测量 R_L 两端的电压有效值，来求得实际的 $P_{omax}=\frac{U_{omax}^2}{8R_L}$。

2）效率 η

$$\eta=\frac{P_{omax}}{P_E}\times 100\%$$

式中：P_E 为直流电源供给的平均功率。

理想情况下，$\eta_{max}=78.5\%$。在实验中，可测量电源供给的平均电流 I_{dc}，从而求得 $P_E=V_{CC}I_{dc}$，负载上的交流功率已用上述方法求出，由此也就可以计算实际效率了。

3）输入灵敏度

输入灵敏度是指输出最大不失真功率时，输入信号 u_i 之值。

1.9.3 实验仪器

(1) 双踪示波器 1台
(2) 交流毫伏表 1台
(3) 函数信号发生器 1台
(4) 实验台 1台

1.9.4 实验内容及步骤

在整个测试过程中,电路不应有自激现象。

1) 静态工作点测试

按图1.9.1连接实验电路,输入信号 $u_i=0$,电源进线中串联直流毫安表,电位器 R 置最小值,R_{W1} 置中间位置。接通+5 V电源,观察毫安表指示,同时用手触摸输出级管子,若电流过大,或管子升温显著,应立即断开电源检查原因(如 R 开路、电路自激或输出管性能不好)。如无异常现象,可开始调试。

(1) 调节输出端中点电位 U_A。

调节电位器 R_{W1},用直流电压表测量 A 点电位,使 $U_A=\frac{1}{2}V_{CC}$。

(2) 调整输出级静态电流及测试各级静态工作点。

调节 R,使 VT_2、VT_3 管的 $I_{C2}=I_{C3}=5\sim10$ mA。从减少交越失真角度而言,应适当加大输出级静态电流,但该电流过大,会使效率降低,所以一般以5~10 mA为宜。由于毫安表是串联在电源进线中的,因此测得的是整个放大电路的电流,但一般 VT_1 的集电极电流 I_{C1} 较小,从而可以把测得总电流近似当做末级的静态电流。如要准确得到末级静态电流,则可从总电流中减去 I_{C1}。

调整输出级静态电流的另一种方法是动态调试法。先使 $R_{W2}=0$,在输入端接入 $f=1$ kHz的正弦信号 u_i。逐渐加大输入信号的幅值,此时,输出波形应出现较严重的交越失真(注意:没有饱和和截止失真),然后缓慢增大 R,当交越失真刚好消失时,停止调节 R,恢复 $u_i=0$,此时直流毫安表读数即为输出级静态电流。一般数值也应在5~10 mA,过大则要检查电路。输出级电流调节好以后,测量各级静态工作点,并计入表1.9.1。

表1.9.1 各级静态工作点测量 ($I_{C2}=I_{C3}=$_______mA,$U_A=2.5$ V)

项 目	VT_1	VT_2	VT_3
U_B/V			
U_C/V			
U_E/V			

注意:在调整 R_{W2} 时,一是要注意旋转方向,不要调得过大,更不能开路,以免损坏输出管。输出管静态电流调好后,如无特殊情况,不得随意旋动 R_{W2}。

2) 最大输出功率 P_{omax} 和效率 η 的测试

(1) 输入端接 $f=1$ kHz的正弦信号 u_i,输出端用示波器观察输出电压 u_o 的波形。逐

渐增大 u_i，使输出电压达到不失真输出，用交流毫伏表测出负载 R_L 上的电压 U_{omax}，则 $P_{omax}=\frac{U_{omax}^2}{R_L}$。

(2) 测量 η。当输出电压为最大不失真输出时，读出直流毫安表中的电流值，此电流即为直流电源供给的平均电流 I_{dc}，由此可近似求得 $P_E=V_{CC}I_{dc}$，再根据上面测得的 P_{omax}，即可求出 $\eta=\frac{P_{omax}}{P_E}\times 100\%$。

3) 输入灵敏度测试

根据输入灵敏度的定义，只要测出输出功率 $P_o=P_{omax}$时的输入电压值 u_i 即可。

4) 频率响应的测试

保持输入 u_i 的幅度不变，改变信号频率 f，在 40 Hz～4 kHz 之间找若干测试点，然后逐点测出相应的输出电压 u_o，记录在表 1.9.2 中。

表 1.9.2　频率响应的测试

参　数	f_L，f_0，f_H								
f/Hz					1 000				
u_o/V									
$A_u=u_o/u_i$									

在测试时，为保证电路的安全，应在较低输入电压下进行，通常取输入信号为输入灵敏度的 50%。在整个测试过程中，应保持 u_i 为恒定值，且输出波形不得失真。

4) 研究自举电路的作用

(1) 测量自举电路工作时 $P_o=P_{omax}$时的电压增益 $A_u=\frac{U_{omax}}{U_i}$。

(2) 将 C_2 开路，R 短路(无自举)，再测量 $P_o=P_{omax}$的 A_u。

用示波器观察(1)、(2)两种情况下的输出电压波形，并将以上两项测量结果进行比较，分析研究自举电路的作用。

5) 噪声电压的测试

测试时将输入端短路($u_i=0$)，观察输出噪声波形，并用交流毫伏表测量输出电压，即为噪声电压 U_n，本电路若 $U_n<15$ mV 即满足要求。

1.9.5　思考题

(1) 交越失真产生的原因是什么？怎样克服交越失真？

(2) 如果电路有自激现象，应如何消除？

1.9.6　实验报告

(1) 整理实验数据，计算静态工作点、最大不失真功率 P_{omax}、效率 η 等，并与理论值进行比较。

(2) 画频率响应曲线。

(3) 分析自举电路的作用。

实验 10 桥式整流、滤波稳压电路(加课件)

1.10.1 实验目的

(1) 掌握整流电路原理及测试方法。

(2) 了解滤波的过程,掌握电路的负载特性。

1.10.2 实验原理

直流稳压电路通常由电源变压器、整流电路、滤波电路、稳压电路和负载组成,其电路框图如图 1.10.1 所示。

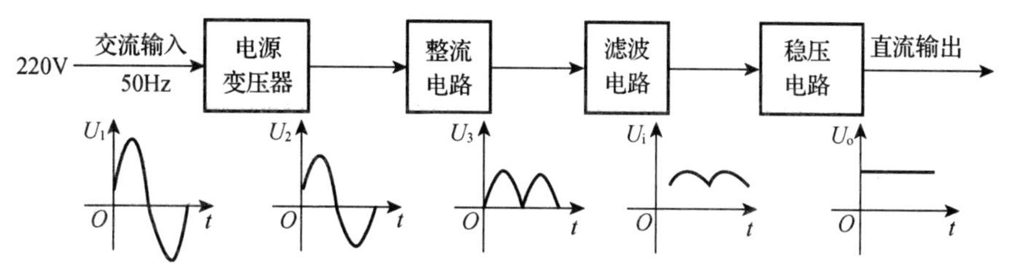

图 1.10.1 直流稳压电路框图

电源变压器通常是用来将交流的工频电源(220 V、50 Hz)变换成所需的低压交流电源。

整流电路主要是利用二极管的单向导电性,把交流电整流变换成脉动的直流电。整流电路可分为半波整流、全波整流和桥式整流。

滤波电路是利用电容和电感的充放电储能原理,将波动变化大的脉冲直流电压滤波成较平滑的直流电。滤波电路有电容式、电感式、电容电感式、电容电阻式等,具体需根据负载电流大小和电流变化情况以及对纹波电压的要求来选择滤波电路形式。最简单的滤波电路,就是把一个电容并联接入整流输出电路。

整流滤波后电压虽然已是直流电压,但还是会随输入电网波动而变化,是一种电压值不稳定的直流电压,波纹系数较大,所以必须加入稳压电路才能输出稳定的直流电压。最简单的稳压电路由一个电阻和稳压管组成,适用于电压值固定不变而且负载电流变化较小的场合。

早期的稳压电路常用稳压管和三极管等组成。随着半导体工艺的发展,稳压电路也制成了集成器件。由于集成稳压器具有体积小、外接线路简单、使用方便、工作可靠和通用性好等优点,在各种电子设备中应用十分普遍,基本上取代了由分立元件构成的稳压电路。

图 1.10.2 所示为 CW7800 系列塑料封装和金属封装三端集成稳压器的外形及引脚排列。

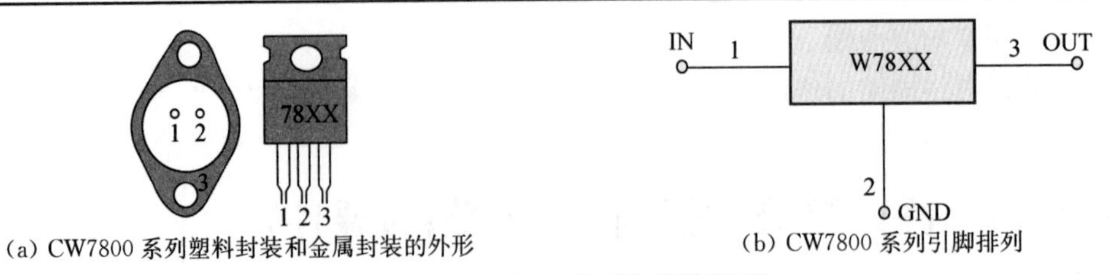

(a) CW7800 系列塑料封装和金属封装的外形　(b) CW7800 系列引脚排列

图 1.10.2　CW7800 外形及引脚排列

图 1.10.3 所示为 CW7800 系列集成稳压器的内部组成框图。和基本的串联稳压电路相比,CW7800 除增加了一级启动电路其基准电压源的稳定性更高了,保护电路更完善了。

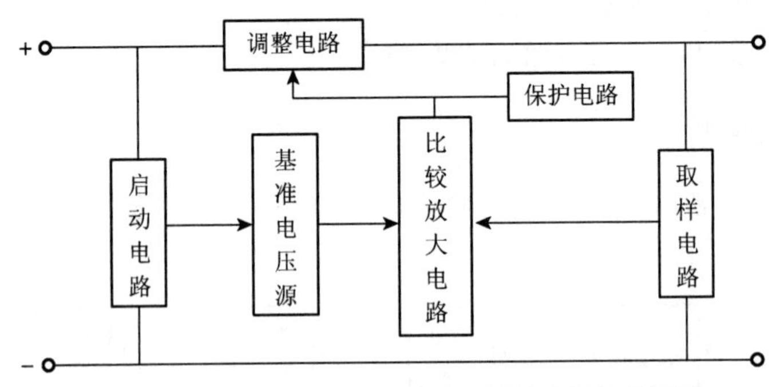

图 1.10.3　CW7800 系列集成稳压器的内部组成框图

启动电路是集成稳压器中的一个特殊环节,它的作用是在 U_i 输入后,帮助稳压器快速建立输出电压 U_o。调整电路由复合管构成。取样电路由内部电阻分压器构成,分压比是固定的,所以输出电压是固定的。CW7800 系列稳压器中有比较完善的过流、过压和过热保护功能。当输出过流或短路时,过流保护电路启动以限制调整管电流的增加;当输入、输出压差较大时,即调整管 C、E 之间的压降超过一定值后,过压保护电路启动,自动降低调整管的电流,以限制调整管的功耗,使之处于安全工作区内;当芯片温度上升到最大允许值时,过热保护电路将迫使输出电流减小,芯片功耗随之减少,从而可避免稳压器过热而损坏。

W7800 系列三端式集成稳压器的输出电压是固定的,在使用中不能进行调整。W7800 系列三端式稳压器输出正极性电压,一般有 5 V、6 V、9 V、12 V、15 V、18 V、24 V 七个档次,输出电流最大可达 1.5 A(加散热片)。同类型 78M 系列稳压器的输出电流为0.5 A,78L 系列稳压器的输出电流为 0.1 A。例如 CW78M12 表示输出电压为+12 V,额定输出电流为 0.5 A。L 表示 0.1 A,M 表示 0.5 A,无字母表示 1.5 A。例如 CW78M12 表示输出电压为+12 V,额定输出电流为 0.5 A。若要求负极性输出电压,则可选用 W7900 系列稳压器。

本实验所用集成稳压器为三端固定稳压器 W7812,它的主要参数有:输出直流电压 $U_o=+12$ V,电压调整率 10 mV/V,输出电阻 $R_o=0.15\ \Omega$,输入电压 U_i 的范围为 15～17 V。因为一般 U_i 要比 U_o 大 3～5 V,才能保证集成稳压器工作在线性区。

1.10.3　实验仪器

(1) 数模电实验台(包含实验模板、直流电流表、交流电源等)　1 台

(2) 双踪示波器　1 台

(3) 交流毫伏表 1台

(4) 实验台 1台

1.10.4 实验内容及步骤

(1) 按图 1.10.4 连接成纯负载全波桥式整流电路，用示波器及直流电压表观测负载 R_L 两端输出脉动直流电压及波形，记录在表 1.10.1 中。

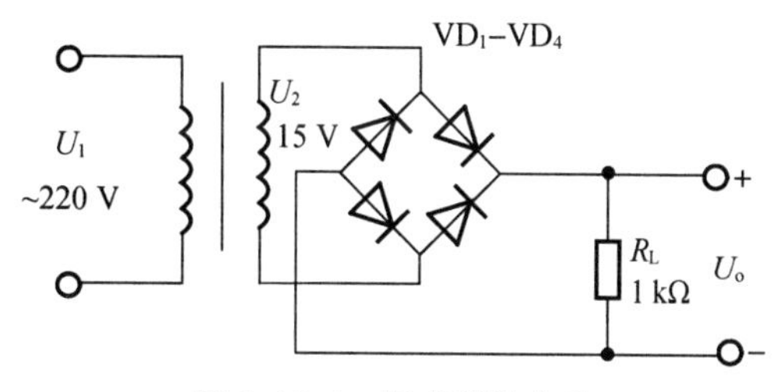

图 1.10.4 桥式整流电路

表 1.10.1 输出电压值及波形

输入电压	输出电压	输出波形
$U_2=15$ V	理论值:$U_o=0.9U_2$ 测量值:$U_o=$( )	

(2) 按图 1.10.5 连接成全波桥式整流、滤波电路，在输出回路串一电流表，调节 R_W 使 $I_L=80$ mA 左右，进行以下测量，并记录在表 1.10.2。

① 用直流电压表(50 V 挡)分别测 U_{C1},U_{C3}直流电压。

② 用示波器观察 U_{C1}、U_{C3}纹波电压波形。

③ 用交流毫伏表 300 mV、30 mV 挡分别测 U_{C1}、U_{C3}纹波电压有效值，比较两纹波电压的大小。

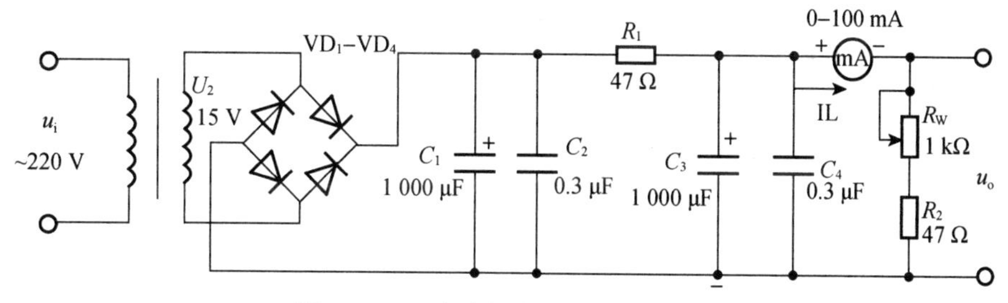

图 1.10.5 全波桥式、整流、滤波电路

表 1.10.2 输出的直流电压值和纹波电压波形

脉冲纹波电压/mV	直流电压/V	波 形
U_{C1}		
U_{C3}		

(3) 改变负载电流，测出所对应的输出直流电压，记录在表 1.10.3 中。根据测量数据，画出负载特性曲线图。

表 1.10.3 负载电流的改变对输出电压的影响

I_L/mA	20	30	40	50	60	70	80
u_o/V							

(4) 按图 1.10.6 连接成整流、滤波、稳压电路，重复步骤(2)、步骤(3)中的内容，自拟实

验表格，比较两表差异。

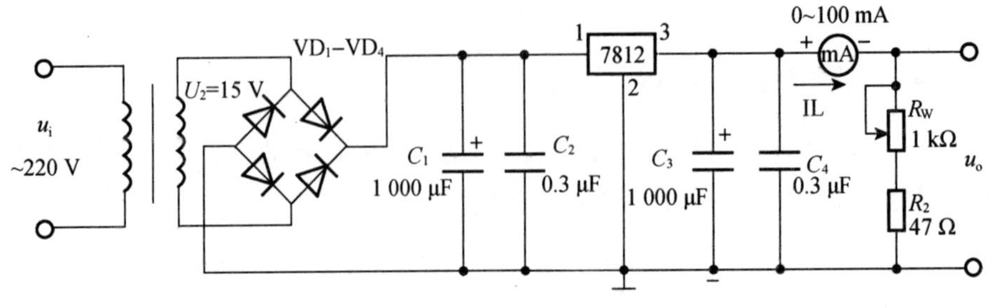

图 1.10.6 整流、滤波、稳压电路

(5) 改变负载电流，测出所对应的输出直流电压，记录在表 1.10.4 中。根据测量数据，画出负载特性曲线图。

表 1.10.4 稳压电路中，输出电压的测量

脉冲纹波电压/mV	直流电压/V	波 形
U_{C1}		
U_{C3}		

(6) 按图 1.10.6 连接成整流、滤波、稳压电路，按表 1.10.5 记录。

表 1.10.5 稳压电路中，负载电流对输出电压的影响

I_L/mA	20	30	40	50	60	70	80
U_o/V							

1.10.5 预习要求

(1) 复习教材有关内容，熟悉各器件在电路中的作用。

(2) 阅读实验指导书中实验内容、步骤和方法，了解整个实验操作过程。

1.10.6 实验报告

(1) 整理实验数据及表格。

(2) 能否用 GB-9 交流毫伏表测量整流输出电压 U_o? 为什么?

(3) 电路中采用了何种方法来降低纹波电压? 说明二次滤波的作用及目的。

(4) 简述整流滤波电路与稳压电路外负载特性的区别。

实验 11 晶闸管可控整流电路

1.11.1 实验目的

(1) 学习单结晶体管和晶闸管的简易测试方法。

(2) 熟悉单结晶体管触发电路(阻容移相桥触发电路)的工作原理及调试方法。

(3) 熟悉用单结晶体管触发电路控制晶闸管调压电路的方法。

1.11.2 实验原理

1. 可控整流电路的作用是把交流电变换为电压值可调的直流电。如图 1.11.1 所示为单相半控桥式整流实验电路。主电路由负载 R_L(灯泡)和晶闸管 VT_1 组成,触发电路为单结晶体管 VT_2 及一些阻容元件构成的阻容移相桥触发电路。改变晶闸管 VT_1 的导通角,便可调节主电路的可控输出整流电压(或电流)的数值,这点可由灯泡负载的亮度变化看出。晶闸管导通角的大小决定于触发脉冲频率 f,由公式 $f=\frac{1}{RC}\ln\left(\frac{1}{1-\eta}\right)$ 可知,当单结晶管的分压比 η(一般在 0.5~0.8 之间)及电容 C 值固定时,则频率 f 大小由 R 决定。因此,通过调节电位器 R_W,可以改变触发脉冲频率,主电路的输出电压也随之改变,从而达到可控调压的目的。

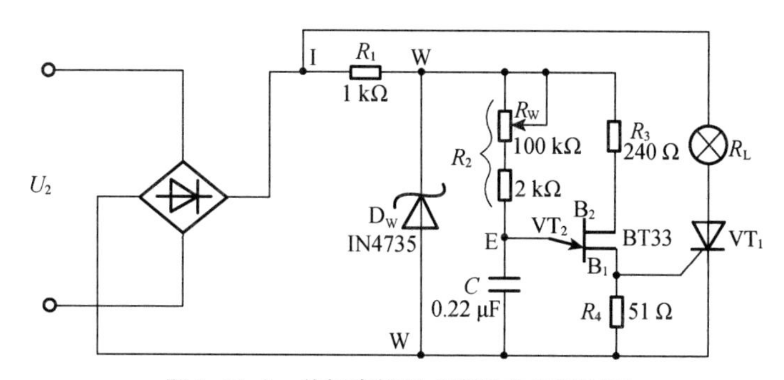

图 1.11.1 单相半控桥式整流电路原理图

(2) 用万用表的电阻挡(或用数字万用表二极管挡)可以对单结晶闸管进行简易测试。

图 1.11.2 为单结晶体管 BT33 管脚排列、结构图及电路符号。正常情况下单结晶体管 PN 结正向电阻 R_{EB1}、R_{EB2} 均较小,且 R_{EB1} 稍大于 R_{EB2},PN 结的反向电阻 R_{EB1}、R_{EB2} 均应很大,根据所测阻值,即可判断其管子质量的优劣。

图 1.11.3 为晶闸管 3CTCA 管脚排列、结构图及电路符号。晶闸管阳极(A)-阴极(K)及阳极(A)-控制极(G)之间的正、反向电阻 R_{AK}、R_{KA}、R_{AG}、R_{GA} 均应很大,而 G-K 之间为一个 PN 结,PN 结正向电阻应较小,反向电阻应很大。

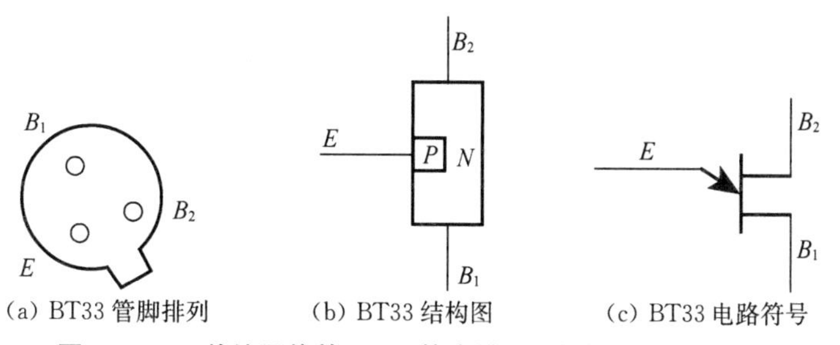

(a) BT33 管脚排列 (b) BT33 结构图 (c) BT33 电路符号

图 1.11.2 单结晶体管 BT33 管脚排列、结构图及器件符号

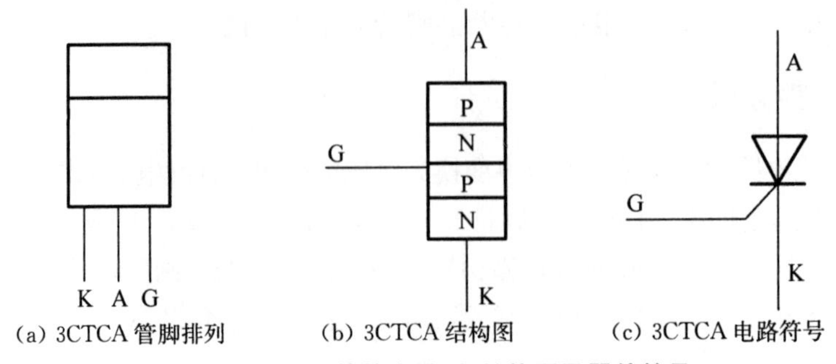

(a) 3CTCA 管脚排列　(b) 3CTCA 结构图　(c) 3CTCA 电路符号

图 1.11.3　晶闸管管脚排列、结构图及器件符号

1.11.3　实验仪器

(1) 双踪示波器　1 台

(2) 函数信号发生器　1 台

(3) 万用表　1 块

(4) 交流毫伏表　1 台

(5) 实验台　1 台

1.11.4　实验内容及步骤

1) 单结晶体管的简易测试

用万用表“$R\times10$”挡分别测量 EB1、EB2 间正、反向电阻，记录在表 1.11.1 中。

表 1.11.1　单结晶体管的测量

R_{EB1}/Ω	R_{EB2}/Ω	$R_{B1E}/k\Omega$	$R_{B2E}/k\Omega$	结　论

2) 晶闸管的简易测试

用万用表“$R\times1$ k”挡分别测量 A－K、A－G 间正、反向电阻，用“$R\times10\ \Omega$”挡测量 G－K 间正、反向电阻，记录表 1.11.2 中。

表 1.11.2　晶闸管的测量

$R_{AK}/k\Omega$	$R_{KA}/k\Omega$	$R_{AG}/k\Omega$	$R_{GA}/k\Omega$	$R_{GK}/k\Omega$	$R_{KG}/k\Omega$	结　论

3) 晶体管可控整流电路

按图 1.11.1 连接实验电路，用 15 V 取交流电源电压作为整流电路输入电压 U_2，电位器 R_W 置中间位置。

(1) 单结晶体管触发电路

① 断开主电路(未接灯泡)，接通电源，用示波器依次观察并记录交流电压 U_2、整流输出电压 U_i(I—O)、削波电压 U_w(W—O)、锯齿波电压 U_E(E—O)、触发输出电压 U_{B1}(B_1—O)。记录波形时，注意各波形间对应关系，并标出电压幅度及时间。

② 改变移相电位器 R_W 阻值，观察 U_E 及 U_{B1} 波形的变化及 U_{B1} 的移相范围。

（2）可控整流电路

断开交流电源，接入负载灯泡 R_L，再接通交流电源，调节电位器 R_W，使灯由暗到中度亮度，再到最亮，用示波器观察晶闸管两端电压 U_{VT1}，负载两端电压 U_L，并测量负载直流电压 U_L 及交流电源电压 U_2 有效值。

1.11.5　预习要求

（1）复习晶闸管可控整流部分内容。

（2）为什么可控整流电路必须保证触发电路与主电路同步？本实验是如何实现同步的？

（3）可否用万用表“$R\times10$ k”欧姆挡测试管子？为什么？

1.11.6　实验报告

（1）整理实验内容与测试数据。

（2）分析利用晶闸管来控制和调节灯光亮暗的原理。

2 数字电子技术实验

实验 1 基本门电路的测试

2.1.1 实验目的

(1) 熟悉数字系统综合实验箱和各种仪器仪表的使用方法。

(2) 验证基本门电路的逻辑功能,增加对数字电路的感性认识。

(3) 掌握数字电路的动态测试法和静态测试法。

(4) 了解门电路的设计原理,学会基本特性的分析和测试方法。

2.1.2 实验设备

(1) 万用表	1 块
(2) 直流稳压电源	1 台
(3) 函数信号发生器	1 台
(4) 数字示波器	1 台
(5) 实验台	1 台
(6) 集成电路 74LS00、74LS04、74HC04、CD4001 等	各 1 片

2.1.3 实验原理

1 数字逻辑电路的测试

(1) 组合逻辑电路的功能测试

组合逻辑电路功能测试的目的是验证其输出与输入关系是否与真值表相符,测试方法有静态测试和动态测试两种。

① 静态测试。静态测试就是给定数字电路若干组静态输入值,测试数字电路的输出值是否正确。实验时可将输入端分别接到逻辑电平开关上,按真值表将输入信号一组一组地依次送入被测电路,用电平显示灯分别显示各输入端和输出端的状态,观察输入和输出之间的关系是否符合设计要求,从而判断此电路静态工作是否正常。

② 动态测试。在静态测试基础上,按设计要求在输入端加动态脉冲信号,用示波器观察输入、输出波形是否符合设计要求,这就是动态测试。动态测试是测量组合逻辑电路的频率响应。

(2) 组合逻辑电路的参数和特性测试

在系统电路设计时,往往要用到一些门电路,而门电路的一些特性参数的好坏,在很大程度上影响整机工作的可靠性。

门电路的参数通常分两种：静态参数和动态参数。TTL 逻辑门的主要参数有：扇入系数 N_i 和扇出系数 N_o、输出高电平 U_{oH}、输出低电平 U_{oL}、电压传输特性曲线、开门电平 U_{ON} 和关门电平 U_{OFF}、输入短路电流 I_{SE}、空载导通功耗 P_{ON}、空载截止功耗 P_{OFF}、抗干扰噪声容限、平均传输延迟时间、输入漏电流 I_{iH} 等。

测试组合逻辑电路的参数和特性的主要工具为直流稳压电源、信号发生器、逻辑分析仪、示波器、万用表等仪器仪表。一般来说，除了要求使用有效的测试方法进行测试外，测试过程对仪器仪表的性能也有较高要求。

2）集成门电路设计原理

了解集成电路的内部设计原理，对于分析和解决使用集成电路过程中遇到的问题非常重要。对于数字集成电路需要着重了解门电路的工作原理（特别是输入、输出部分的电路结构和设计原理）、动态特性、静态特性、开关特性和主要参数。

（1）TTL 与非门电路

如图 2.1.1 所示为集成电路芯片 74LS00 的外形(a)和引脚排列图(b)。

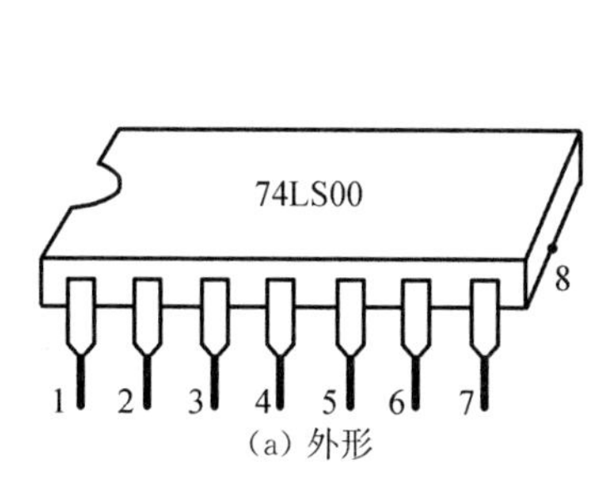

(a) 外形

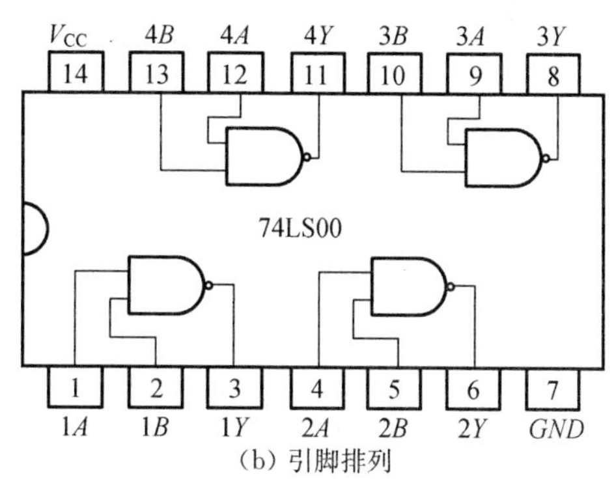

(b) 引脚排列

图 2.1.1　74LS00 的外形和引脚排列图

① TTL 门电路的输入级电路

在 TTL 电路中，与门、与非门的输入级电路结构形式和或门、或非门的输入电路结构形式是不同的。由图 2.1.2 可见，从与非门输入端看进去是一个多发射极三极管，每个发射极是一个输入端。而在或非门电路（见图 2.1.3）中，从每个输入端看进去都是一个单独的三极管，而且它们相互间在电路上没有直接的联系。

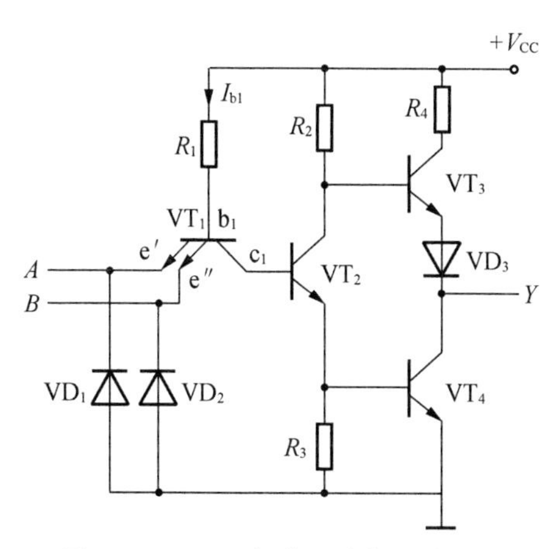

图 2.1.2　TTL 与非门内部设计原理

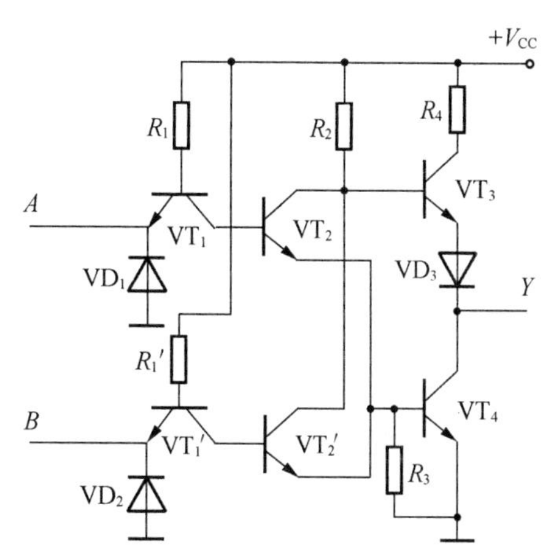

图 2.1.3　TTL 或非门设计原理

对于图 2.1.2 的与非门电路，当输入为低电平时，由于 VT_2 处于截止状态，所以无论有几个输入端并联，总的输入电流都等于 I_{b1}，而且发射结的导通压降仍为 0.7 V。因此，总的低电平输入电流和只有一个输入端接低电平时的输入电流 I_{iL} 相同。当输入端接高电平时，e'-b_1-c_1 和 e''-b_1-c_1 分别构成两个倒置状态的三极管，所以总的输入电流是单个输入端高电平输入电流 I_{iH} 的两倍，也就是 I_{iH} 乘以并联输入端的数目。

对于图 2.1.3 的或非门电路，从每个输入端看进去都是一个独立的三极管，因此在将 n 个输入端并联后，无论总的高电平输入电流 ΣI_{iH} 还是总的低电平输入电流 ΣI_{iL} 都是单个输入端输入电流的 n 倍。

② TTL 门电路的推拉式输出级

在 TTL 电路中，与门、与非门、或门、或非门等的输出电路结构原理是相同的，采用的都是推拉式输出电路结构(见图 2.1.2 和图 2.1.3)。下面以图 2.1.2 为例进行分析。当输出低电平时，VT_3 截止，而 VT_4 饱和导通。双极型三极管饱和导通状态下具有很低的输出电阻。在 74 系列的 TTL 电路中，这个电阻通常只有几欧姆，所以若外接的串联电阻在几百欧姆以上，在分析计算时可以将它忽略不计。

当输出为高电平时，VT_4 截止而 VT_3 导通。VT_3 工作在“射极输出”状态。已知射极输出器的最主要特点就是具有高输入电阻和低输出电阻。在模拟电子技术基础教材中，对这一特性都有详细的说明。根据理论推导，高电平输出电阻为：

$$r_0=\frac{R_2}{1+\beta_3}+r_{be3}(1+\beta_3)+r_D$$

式中：r_{be3} 是 VT_3 发射结的导通电阻；β_3 是 VT_3 的电流放大系数；r_D 是二极管 VD_3 的导通电阻。74 系列 TTL 门电路的高电平输出电阻在几十欧至一百欧之间。显然，这个数值比低电平输出电阻大得多。正因为如此，通常我们总是用输出低电平去驱动负载。

(2) CMOS 或非门电路

如图 2.1.4 所示为集成电路芯片 CD4001 的外形(a)和引脚排列图(b)。

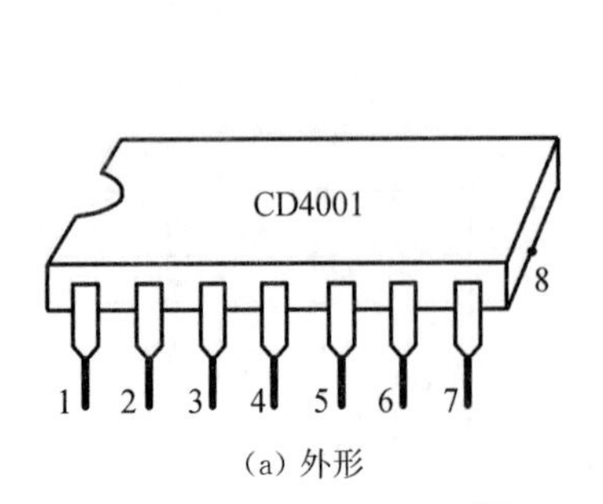

(a) 外形

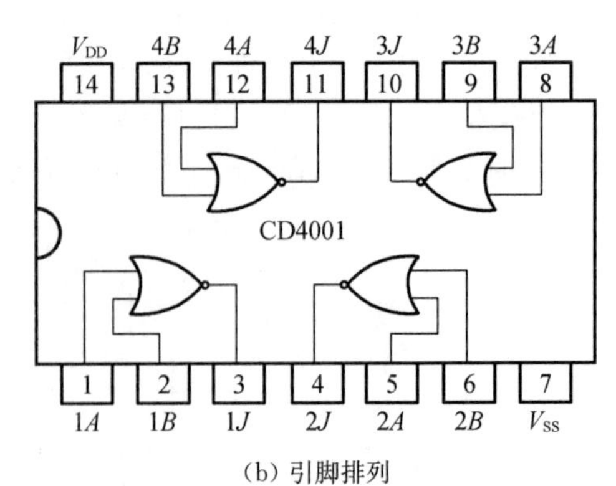

(b) 引脚排列

图 2.1.4 CD4001 的外形和引脚排列图

CMOS 门电路的系列产品包括或非门、与非门、或门、与门、与或非门、异或门等，它们都是以反相器为基本单元构成的，在结构上保持了 CMOS 反相器的“互补”特性，即 NMOS 和 PMOS 总是成对出现的，因而具有和 CMOS 反相器同样良好的静态和动态性能。

图 2.1.5 所示电路将两只 NMOS 管并联、PMOS 管串联构成了 CMOS 或非门，其中

VT_3、VT_2 是两个互补对称的 P、N 沟道对管。

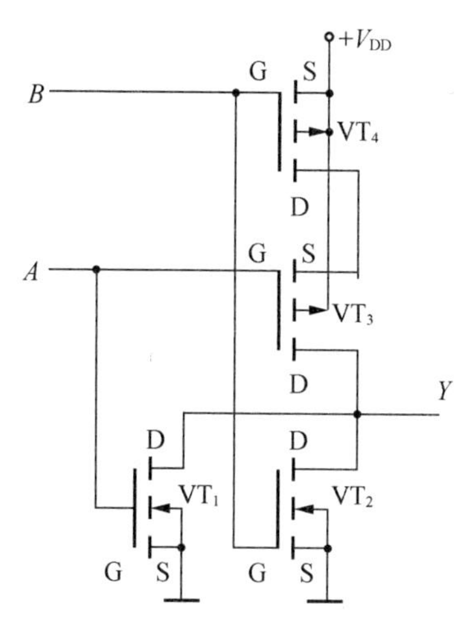

图 2.1.5　CMOS 或非门设计原理

关于 CMOS 或非门在这里仅作以上提示，有兴趣的同学可以查阅相关资料获得更具体的分析，在这里不再赘述。

3）测试集成门电路的主要参数和特性

下面以 74LS00 四 2 输入与非门为例进行说明，74LS00 的主要电参数规范如表 2.1.1 所示。

表 2.1.1　74LS00 的主要电参数规范

参数名称和符号			规范值	单位	测试条件
直流参数	通导电源电流	I_{CCL}	<14	mA	V_{CC}=5 V，输入端悬空，输出端空载
	截止电源电流	I_{CCH}	<7	mA	V_{CC}=5 V，输入端接地，输出端空载
	低电平输入电流	I_{iL}	≤1.4	mA	V_{CC}=5 V，被测输入端接地，其他输入端悬空，输出端空载
	高电平输入电流	I_{iH}	<50	μA	V_{CC}=5 V，被测输入端 U_i=2.4 V，其他输入端接地，输出端空载
			<1	mA	V_{CC}=5 V，被测输入端 U_i=5 V，其他输入端接地，输出端空载
	输出高电平	U_{oH}	≥3.4	V	V_{CC}=5 V，被测输入端 U_i=0.8 V，其他输入端悬空，I_{oH}=400 μA
	输出低电平	U_{oL}	<0.3	V	V_{CC}=5 V，输入端 U_i=2.0 V，I_{oL}=12.8 mA
	扇出系数	N_o	4～8	V	同 U_{oH} 和 U_{oL}
交流参数	平均传输延迟时间	t_{pd}	≤20	ns	V_{CC}=5 V，被测输入端输入信号：U_i=3.0 V，f=2 MHz

（1）电源特性

① 低电平输出电源电流 I_{CCL} 和高电平输出电源电流 I_{CCH}

与非门处于不同的工作状态，电源提供的电流是不同的。I_{CCL} 是指所有输入端悬空，输出端空载时，电源提供给器件的电流。I_{CCH} 是指输出端空截，每个门各有一个以上的输入端接地，其余输入端悬空，电源提供给器件的电流。通常 $I_{CCL}>I_{CCH}$，它们的大小标志着器件静态功耗的大小。器件的最大功耗为 $P_{CCL}=V_{CC}I_{CCL}$。手册中提供的电源电流和功耗值是指整个器件总的电源电流和总的功耗。I_{CCL} 和 I_{CCH} 测试电路如图 2.1.6(a)、(b)所示。

注意：TTL 电路对电源电压要求较严，电源电压 V_{CC} 只允许在 +5 V±0.5 V 的范围内工作，超过 5.5 V 将损坏器件，低于 4.5 V 器件的逻辑功能将不正常。

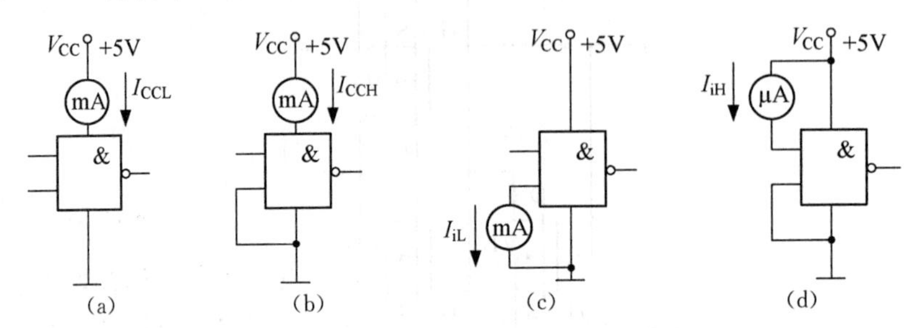

图 2.1.6　TTL 与非门静态参数测试电路图

② 低电平输入电流 I_{iL} 和高电平输入电流 I_{iH}

I_{iL} 是指被测输入端接地，其余输入端悬空，输出端空载时，由被测输入端流出的电流值。在多级门电路中，I_{iL} 相当于前级门输出低电平时，后级向前级门灌入的电流，因此它关系到前级门的灌电流负载能力，即直接影响前级门电路带负载的个数，因此希望 I_{iL} 小些。

I_{iH} 是指被测输入端接高电平，其余输入端接地，输出端空载时，流入被测输入端的电流值。在多级门电路中，它相当于前级门输出高电平时，前级门的拉电流负载，其大小关系到前级门的拉电流负载能力，希望 I_{iH} 小些。由于 I_{iH} 较小，难以测量，一般免于测试。

I_{iL} 与 I_{iH} 的测试电路如图 2.1.6(c)、(d)所示。

③ I_{CC}-U_i 特性测试

在实际工作中，输入电压由低电平上升为高电平，或由高电平下降为低电平的过程中，有一段时间门的负载管和驱动管同时导通，这时电源电流瞬时加大，即会产生浪涌电流。当电路工作频率增高时，随着输入电压 U_i 的上升时间 t_r 和下降时间 t_f 的加大，尖峰电流的幅度、宽度也随着增大，从而使动态平均电流增大，功耗增加。

测试 I_{CC}-U_i 特性的电路如图 2.1.7 所示。

注意：$I_{CC}=U_R/R$；测试时应将所测芯片的所有门的输入端接到一起再接输入脉冲信号。

按图 2.1.7 接好电路，其输入信号为具有一定上升时间的矩形波，且矩形波的低电平 $U_L=0$ V，高电平 $U_H=5$ V(CMOS 门 $U_H=V_{DD}$)。此时示波器屏幕上的图形即为 I_{CC}-U_i 特性曲线。

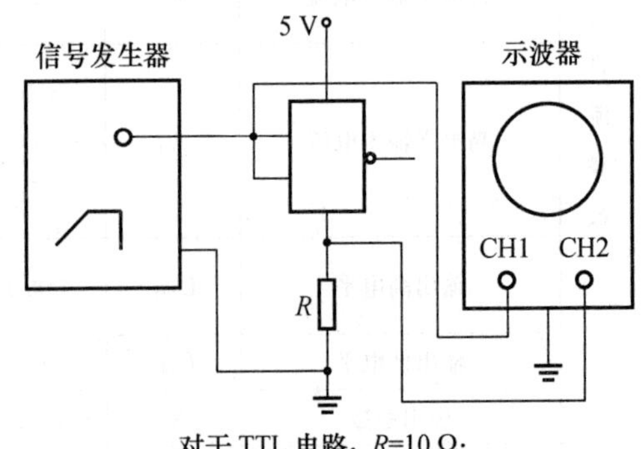

图 2.1.7　测试 I_{CC}-U_i 特性

(2) 扇出系数 N_o

扇出系数 N_o 是指门电路能驱动同类门的个数，它是衡量门电路负载能力的一个参数，TTL 与非门有两种不同性质的负载，即灌电流负载和拉电流负载，因此有两种扇出系数，即

低电平扇出系数 N_{oL} 和高电平扇出系数 N_{oH}。通常 $I_{iH}<I_{iL}$，则 $N_{oH}>N_{oL}$，故常以 N_{oL} 作为门的扇出系数。

N_{oL} 的测试电路如图 2.1.8 所示，门的输入端全部悬空，输出端接灌电流负载 R_L，调节 R_L 使 I_{oL} 增大，U_{oL} 随之增高，当 U_{oL} 达到 U_{oLm}（手册中规定低电平规范值 0.4 V）时的 I_{oL} 就是允许灌入的最大负载电流，则 $N_{oL}=I_{oL}/I_{iL}$，通常 $N_o\geqslant 8$。

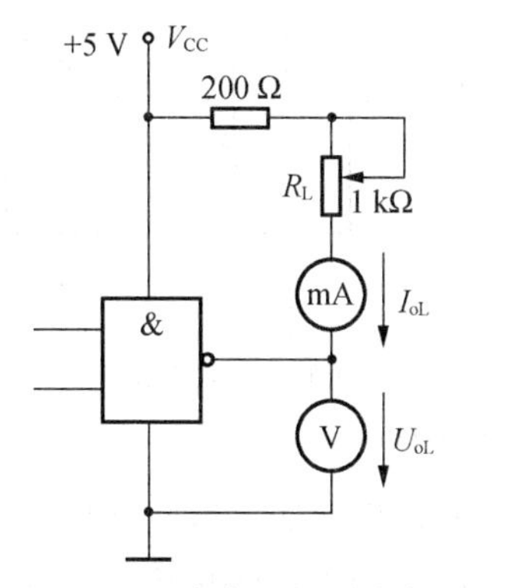

图 2.1.8　扇出系数测试电路

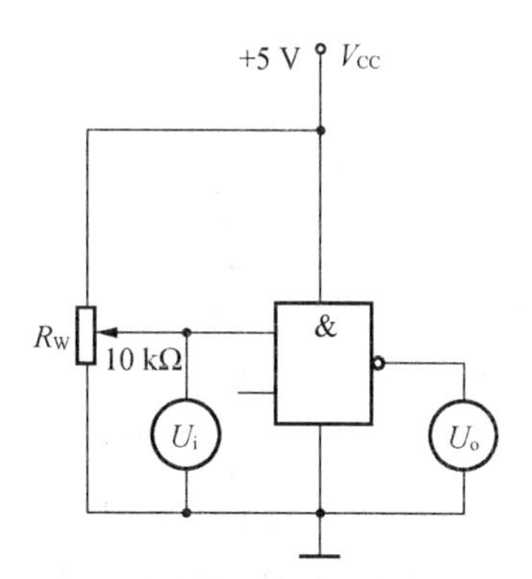

图 2.1.9　传输特性测试电路

（3）电压传输特性

门的输出电压 U_o 随输入电压 U_i 而变化的曲线称为门的电压传输特性，通过它可读得门电路的一些重要参数，如输出高电平 U_{oH}、输出低电平 U_{oL}、逻辑摆幅 ΔU、关门电平 U_{OFF}、开门电平 U_{ON}、阈值电平 U_T 及抗干扰容限 U_{NL}、U_{NH} 等值。

测试电路如图 2.1.9 所示，采用逐点测试法，即调节 R_W，逐点测得 U_i 及 U_o，然后绘成曲线。

（4）传输时延

在 TTL 电路中，由于二极管和三极管从导通变为截止或从截止变为导通都需要一定的时间，而且还有二极管、三极管以及电阻、连接线等的寄生电容存在，所以把理想的矩形电压信号加到 TTL 反相器的输入端时，输出电压的波形不仅要比输入信号滞后，而且波形的上升沿和下降沿也将变坏，如图 2.1.10 所示。

我们把输出电压波形滞后于输入电压波形的时间叫做传输延迟时间。通常将输出电压由低电平跳变为高电平时的传输延迟时间称为截止延迟时间，记作 t_{pLH}，把输出电压由高电平跳变为低电平时的传输延迟时间称为导通延迟时间，记作 t_{pHL}。t_{pLH} 和 t_{pHL} 的定义方法如图 2.1.10(a)所示。

平均传输延迟时间 t_{pd} 定义为：

$$t_{pd}=\frac{t_{pHL}+t_{pLH}}{2}$$

TTL 门电路的传输延迟时间一般为几十纳秒，延迟时间越长，说明门的开关速度越低。

因为传输延迟时间和电路的许多分布参数有关，不易准确计算，所以 t_{pHL} 和 t_{pLH} 的数值最后都是通过实验方法测定的。这些参数可以从产品手册上查到。

t_{pd} 的测试电路如图 2.1.10(b)所示，由于 TTL 门电路的延迟时间较小，直接测量时对信号发生器和示波器的性能要求较高，故实验采用测量由奇数个与非门组成的环形振荡器

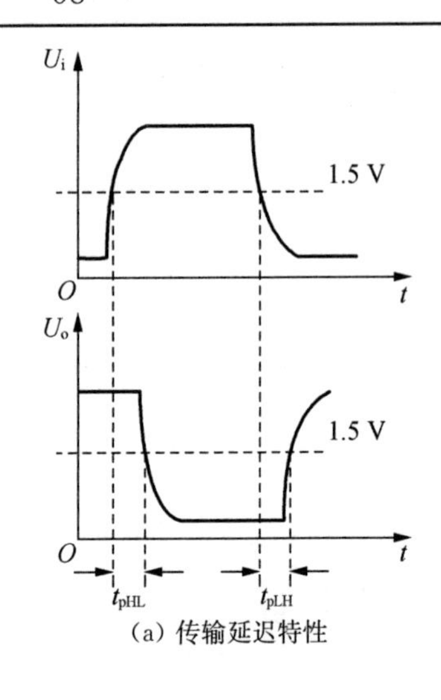

(a) 传输延迟特性

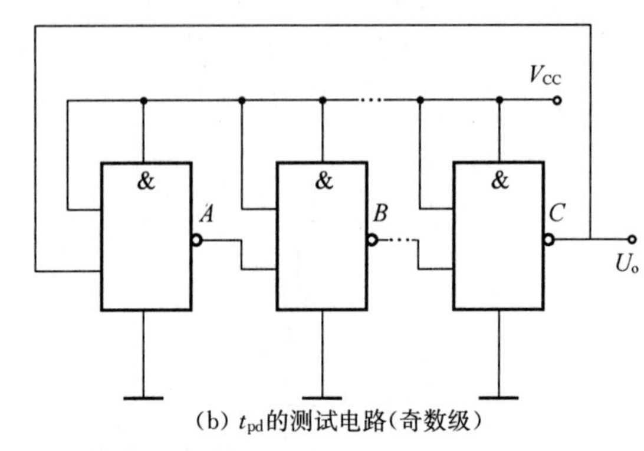

(b) t_{pd}的测试电路(奇数级)

图 2.1.10　平均传输延迟时间

的振荡周期 T 来求得。其工作原理是:假设电路在接通电源后某一瞬间,电路中的 A 点为逻辑"1",经过奇数 n 级门的延迟后,使 A 点由原来的逻辑"1"变为逻辑"0";再经过奇数 n(一般取 $n \geqslant 5$)级门的延迟后,A 点电平又重新回到逻辑"1"。电路中其他各点电平也跟随变化。说明使 A 点发生一个周期的振荡,必须经过 $2n$ 级门的延迟时间。因此平均传输延迟时间为 $t_{pd}=T/2n$。

一般情况下,低速组件 t_{pd}为 40～160 ns,中速组件为 15～40 ns,高速组件为 8～15 ns,超高速组件 $t_{pd}<8$ ns。TTL 电路的 t_{pd}一般在 10s～40 ns。

(5) 功耗

功耗是指逻辑门消耗的电源功率,常用空载功耗来表征。

当输出端空载,逻辑门输出低电平时的功耗 P_{on}($=V_{CC}I_{CCL}$)称为空载导通功耗。当输出端空载,逻辑门输出高电平时的功耗 P_{off}($=V_{CC}I_{CCH}$)称为空载截止功耗。一般 $P_{on}>P_{off}$,而 P_{on}一般不超过 50 mW。P_{on}和 P_{off}的测试方法如图 2.1.11。

这里,I_{CCL}为低电平输出电源电流和 I_{CCH}为高电平输出电源电流。

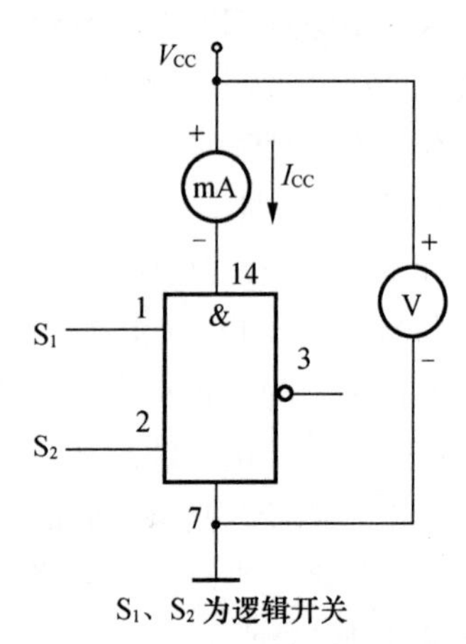

S_1、S_2 为逻辑开关

图 2.1.11　P_{on}和 P_{off}测试电路图

2.1.4　实验内容

(1) 按图 2.1.12 接线,测试 74LS00 功能,将测试结果填入表 2.1.2 中,判断该器件工作是否正常。

① 静态测试:选其中任意一组逻辑门进行功能测试。在与非门的两个输入端 A、B 上分别加入相应的逻辑电平,观察并记录与非门对应输出端 Y 的状态。

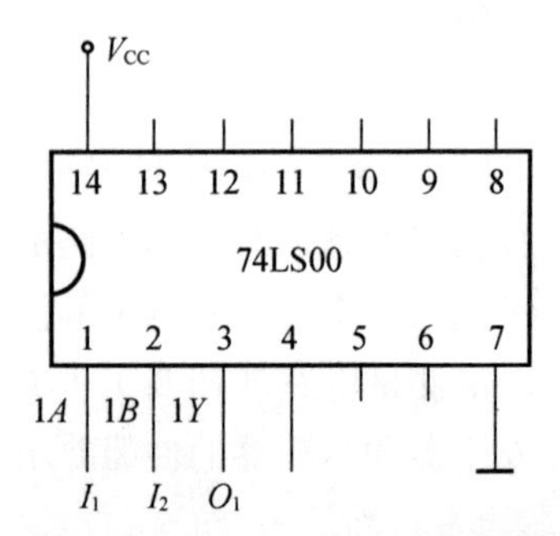

图 2.1.12　74LS00 静态测试接线图

表 2.1.2 74LS00 与非门的逻辑功能测试

输入		输出		输入		输出	
A	B	电压/V	Y(逻辑值)	A	B	电压/V	Y(逻辑值)
0	0			1	0		
0	1			1	1		

② 动态测试:观察与非门对脉冲的控制作用。在 74LS00 中任选一组与非门,分别按图 2.1.13 的(a)、(b)连线,并用示波器观察输入、输出端波形,绘出波形图。分析与非门如何完成对脉冲的控制功能。

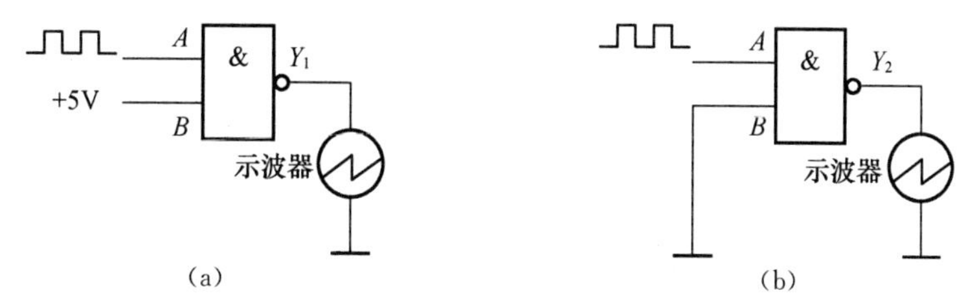

图 2.1.13 74LS00 动态测试接线图

(2) 按图 2.1.14 接线,测试 CD4001 功能,将测试结果填入表 2.1.3 中,判断该器件工作是否正常。

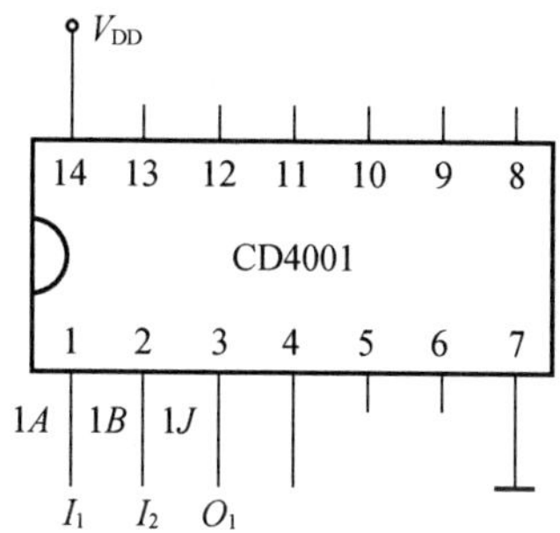

图 2.1.14 CD4001 动态测试接线图

① 静态测试:在或非门输入端 A、B 上分别加上相应的逻辑电平,测试、观察并记录或非门对应输出端 J 的状态。

表 2.1.3 CD4001 或非门逻辑功能测试

输入		输出		输入		输出	
A	B	电压/V	J(逻辑值)	A	B	电压/V	J(逻辑值)
0	0			1	0		
0	1			1	1		

② 动态测试:观察或非门对脉冲的控制作用。在 CD4001 中任选一组或非门,分别按图 2.1.15(a)、(b)连线,并用示波器观察输入、输出端波形,绘出波形图。分析或非门如何完成对脉冲的控制功能。

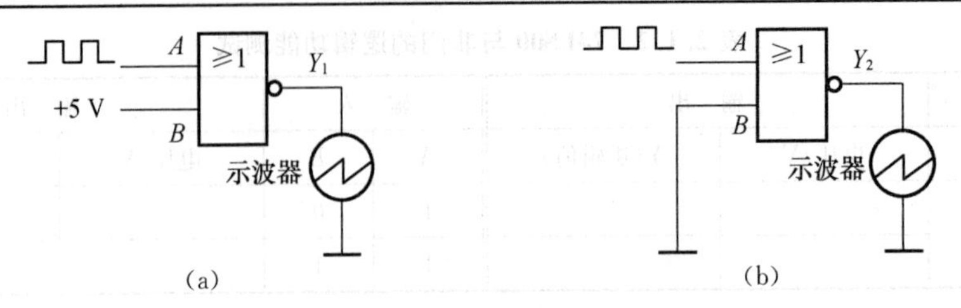

图 2.1.15　CD4001 动态测试接线图

(3) 分别按图 2.1.6、图 2.1.8、图 2.1.10(b)接线并进行测试，将测试结果记入表 2.1.4 中。

表 2.1.4　门电路参数测试

I_{CCL}/mA	I_{CCH}/mA	I_{iL}/mA	I_{iH}/μA	I_{oL}/mA	$t_{pd}=\frac{T}{6}$/ns

(4) 按图 2.1.7 接线，测试 I_{CC}-U_i 特性曲线，计算门的静态平均功耗。要求：输入矩形波信号的 U_i 的 $T\approx100\ \mu$s，$T_W\approx40\ \mu$s，$t_r=t_f\approx0.1\ \mu$s。

(5) 按图 2.1.9 接线，调节电位器 R_W，使 U_i 从 0 V 向高电平变化，逐点测量 U_i 和 U_o 的对应值，记入表 2.1.5 中。

表 2.1.5　传输特性测试

U_i(V)	0	0.2	0.4	0.6	0.8	1.0	1.5	2.0	2.5	3.0	3.5	4.0	…
U_o(V)													

(6) 按图 2.1.11 接线，测试 P_{on} 和 P_{off}。

(7) 在图 2.1.16 所示逻辑电路中，若与门 G_1、G_2 和 G_3 的传输延迟范围如图中所注，试确定该电路的总传输时延范围是多少。查集成电路手册，选择符合要求的 IC 搭试电路，并用示波器观察各信号的波形关系图。

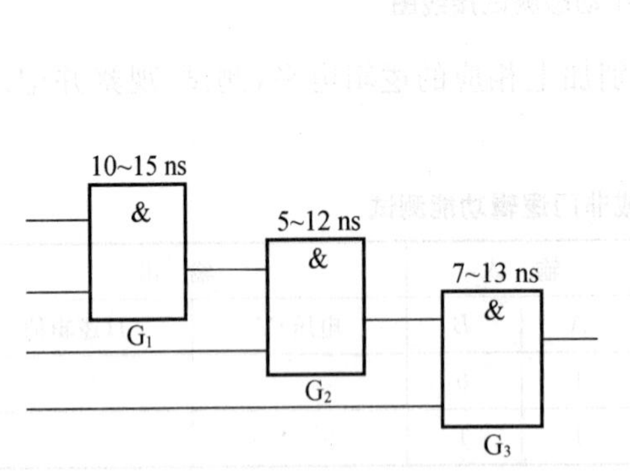

图 2.1.16　门 G_1、G_2 和 G_3 的传输

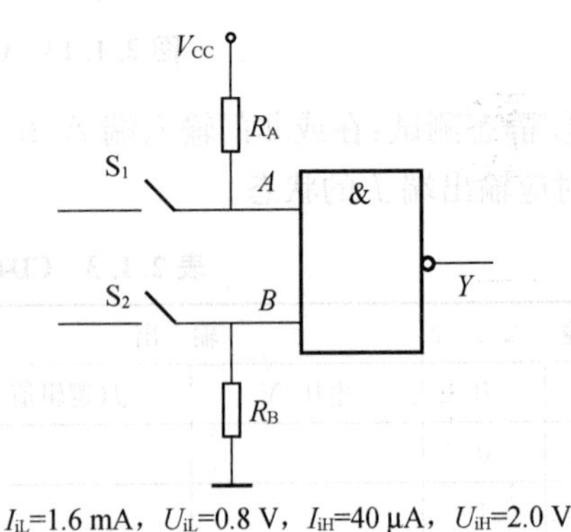

图 2.1.17　TTL 与非门构成的开关电路

(8) 图 2.1.17 所示为用 TTL 与非门构成的开关电路，为使开关 S_1 和 S_2 打开时，门的输入端 A 和 B 分别有确定的起始电平 1 和 0，故 A 端通过电阻 R_A 接 V_{CC}，B 端则通过电阻 R_B 接地。试确定 R_A 和 R_B 的值，门输入特性的相关参数已标注在该图中。

(9) 图 2.1.18 为 CMOS 反相器原理电路，其中 VT_1 和 VT_2 是两个互补对称的 P、N

沟道对管。试分析为什么 CMOS 反相器的电压传输特性曲线比较接近理想的开关特性?请用 74HC04(封装同 74LS04,见附录Ⅱ)进行验证。

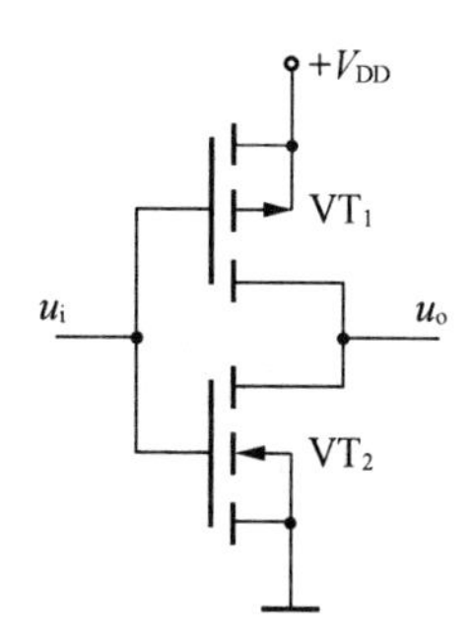

图 2.1.18 CMOS 反相器原理电路

2.1.5 实验报告

(1) 详细描述实验过程,整理并分析实验数据。

(2) 分析实验过程中遇到的问题,描述解决问题的思路和方法。

2.1.6 思考题

(1) 为什么 TTL 与非门的输入端悬空相当于逻辑 1 电平? 在实际电路中可以悬空吗?

(2) CMOS 逻辑门不用的输入端可以悬空吗? 为什么?

(3) CMOS 逻辑门的高电平和低电平的电压范围分别是多少? 请与 TTL 逻辑门进行比较。试说明"CMOS 抗干扰能力强,但易受干扰"这句话。

(4) 在数字电路中 CMOS 电路和 TTL 电路可以混合使用。请问,CMOS 电路如何驱动 TTL 电路? TTL 电路如何驱动 CMOS 电路? 为什么?

(5) 现要用示波器观测 $T=1\ \mu s$,$T_W=0.1\ \mu s$,$t_r=20$ ns(上升时间),t_f(下降时间)足够小的矩形波,请问频带宽度应选多少?

(6) 工程中为什么一般用输出低电平驱动负载?

(7) 为什么普通逻辑门的输出端不能直接连在一起? 请结合图 2.1.2 进行说明。

(8) 在 TTL 和 CMOS 与非门的一个输入端经过 300 Ω 和 10 kΩ 的电阻接地,其余输入端接高电平。问在这两种情况下 TTL 和 CMOS 与非门的输出电平各为多少?

(9) 说明 CMOS 电路输出高电平和低电平时,输出电流的大小和方向以及与负载的关系。

(10) 在大规模可编程器件的输出电路或在系统设计中,经常需要实现可控反相器,如图 2.1.19 所示,以便可以方便地使输出为原变量或反变量。请问如何用异或门实现可控反相器?

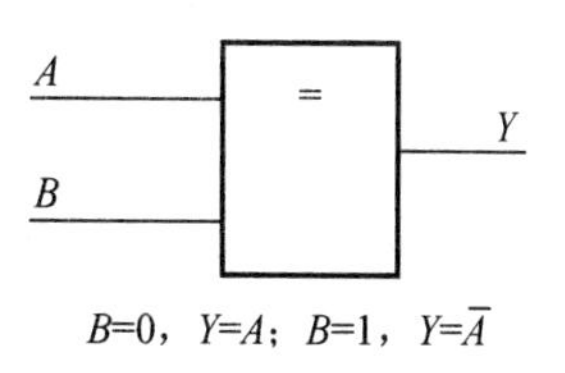

$B=0$, $Y=A$; $B=1$, $Y=\overline{A}$

图 2.1.19 可控反相器

实验 2　OC/OD 门和三态门

2.2.1　实验目的

(1) 熟悉集电极开路(OC)/漏极开路(OD)门和三态门的逻辑功能。
(2) 了解集电极/漏极负载电阻 R_L 对 OC/OD 门电路的影响。
(3) 掌握 OC/OD 门和三态门的典型应用。

2.2.2　实验设备

(1) 万用表　1 块
(2) 直流稳压电源　1 台
(3) 函数信号发生器　1 台
(4) 示波器　1 台
(5) 实验台　1 台
(6) 集成电路 74LS03、74HC03、74HC125、74LS00、CC40107 等　各 1 片

2.2.3　实验原理

数字系统中有时需要把两个或两个以上集成逻辑门的输出端直接并接在一起完成一定的逻辑功能。对于普通的 TTL 门电路,由于输出级采用了推拉式输出电路,无论输出是高电平还是低电平,输出阻抗都很低。因此,通常不允许将它们的输出端并接在一起使用。普通 CMOS 门电路也有类似的问题。

在计算机中,CPU 的外围接有大量寄存器、存储器和 I/O 口,如果不允许多个器件的数据线相连,那么仅众多的数据线就会使 CPU 体积庞大、功耗激增,计算机也就不可能像今天这样被广泛使用。

集电极开路门、漏极开路门和三态输出门是三种特殊的门电路,它们允许把输出端直接并接在一起使用。

1) TTL OC 门

本实验所用 OC 与非门型号为二输入四与非门 74LS03,其芯片引脚图见附录Ⅱ,逻辑框图和逻辑符号见图 2.2.1(a)、(b)所示。OC 与非门的输出管 T_3 是悬空的,工作时,输出端必须通过一只外接电阻 R_L 和电源 $+V_{CC}$ 相连接,以保证输出电平符合电路要求。

OC 门的应用主要有下述三个方面。

(1) 利用电路的“线与”特性方便地完成某些特定的逻辑功能。

如图 2.2.2 所示,将两个 OC 与非门输出端直接并接在一起,则它们的输出为:

$$Y=Y_1Y_2=\overline{A_1B_1}\cdot\overline{A_2B_2}=\overline{A_1B_1+A_2B_2}$$

即把两个(或两个以上)OC 与非门“线与”可完成“与或非”的逻辑功能。

(2) 实现多路信息采集,使两路以上的信息共用一个传输通道(总线)。

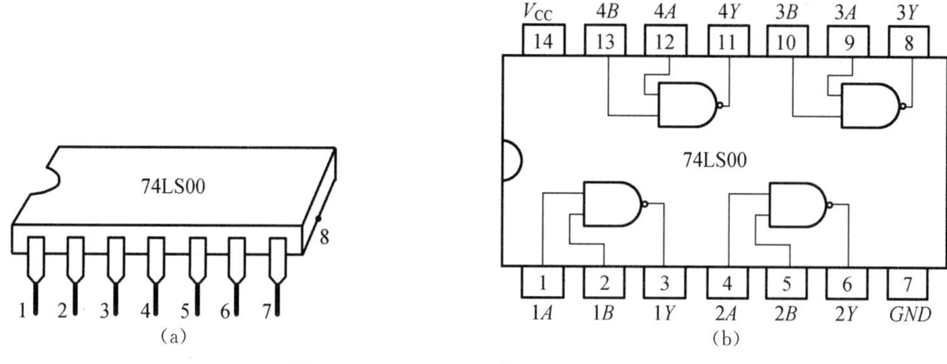

图 2.2.1　74LS03 逻辑框图、逻辑符号

(3) 驱动感性负载或实现逻辑电平转换，以推动荧光数码管、继电器、MOS 器件等多种数字集成电路。

如图 2.2.2 的电路中，E_C＝10 V 时，Y 的输出高电平就变成了 10 V。

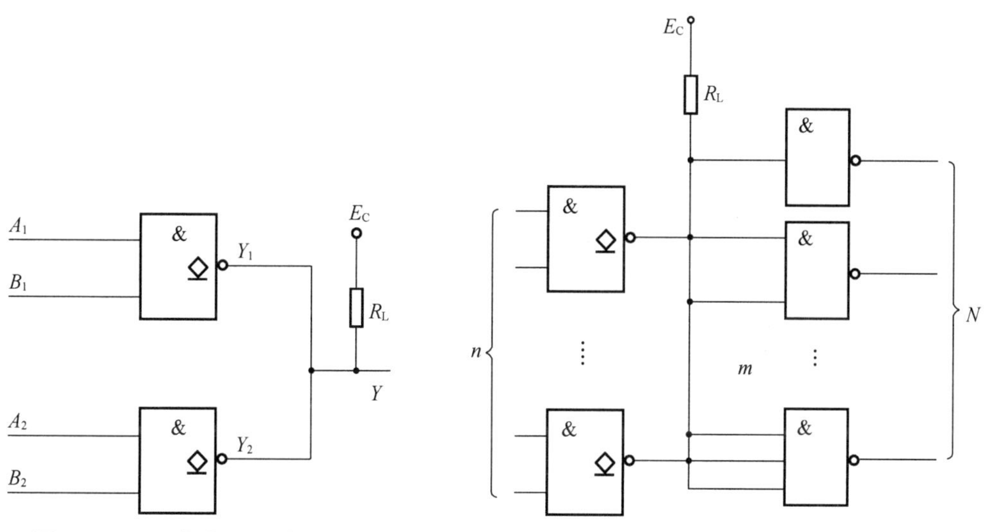

图 2.2.2　OC 与非门"线与"电路　　**图 2.2.3　OC 与非门负载电阻 R_L 的确定**

OC 门输出并联运用时负载电阻 R_L 的选择方法如下：

如图 2.2.3 所示电路由 n 个 OC 与非门"线与"驱动有 m 个输入端的 N 个 TTL 与非门，为保证 OC 与非门输出电平符合逻辑要求，负载电阻 R_L 阻值的选择范围为：

$$R_{Lmax}=\frac{E_C-U_{oHmin}}{nI_{oH}-mI_{RE}}$$

$$R_{Lmin}=\frac{E_C-U_{oLmax}}{I_{oL}-mI_{SE}}$$

式中：U_{oHmin}—输出高电平下限值；

U_{oLmax}—输出低电平上限值；

I_{oL}—单个 OC 门输出低电平时输出管所允许流入的最大电流；

I_{oH}—OC 门输出高电平时由负载电阻流入输出管的电流，也称输出漏电流；

I_{RE}—负载门输入高电平时的输入电流，也称输入反向电流；

I_{SE}—负载门的短路输入电流；

E_C—R_L 外接电源电压；

n—OC 门的个数；

m—接入电路的负载门输入端总个数。

R_L 值须小于 R_{Lmax}，否则 U_{oH} 将下降，R_L 值须大于 R_{Lmin}，否则 U_{oL} 将上升；R_L 的大小还会影响输出波形的边沿时间，在工作速度较高时，R_L 应尽量选取接近 R_{Lmin}；另外，由于调整 R_L 可以调整 OC 门的拉电流和灌电流驱动能力，所以选择 R_L 还要考虑负载对 OC 门驱动能力的要求。

除了 OC 与非门外，还有其他类型的 OC 器件，R_L 的选取方法也与此类同。

2) CMOS OD 门

CMOS 漏极开路与非门的逻辑框图和逻辑符号见图 2.2.4(a)、(b)。其特点是：

(1) 输出 MOS 管的漏极是开路的。见图 2.2.4(a)中上边的虚线部分。工作时必须外接电源 $+E_D$ 和电阻 R_L，电路才能工作，实现 $Y=\overline{AB}$；若不外接电源 $+E_D$ 和电阻 R_L，则电路不能工作。

(2) 可以方便实现电平转换。因为 OD 门输出级 MOS 管漏极电源是外接的，U_{oH} 随 $+E_D$ 的不同而改变，所以可以用来实现电平转换。

(3) 可以用于实现“线与”功能，即把几个 OD 门的输出端，直接用导线连接起来实现“与”运算，两个 OD 门进行“线与”连接的电路也如图 2.2.2 所示。

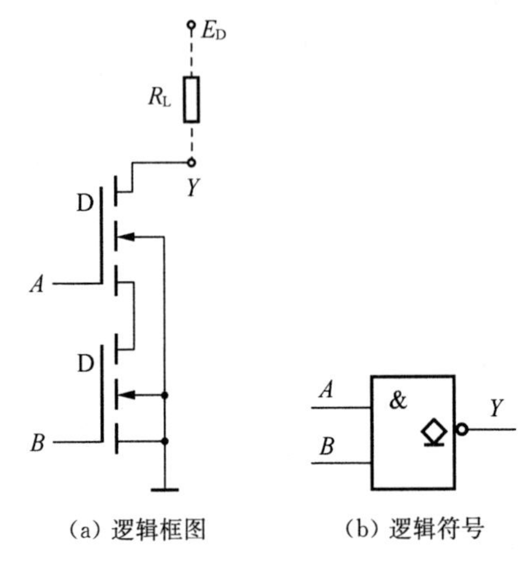

(a) 逻辑框图　　(b) 逻辑符号

图 2.2.4　CMOS 漏极开路门

(4) OD 门的带负载能力强。输出端为高电平时带拉电流负载的能力 I_{oH}（$=(E_D-U_{oH})/R_L$），决定于外接电源 $+E_D$ 和电阻 R_L 的大小；输出端为低电平时，带灌电流负载的能力 I_{oL}，由输出 MOS 管的容量决定，比较大。例如双二输入漏极开路与非门 CC40107，当 $+E_D=10$ V，$U_{oL}=0.5$ V 时，$I_{oL}\geqslant 37$ mA；若 $+E_D=15$ V，$U_{oL}=0.5$ V 时，则 $I_{oL}\geqslant 50$ mA。

OD 门的用途和 OC 门相似，R_L 的计算方法也与 OC 门类似，不过在具体使用的时候要注意考虑 TTL 和 CMOS 电路的区别。

3) CMOS 三态输出门

CMOS 三态输出门是一种特殊的门电路，它与普通的 CMOS 门电路结构不同，它的输出端除了通常的高电平、低电平两种状态外（这两种状态均为低阻状态），还有第三种输出状态，即高阻状态。处于高阻状态时，电路与负载之间相当于开路。三态输出门按逻辑功能及控制方式来分有各种不同类型，本实验所用 CMOS 三态门集成电路 74HC125 三态输出四总线缓冲器，其引脚图同 74LS125 见附录Ⅱ，功能表见表 2.2.1。

表 2.2.1　三态门功能表

输　入		输　出	
En	A	Y	
0	0	低阻态	0
	1		1
1	0	高阻态	
	1		

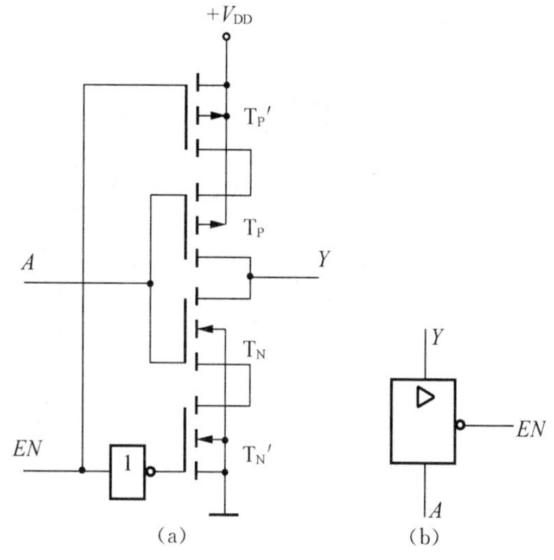

图 2.2.5　CMOS 三态门逻辑框图和逻辑符号

如图 2.2.5(a)、(b)分别是构成三态输出四总线缓冲器的三态门的逻辑框图和逻辑符号，它有一个控制端(又称禁止端或使能端)EN，$EN=0$ 为正常工作状态，实现 $Y=A$ 的逻辑功能；$EN=1$ 为禁止状态，输出 Y 呈现高阻状态。这种在控制端加低电平时电路才能正常工作的工作方式称为低电平使能。

三态门电路主要用途之一是实现总线传输，即用一个传输通道(称总线)，以选通方式传送多路信息。如图 2.2.6 所示，电路中把若干个三态门电路输出端直接连接在一起构成三态门总线，使用时，要求只有需要传输信息的三态控制端处于使能态($EN=0$)，其余各门皆处于禁止状态($EN=1$)。由于三态门输出电路结构与普通门电路相同，显然，若同时有两个或两个以上三态门的控制端处于使能态，将出现与普通门“线与”运用时同样的问题，因而是绝对不允许的。

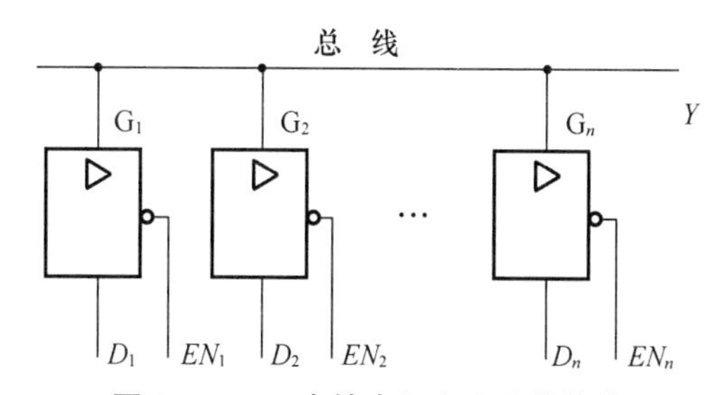

图 2.2.6　三态输出门实现总线传输

图 2.2.7 说明了三总线的基本工作原理。图中单向控制总线和双向数据总线为设备 1 和设备 2 共用，设备 1 和设备 2 内部分别集成了三个三态门，三态门 G_1、G_2 构成双向 D 的控制电路，G_3 构成单向总线 $R/\overline{W}$ 的控制电路。

当 $CS_0=0$ 且 $CS_1=1$ 时，若 $R/\overline{W}=1$，数据流向为 $D_0\rightarrow D$，从设备 1 读数据；若 $R/\overline{W}=0$，数据流向为 $D\rightarrow D_0$，向设备 1 写数据。

当 $CS_0=1$ 且 $CS_1=0$ 时，若 $R/\overline{W}=1$，数据流向为 $D_0\rightarrow D$，从设备 2 读数据；若 $R/\overline{W}=0$，数据流向为 $D\rightarrow D_0$，向设备 2 写数据。

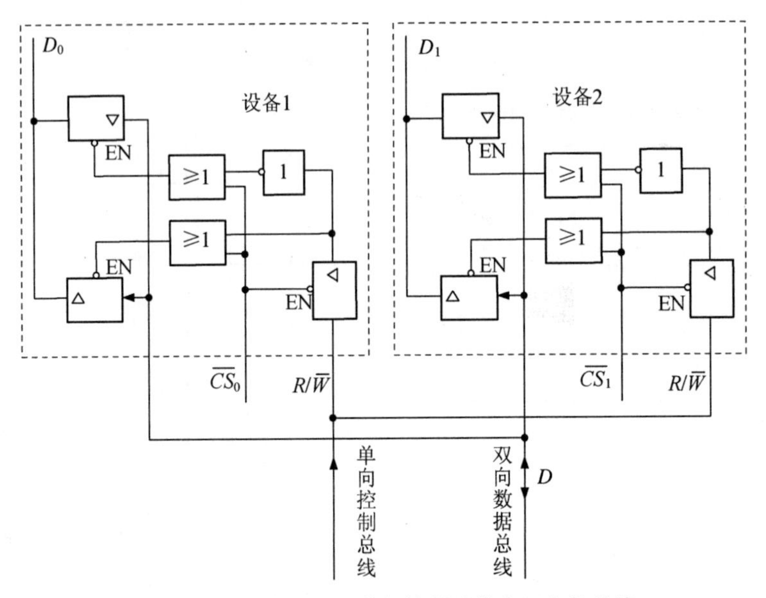

图 2.2.7 三态门实现单向控制总线和双向数总线

2.2.4 实验内容

1) OC 门

(1) OC 与非门负载电阻 R_L 的确定

选用 74LS03，测试如图 2.2.8 所示电路。其中，$R_W=2.2\ k\Omega$，$R_P=200\ \Omega$。

① 测定 R_{Lmax}

OC 门 G_1、G_2 的 4 个输入端 A_1、B_1、A_2、B_2 均接地，则输出 Y 为高电平。调节电位器 R_W 的值使 $U_{oHmin}>2.4\ V$，用万用表测出此时的 R_L 值即为 R_{Lmax}。

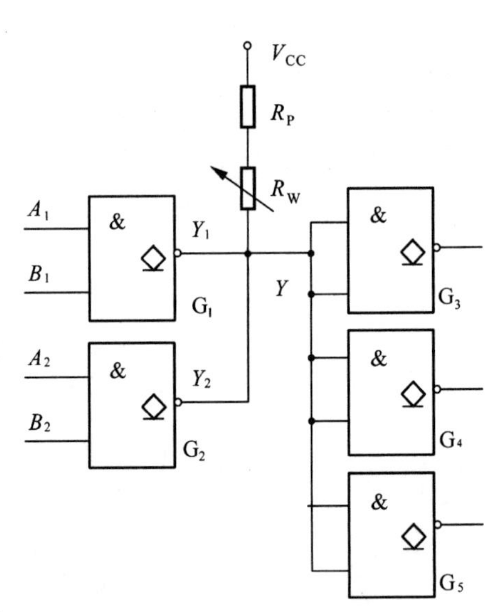

图 2.2.8 OC 门负载电阻测试电路图

② 测定 R_{Lmin}。OC 门 G_1 输入端 A_1、B_1 接高电平，G_2 输入端 A_2、B_2 接低电平，则输出 Y 为低电平。调节电位器 R_W 的值使 $U_{oLmax}<0.4\ V$，用万用表测出此时的 R_L 值即为 R_{Lmin}。

③ 调节 R_W，使 $R_{Lmin}<R_L<R_{Lmax}$，分别测出 Y 端的 U_{oH} 和 U_{oL} 值。

④ 将 R_{Lmax} 和 R_{Lmin} 的理论计算值与实测值进行比较并填入表 2.2.2 中。

表 2.2.2 R_L 的测试结果

参　数	理论值	实际值
R_{Lmax}		
R_{Lmin}		

（2）OC 与非门实现线与功能

选用 74LS03，列真值表验证图 2.2.2 所示电路的线与功能：

$$Y=Y_1Y_2=\overline{A_1B_1}\cdot\overline{A_2B_2}=\overline{A_1B_1+A_2B_2}$$

（3）OC 门实现电平转换

用 OC 门完成 TTL 电路驱动 CMOS 电路的接口电路，实现电平转换。实现电路如图 2.2.9 所示。

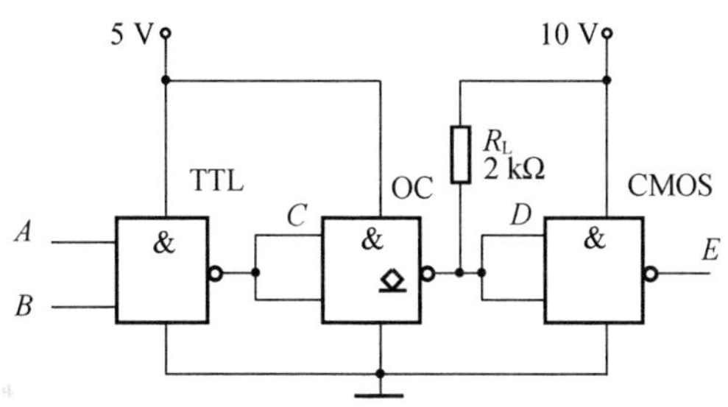

图 2.2.9　OC 门电路驱动 CMOS 门电路接口电路图

① 在输入端 A、B 全为 1 时，用万用表测量 C、D、E 点的电压，再将 B 输入置为 0，用示波器测量 C、D、E 点的电压，将两次测得的结果填入表 2.2.3 中。

表 2.2.3　电平转换测试结果

输　入		C/V	D/V	E/V
A	B			
1	1			
1	0			

② 在输入端 B 加 1 kHz 方波信号，用示波器观察 C、D、E 各点电压波形幅值的变化。

（4）用集电极开路与非门 74LS03 实现

$$Y=A\oplus B$$

自拟实现方案，画出接线图，画出真值表，记录测试结果并与理论值进行比较。

2）CMOS OD 门实验

用 74HC03 重复 OD 门的实验。比较 OC 门和 OD 门的区别。

3）三态门

（1）74HC125 的逻辑功能测试

测试电路如图 2.2.10 所示，将测试结果填入表 2.2.4 中，根据测试结果判断该三态门功能是否正常。

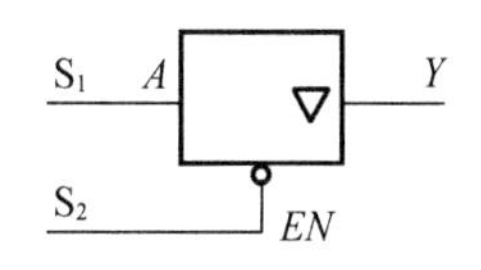

图 2.2.10　测试三态门功能

表 2.2.4　测试三态门功能

输　入		输　出	
A	EN	电压/V	Y(逻辑电平)
1	0		
0	0		
x	1		

① 静态验证

控制输入和数据输入端加高、低电平，用电压表测量输出高电平、低电平的电压值。

② 动态验证

控制输入加高、低电平，数据输入加连续矩形脉冲，用示波器对应地观察数据输入波形和输出波形。

动态验证时，分别用示波器中的 AC 耦合与 DC 耦合，测定输出波形的幅值 V_{P-P}及高、低电平值。

(2) 单向总线传输

如图 2.2.11 所示，用 74HC125 三态门组成 4 路数字信息传输通道。其中 D_1、D_2、D_3、D_4 为不同脉宽的连续脉冲信号。先使 EN_1、EN_2、EN_3、EN_4 皆为 1，记录 A_1、A_2、A_3、A_4 及 Y 的波形。然后，轮流使 EN_1、EN_2、EN_3、EN_4 中的一个为 0，其余三个为高电平(绝不允许它们中有两个以上同时为 0)，记录 A_1、A_2、A_3、A_4 及 Y 的波形并分析结果。

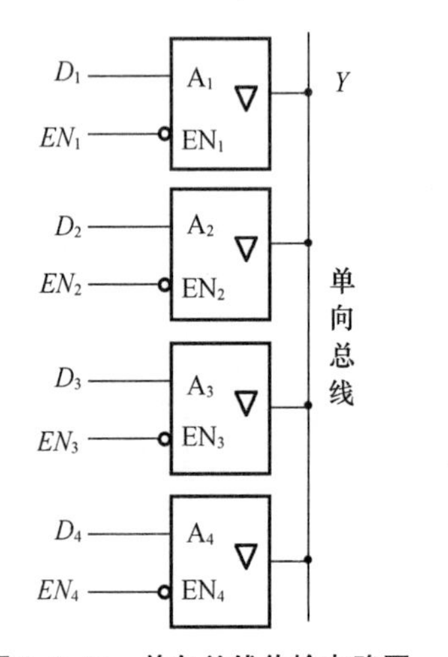

图 2.2.11　单向总线传输电路图

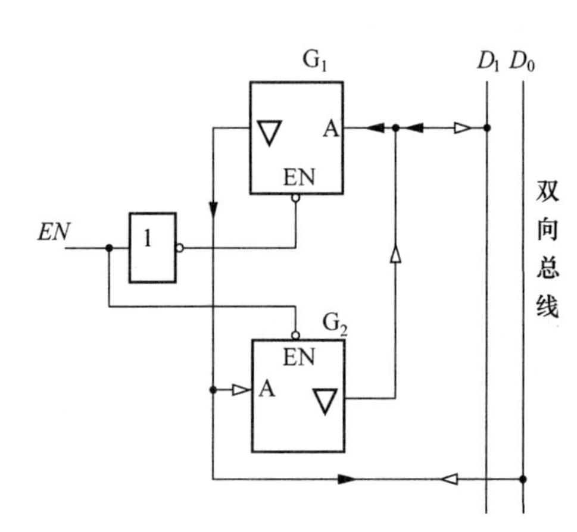

图 2.2.12　双向总线传输电路图

(3) 双向总线传输

如图 2.2.12 所示，分别设置三态门的输入端 D_0 和 D_1 的信号，改变使能端的状态，测试总线输出状态。

提示：当 EN=1 时 G_1 使能，数据流向为 $D_1 \rightarrow D_0$，测试方法为：在 D_1 端加连续方波，用示波器在 D_0 端观察输出；当 EN=0 时，G_2 使能，数据流向位 $D_0 \rightarrow D_1$，测试方法为：在 D_0 端加连续方波，用示波器在 D_1 端观察输出。

2.2.5　实验报告

(1) 详细描述实验过程，整理并分析实验数据。

(2) 分析实验过程中遇到的问题，描述解决问题的思路和方法。

2.2.6　思考题

(1) 如何用万用表或示波器来判断三态门是否处于高阻态？高阻态在硬件设计中的实

际意义是什么?

(2) OC/OD门负载电阻过大或过小对电路会产生什么影响?如何选择负载电阻?

(3) 总线传输时是否可以同时接有OC门和三态门?

(4) 三态逻辑门输出端是否可以并联?并联时其中一路处于工作状态,其余输出端应为何种状态?为什么?

(5) 高电平有效和低电平有效的含义是什么?

(6) 上拉电阻和下拉电阻的含义是什么?在实际电路中的作用是什么?

(7) 在计算机中,CPU的数据线和地址线上一般都同时连接多个外设,它们共用地址线和数据线,且数据线上数据可以双向传输,请结合OC/OD门和三态门知识考虑一下,原理上是如何实现的?

(8) 无缓冲CMOS门电路有许多缺陷,所以CMOS门电路常常采用非门缓冲或隔离,用来防止输入信号对电路参数的影响,或者防止多变量相“或”,多个NMOS管并联造成的输出电阻减小进而带来的输出高电平降低,或者多变量相“与”,多个NMOS管相串联造成的输出电阻增大进而带来的输出低电平升高。如何理解这句话?

实验3 加法器与数据比较器

2.3.1 实验目的

(1) 理解加法器与数据比较器的工作机制。

(2) 掌握加法器74283、数据比较器7485的功能及简单应用。

(3) 学习中规模组合逻辑电路的设计方法。

2.3.2 实验设备

(1) 万用表 1块

(2) 直流稳压电源 1台

(3) 函数信号发生器 1台

(4) 示波器 1台

(5) 实验台 1台

(6) 集成电路74LS00、74LS08、74LS86、74LS283、74LS85等 各1片

2.3.3 实验原理

1) *加法器*

加法器是一种将两个值加起来的组合逻辑电路。加法器可以改造成减法器、乘法器、除法器及其他一些计算机处理器的算术逻辑运算单元(ALU)所需的功能器件。

最基本的加法器是半加器,半加器的概念是指没有低位送来的进位信号,只有本位相加的和及进位。这些概念看起来很简单,但理解这些概念对于今后设计电路是很有帮助

的。实现半加器的真值表见表 2.3.1。

表 2.3.1　半加器真值表

输　入		输　出	
A	*B*	*S*(本位和)	*C*(进位)
0	0	0	0
0	1	1	0
1	0	1	0
1	1	0	1

实现半加器的电路如图 2.3.1 所示。

实现半加器的逻辑表达式如下：

$$C=AB$$

$$S=A\oplus B$$

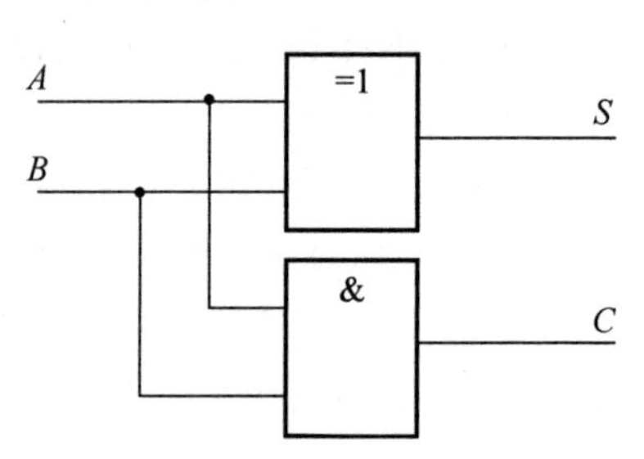

图 2.3.1　半加器逻辑电路图

半加器电路比较简单，只用了一个与门和一个异或门，在此基础上可以进一步实现全加器。当进行不止 1 位的加法的时候，必须考虑低位的进位，通常以 C_i 表示，这样就实现了全加器的功能。全加器在电路结构上由两个半加器和一个异或门实现，如图 2.3.2(a)所示。图 2.3.2(b)为全加器逻辑符号。

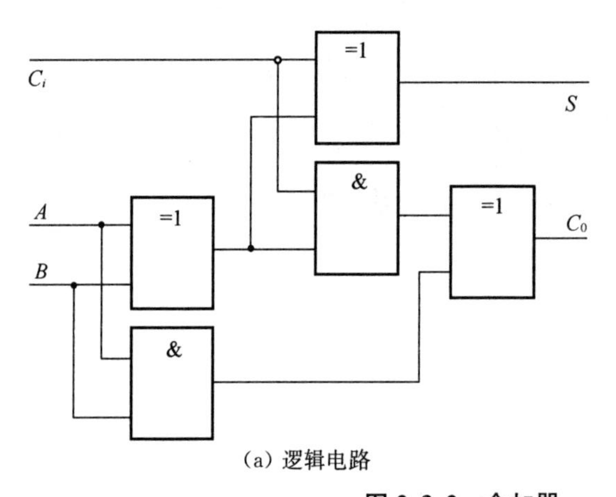

(a) 逻辑电路

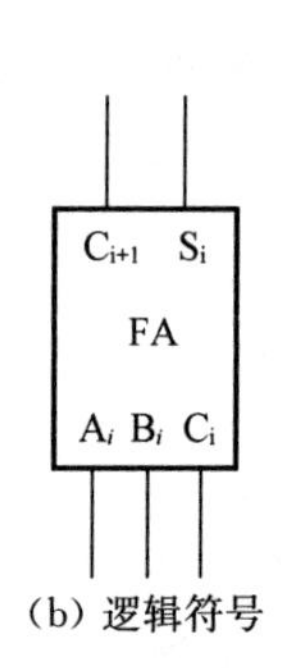

(b) 逻辑符号

图 2.3.2　全加器

将 *n* 个 1 位全加法器级联，可以实现 2 个 *n* 位二进制数的串行进位加法电路。如图 2.3.3 是由 4 个 1 位全加器级联构成的 4 位二进制串行加法器。由于进位逐级传递的缘故，串行加法器时延较大，工作速度较慢。

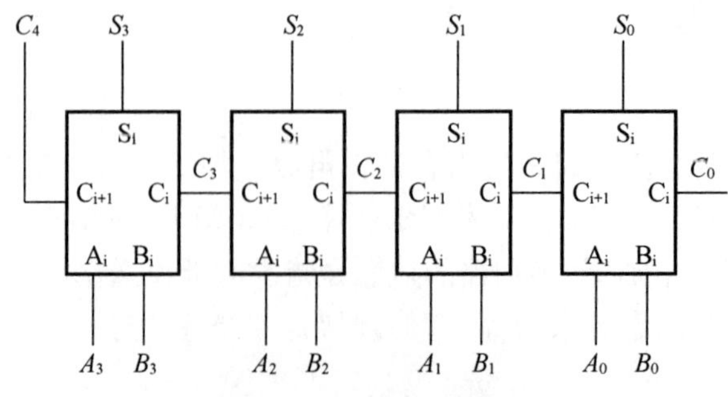

图 2.3.3　4 位串行加法器

2）MSI 4 位加法器 74LS283

74LS283 为 4 位二进制中规模集成（MSI）加法器，是一种具有先行进位功能的并行加法器，输入、输出之间最大时延仅为 4 级门时延，工作速度较快。74LS283 的功能是完成并行 4 位二进制数的相加运算，其引脚图见附录Ⅱ，功能表见表 2.3.2。引脚图中 A_4、A_3、A_2、A_1、B_4、B_3、B_2、B_1 是被加数和加数（两组 4 位二进制数）的数据输入端，C_0 是低位器件向本器件最低位进位的进位输入端，S_4、S_3、S_2、S_1 是和数输出端，C_4 是本器件最高位向高位器件进位的进位输出端。

表 2.3.2　74LS283 功能表

输　入				输　出					
				$C_0=0$ / $C_2=0$			$C_0=1$ / $C_2=1$		
A_1 / A_3	B_1 / B_3	A_2 / A_4	B_2 / B_4	S_1 / S_3	S_2 / S_4	C_2 / C_4	S_1 / S_3	S_2 / S_4	C_2 / C_4
0	0	0	0	0	0	0	1	0	0
1	0	0	0	1	0	0	0	1	0
0	1	0	0	1	0	0	0	1	0
1	1	0	0	0	1	0	1	1	0
0	0	1	0	0	1	0	1	1	0
1	0	1	0	1	1	0	0	0	1
0	1	1	0	1	1	0	0	0	1
1	1	1	0	0	0	1	1	0	1
0	0	0	1	0	1	0	1	1	0
1	0	0	1	1	1	0	0	0	1
0	1	0	1	1	1	0	0	0	1
1	1	0	1	0	0	1	1	0	1
0	0	1	1	0	0	1	1	0	1
1	0	1	1	1	0	1	0	1	1
0	1	1	1	1	0	1	0	1	1
1	1	1	1	0	1	1	1	1	1

3）4 位二进制加法器的应用

（1）用 n 片 MSI 4 位加法器可以方便地扩展成 $4n$ 位加法器。其扩展方法有三种：

① 全串行进位加法器：采用 MSI 4 位串行进位组件单元，组件之间也采用串行进位方式。

② 全并行进位加法器：采用 MSI 4 位并行进位组件单元，组件之间也采用并行进位方式。

③ 并串（串并）行进位加法器：采用 4 位并行（串行）加法器单元，组件之间采用串（并）行进位方式，其优点是保证一定操作速度前提下尽量使电路的结构简单。如图 2.3.4 是两个 74LS283 构成的 7 位二进制数加法电路。74LS283 内部进位是并行进位，而级联采用的

是串行进位。

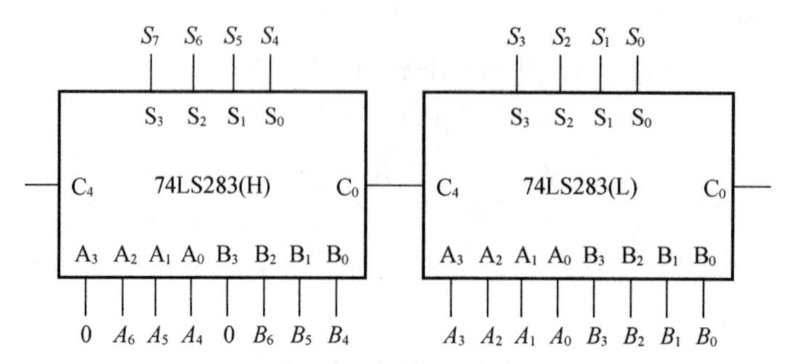

图 2.3.4　74LS283 级联构成 7 位二进制数加法器

(2) 构成减法器、乘法器、除法器等。

(3) 进行码组变换。如图 2.3.5 是用 74LS283 实现的 1 位余 3 码到 1 位 8421BCD 码转换的电路。其基本原理是，对于同一个十进制数符，余 3 码比 8421BCD 码多 3，因此从余 3 码中减 3(即 0011)，也就是只要将余 3 码和 3 的补码 1101 相加，即可将余 3 码转换成 8421BCD 码。

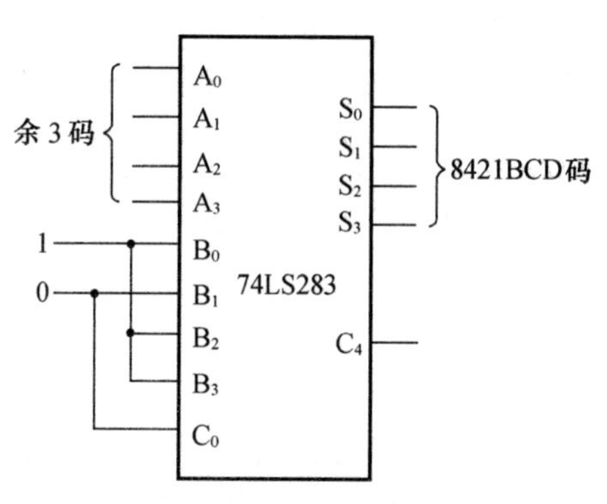

图 2.3.5　用 74LS283 实现 1 位余 3 码到 8421BCD 码转换

4) 数据比较器

数据比较器有两类：一类是"等值"比较器，它只检验两数是否相等；另一类是"量值"比较器，它不但检验两数是否相等，还要检验两数中哪个大。按数的传输方式分，又有串行比较器和并行比较器。数据比较器可用于接口电路。

5) 4 位二进制数并行比较器 74LS85

74LS85 是采用并行比较结构的 4 位二进制数量值比较器。单片 74LS85 可以对两个 4 位二进制数进行比较，其引脚图见附录Ⅱ，功能表见表 2.3.3。

表 2.3.3　74LS85 功能表

比较输入				级联输入			输　出		
A_3B_3	A_2B_2	A_1B_1	A_0B_0	$a>b$	$a=b$	$a<b$	$A>B$	$A=B$	$A<B$
$A_3>B_3$	×	×	×	×	×	×	1	0	0
$A_3<B_3$	×	×	×	×	×	×	0	0	1
$A_3=B_3$	$A_2>B_2$	×	×	×	×	×	1	0	0
$A_3=B_3$	$A_2<B_2$	×	×	×	×	×	0	0	1
$A_3=B_3$	$A_2=B_2$	$A_1>B_1$	×	×	×	×	1	0	0
$A_3=B_3$	$A_2=B_2$	$A_1<B_1$	×	×	×	×	0	0	1
$A_3=B_3$	$A_2=B_2$	$A_1=B_1$	$A_0>B_0$	×	×	×	1	0	0
$A_3=B_3$	$A_2=B_2$	$A_1=B_1$	$A_0<B_0$	×	×	×	0	0	1
$A_3=B_3$	$A_2=B_2$	$A_1=B_1$	$A_0=B_0$	1	0	0	1	0	0
$A_3=B_3$	$A_2=B_2$	$A_1=B_1$	$A_0=B_0$	0	1	0	0	1	0
$A_3=B_3$	$A_2=B_2$	$A_1=B_1$	$A_0=B_0$	0	0	1	0	0	1

6) 4 位二进制数并行比较器的应用

(1) 用 n 片 MSI 4 位比较器可以方便地扩展成 $4n$ 位比较器

74LS85 的三个级联输入端用于连接低位芯片的 3 个比较器输出端实现比较位数的扩展。图 2.3.6 是用两片 74LS85 级联实现的 2 个 7 位二进制数比较器。注意，74LS85(H)的 A_3 和 B_3 要都置 0 或 1，74LS85(L)的级联输入端 $a=b$ 置 1，而 $a>b$ 和 $a<b$ 置 0，以确保当两个 7 位二进制数相等时，比较结果由 74LS85(L)的级联输入信号决定，输出 $A=B$ 的结果。

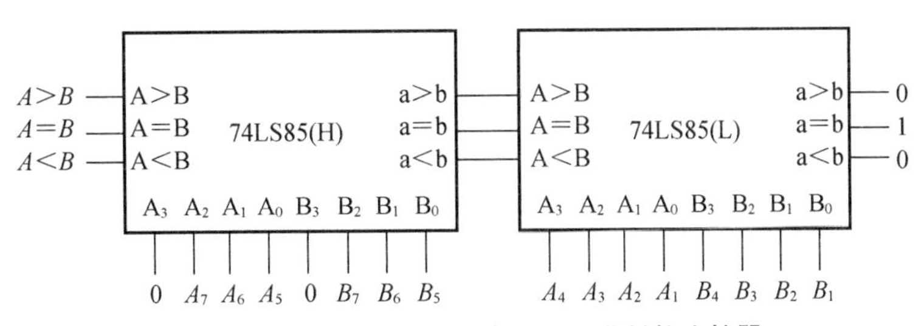

图 2.3.6 74LS85 级联构成 7 位二进制数比较器

(2) 4 位二进制全加器与 4 位数值比较器结合，实现 BCD 码加法运算的电路

在进行运算时，若两个相加数的和小于或等于 1001，BCD 的加法与 4 位二进制加法结果相同；但若两个相加数的和大于或等于 1010 时，由于 4 位二进制码是逢十六进一的，而 BCD 码是逢十进一的，它们的进位数相差 6，因此 BCD 加法运算电路必须进行校正，应在电路中插入一个校正网络，使电路在和数小于或等于 1001 时，校正网络不起作用(或加一个数 0000)，在和数大于或等于 1010 时，校正网络使此和数加上 0110，从而达到实现 BCD 码的加法运算的目的。

2.3.4 实验内容

(1) 验证 74LS283、74LS85 的逻辑功能。

(2) 用 74LS283 设计 1 位 8421BCD 码加法器。

(3) 设计 1 位可控全加/全减器。(提示：电路输入端应为 4 个，除了本位加数、被加数和进位输入外，还有一位控制输入端 S，当 $S=0$ 时，电路实现全加器的功能，当 $S=1$ 时，电路实现全减器的功能。)

(4) 设计一个 8 位二进制数加法器。

(5) 用 74LS283 辅以适当门电路构成 4×4 乘法器，其中 $A=a_3a_2a_1a_0$，$B=b_3b_2b_1b_0$。

(6) 用 74LS85 再辅以适当门电路构成字符分选电路。当输入为字符 A、B、C、D、E、F、G 的 7 位 ASCII 码时，分选电路输出 $Z=0$，反之输出 $Z=1$。

(7) 用 4 位二进制数加法器 74LS283 和 4 位二进制数比较器 74LS85 构成一个 4 位二进制数到 8421BCD 码的转换电路。

2.3.5 实验报告

(1) 详细描述实验内容中每个题目的设计过程，整理并分析实验数据。

(2) 分析实验过程中遇到的问题，描述解决问题的思路和方法。

2.3.6 思考题

(1) 什么是半加器？什么是全加器？

(2) 用全加器 74LS283 组成 4 位二进制代码转换为 8421BCD 码的代码转换器中，进位输出 C_4 什么时候为"1"？C_0 端该如何处理？

(3) 设计多位二进制数加法器有哪些方法？

(4) 二进制加法运算和逻辑加法运算的含义有何不同？

(5) 如何用基本门电路实现两个 1 位二进制数字比较器？逻辑状态表如表 2.3.4 所示。

表 2.3.4 二进制数字比较器逻辑状态表

输入		输出		
A	B	$Y_1(A>B)$	$Y_2(A=B)$	$Y_3(A<B)$
0	0	0	1	0
0	1	0	0	1
1	0	1	0	0
1	1	0	1	0

实验 4 译码器与编码器

2.4.1 实验目的

(1) 理解编码器与译码器的工作机制。

(2) 掌握编码器 74LS148、译码器 74LS138 与显示译码/驱动器 74LS48 的功能及简单应用。

(3) 学习中规模组合逻辑电路的设计方法。

2.4.2 实验设备

(1) 万用表 1 块

(2) 直流稳压电源 1 台

(3) 函数信号发生器 1 台

(4) 数字示波器 1 台

(5) 实验台 1 台

(6) 集成电路 74LS138、74LS148、74LS48 等 各 1 片

2.4.3 实验原理

1) 编码器 74LS148

用一组符号按一定规则表示给定字母、数字、符号等信息的方法称为编码。对于每一

个有效的输入信号，编码器产生一组唯一的二进制代码输出。

一般的编码器由于不允许多个输入信号同时有效，所以并不实用。优先编码器对全部编码输入信号规定了各不相同的优先级，当多个输入信号同时有效时，只对优先级最高的有效输入信号进行编码。

74LS148 是一种典型的 8 线—3 线二进制优先编码器，其引脚图见附录Ⅱ，功能表见表 2.4.1。

表 2.4.1　74LS148 功能表

输入									输出				
ST	I_7	I_6	I_5	I_4	I_3	I_2	I_1	I_0	Y_2	Y_1	Y_0	Y_{ex}	Y_s
1	×	×	×	×	×	×	×	×	1	1	1	1	1
0	1	1	1	1	1	1	1	1	1	1	1	1	0
0	0	×	×	×	×	×	×	×	0	0	0	0	1
0	1	0	×	×	×	×	×	×	0	0	1	0	1
0	1	1	0	×	×	×	×	×	0	1	0	0	1
0	1	1	1	0	×	×	×	×	0	1	1	0	1
0	1	1	1	1	0	×	×	×	1	0	0	0	1
0	1	1	1	1	1	0	×	×	1	0	1	0	1
0	1	1	1	1	1	1	0	×	1	1	0	0	1
0	1	1	1	1	1	1	1	0	1	1	1	0	1

从真值表可以看出，编码输入信号 I_7～I_0 均为低电平有效(0)，且 I_7 的优先权最高，I_6 的次之，I_0 最低。编码输出信号 Y_2、Y_1 和 Y_0 则为二进制反码输出。选通输入端(使能输入端)ST、使能输出端 Y_s 以及扩展输出端 Y_{ex}是为了便于使用而设置的三个控制端。

当 $ST=1$ 时编码器不工作，$ST=0$ 时编码器工作。

如无有效编码输入信号需要编码，使能输出端 Y_{ex}、Y_s为 1、0，表示输出无效，如有有效编码输入信号需要编码，则按输入的优先级别对优先权最高的一个有效信号进行编码，且 Y_{ex}、Y_s为 0、1。可见，Y_{ex}、Y_s输出值指明了 74LS148 的工作状态，$Y_{ex}Y_s=11$ 说明编码器不工作，$Y_{ex}Y_s=10$ 表示编码器工作，但没有有效的编码输入信号需要编码；$Y_{ex}Y_s=01$ 说明编码器工作，且对优先权最高的编码输入信号进行编码。

2) 编码器的应用

编码是译码的逆过程，优先编码器在数字系统中常用作计算机的优先中断电路和键盘编码电路。图 2.4.1 为优先编码器在优先中断电路中的应用示意图。

一般来说，在实际的计算机系统中，中断源的数目都大于 CPU 中断输入线的数目，所以一般采用多线多级中断技术，如图 2.4.1 所示，CPU 仅有两根中断输入线，但是通过使用优先编码器对其进行扩展，现在可以处理 16 个中断源，CPU 接到中断请求信号后通过某种机制判断处理的是哪个中断源的中断。

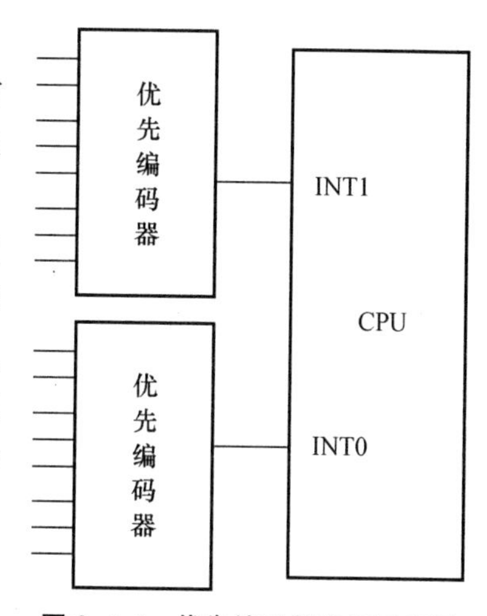

图 2.4.1　优先编码器应用示意图

3）显示译码/驱动器 74LS48

译码器是一种多输出逻辑电路。译码器有变量译码器和显示译码器之分。译码器的功能为把给定的二进制数码译成十进制数码、其他形式的代码或控制电平，可用于数字显示、代码转换、数据分配、存储器寻址和组合控制信号等方面。

74LS48 是一种能配合共阴极七段 LED 数码管工作的七段显示译码驱动器，其引脚图见附录Ⅱ，功能表见表 2.4.2。

表 2.4.2　74LS48 功能表

功能	输入						入/出	输出							显示字形
	LT	*RBI*	*D*	*C*	*B*	*A*	*BI*/*RBO*	*a*	*b*	*c*	*d*	*e*	*f*	*g*	
0	1	1	0	0	0	0	1	1	1	1	1	1	1	0	0
1	1	×	0	0	0	1	1	0	1	1	0	0	0	0	1
2	1	×	0	0	1	0	1	1	1	0	1	1	0	1	2
3	1	×	0	0	1	1	1	1	1	1	1	0	0	1	3
4	1	×	0	1	0	0	1	0	1	1	0	0	1	1	4
5	1	×	0	1	0	1	1	1	0	1	1	0	1	1	5
6	1	×	0	1	1	0	1	0	0	1	1	1	1	1	6
7	1	×	0	1	1	1	1	1	1	1	0	0	0	0	7
8	1	×	1	0	0	0	1	1	1	1	1	1	1	1	8
9	1	×	1	0	0	1	1	1	1	1	0	0	1	1	9
10	1	×	1	0	1	0	1	0	0	0	1	1	0	1	
11	1	×	1	0	1	1	1	0	0	1	1	0	0	1	
12	1	×	1	1	0	0	1	0	1	0	0	0	1	1	
13	1	×	1	1	0	1	1	1	0	0	1	0	1	1	
14	1	×	1	1	1	0	1	0	0	0	1	1	1	1	
15	1	×	1	1	1	1	1	0	0	0	0	0	0	0	（灭）
灭灯	×	×	×	×	×	×	0	0	0	0	0	0	0	0	（灭）
灭 0	1	0	0	0	0	0	0	0	0	0	0	0	0	0	（灭）
试灯	0	×	×	×	×	×	1	1	1	1	1	1	1	1	8

图 2.4.2(a)是一个七段 LED 数码管的示意图。若引线 a、b、c、d、e、f、g 分别与相应的发光二极管的阳极相连，它们的阴极连在一起并接地，如图 2.4.2(b)，即为共阴数码管。图 2.4.3 为显示译码器与共阴数码管的连接示意图，图中各电阻为上拉限流电阻，对 7448 来说是必需的。有的显示译码器内部已经集成了上拉电阻，这时，译码器可直接接数码管，而不必再通过上拉电阻连到电源了。

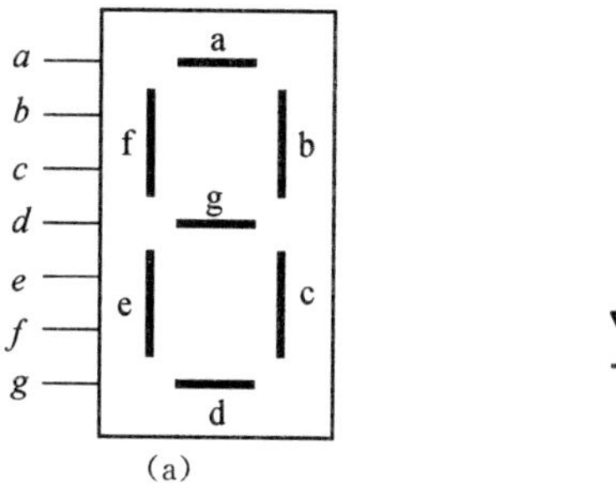

(a)

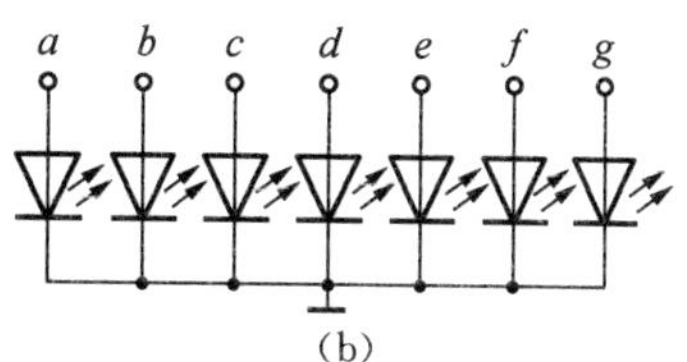

(b)

图 2.4.2　共阴数码管

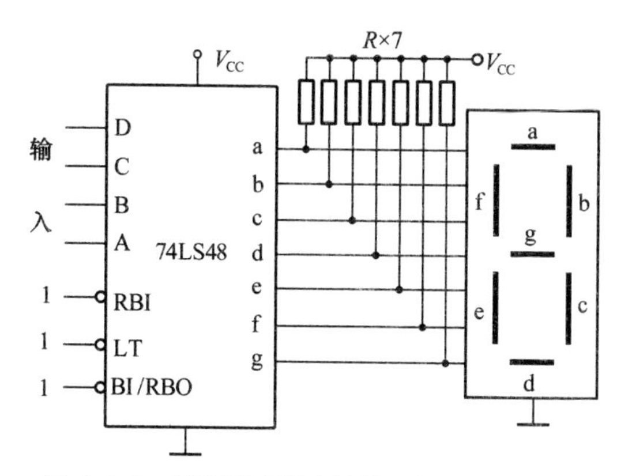

图 2.4.3　显示译码器连接共阴数码管示意图

4）译码器 74LS138

74LS138 是一个 3 线—8 线通用变量译码器，它属于 n 线—2^n 线译码器的范畴，其引脚图见附录Ⅱ，功能表见表 2.4.3。其中，C、B、A 是地址输入端，$Y_0 \sim Y_7$ 是译码输出端，G_1、G_{2A}、G_{2B}为使能端，其中 G_1 为高电平有效，G_{2A}、G_{2B}为低电平有效，所以，当 $G_1=1$，$G_{2A}+G_{2B}=0$，器件使能。

表 2.4.3　74LS138 功能表

使能输入			逻辑输入			输出							
G_1	G_{2A}	G_{2B}	C	B	A	Y_0	Y_1	Y_2	Y_3	Y_4	Y_5	Y_6	Y_7
×	1	×	×	×	×	1	1	1	1	1	1	1	1
×	×	1	×	×	×	1	1	1	1	1	1	1	1
0	×	×	×	×	×	1	1	1	1	1	1	1	1
1	0	0	0	0	0	0	1	1	1	1	1	1	1
1	0	0	0	0	1	1	0	1	1	1	1	1	1
1	0	0	0	1	0	1	1	0	1	1	1	1	1
1	0	0	0	1	1	1	1	1	0	1	1	1	1
1	0	0	1	0	0	1	1	1	1	0	1	1	1
1	0	0	1	0	1	1	1	1	1	1	0	1	1
1	0	0	1	1	0	1	1	1	1	1	1	0	1
1	0	0	1	1	1	1	1	1	1	1	1	1	0

5）变量译码器的应用

(1) 变量(地址)译码

变量译码器在计算机系统中可用作地址译码器。计算机系统中寄存器、存储器、键盘等都通过地址总线、数据总线、控制总线与 CPU 相连，如图 2.4.4 所示。当 CPU 需要与某一器件或设备传送数据时，总是首先将该器件（或设备）的地址码送往地址总线，高位地址经译码器译码后产生片选信号选中需要的器件（或设备），然后才在 CPU 和选中的器件（或设备）之间传送数据。未被选中器件（或设备）的接口处于高阻状态，不会与 CPU 传送数据。存储器内部的单元寻址是由片内的地址译码器对剩余的低位地址译码完成的。

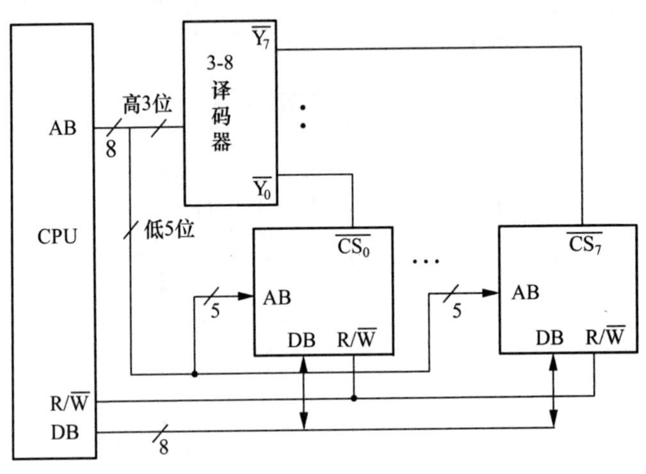

图 2.4.4　译码器在计算机系统中的应用

（2）实现分配器

实现分配器的一种方法是将变量译码器的其中一个使能端用作数据输入端，串行输入数据信号，而 C、B、A 按二进制码变化，就可将串行输入的数据信号送至相应的输出端。数据分配器的使用将在下个实验内容中专门介绍。

（3）与三态门结合实现数据选择器

（4）实现组合逻辑函数

译码器的每一路输出是地址码的一个最小项的反变量，利用其中一部分输出的与非关系，也就是它们相应最小项的或逻辑表达式，可以实现组合逻辑函数。

例如：$Y=AB+BC+AC$，$F(C,B,A)=\sum m\,(3,5,6,7)$ 可用译码器及与非门实现，如图 2.4.5。

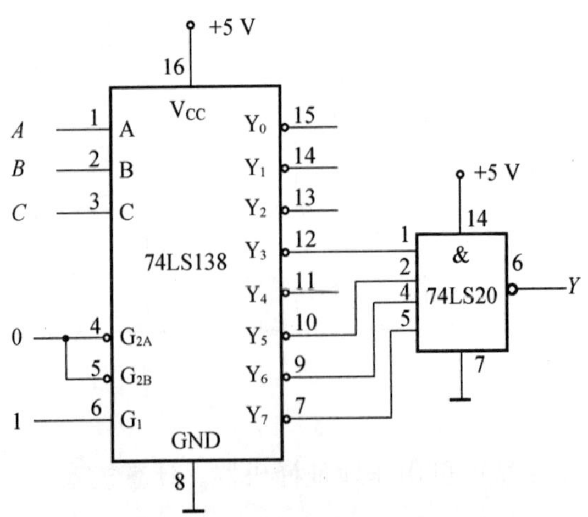

图 2.4.5　74LS138 实现 3 变量逻辑函数

(5) 实现并行数据比较器

如果把一个译码器和多路选择器串联起来,就可以构成并行数据比较器。例如:用一个 3 线—8 线译码器和一个八选一数据选择器可组成一个 3 位二进制数的并行比较器,如图 2.4.6 所示,若两组 3 位二进制数相等,即 $ABC=B_0B_1B_2$,译码器的"0"输出被数据选择器选出,$Y=0$;若不等,则 $Y=1$。

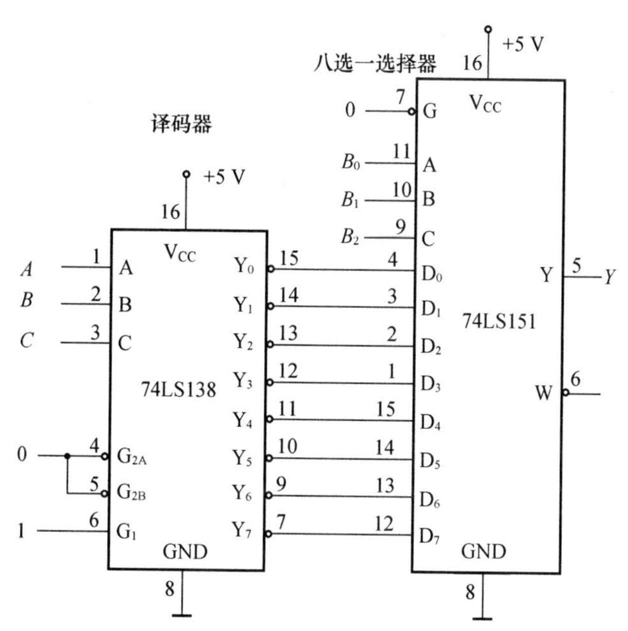

图 2.4.6 用译码器和数据选择器构成比较器

2.4.4 实验内容

(1) 验证 74LS148、74LS138 的逻辑功能。

(2) 用两片 8 线—3 线优先编码器 74LS148 和少量的门电路实现八中断排序器。请问 CPU 如何判断正在处理的是哪一路中断?

(3) 用 74LS138 实现 1 位全加器。

(4) 用 74LS138 和与非门实现下列函数:$Y=AB+\overline{AB}C+\overline{A}\,B\overline{C}$。

(5) 将 3 线—8 线译码器扩展为 4 线—16 线译码器。如果把此 4 线—16 线译码器用作 4 位地址译码器,最多可以挂多少外设或器件?

(6) 设计一个用 74LS138 译码器检测信号灯工作状态的电路。信号灯有红(A)、黄(B)、绿(C)三种,正常工作时,只能是红,或绿,或红黄,或绿黄灯亮,其他情况视为故障,电路报警,报警输出为 1。

(7) 用 74LS48 实现图 2.4.3 的显示译码电路。

(8) 设计一个能驱动七段 LED 数码管的译码电路,输入变量 A、B、C 来自计数器,按顺序 000~111 计数。当 $ABC=000$ 时,全灭,以后要求依次显示 H、O、P、E、F、U、L 七个字母。采用共阴极数码管。

(9) 试设计一个 8 位地址译码电路,要求当 0x00~0x1F 产生片选信号 CS_0,0x20~

0x3F 产生片选信号 CS_1，…，0xE0～0xFF 产生片选信号 CS_7。CS_0，CS_1，…，CS_7 为低电平有效。

2.4.5 实验报告

(1) 详细描述实验内容中每个题目的设计过程，整理并分析实验数据。
(2) 分析实验过程中遇到的问题，总结实验的收获和体会。

2.4.6 思考题

(1) 编码器在计算机、通信系统中一般有什么用途？
(2) 考虑如何用编码器实现 3 纵 4 横(0～9，*，#)键盘的编码输出？
(3) 变量译码器和显示译码器在计算机、通信系统中分别有什么用途？

实验 5 选择器与分配器

2.5.1 实验目的

(1) 理解数据选择器与分配器的工作机制。
(2) 掌握数据选择器和分配器的功能及简单应用。
(3) 学习中规模组合逻辑电路的设计方法。

2.5.2 实验设备

(1) 万用表 1 块
(2) 直流稳压电源 1 台
(3) 函数信号发生器 1 台
(4) 数字示波器 1 台
(5) 实验台 1 台
(6) 集成电路 74LS138、74LS153 等 各 1 片

2.5.3 实验原理

1) 数据选择器

数据选择器又称多路调制器、多路开关，它有多个输入、一个输出，在控制端的作用下可从多路并行数据中选择一路数据作为输出。数据选择器可以用函数式表示为：

$$Y=\sum_{i=0}^{n-1}\overline{G}m_iD_i$$

式中：G 为使能端逻辑值；m_i 为地址最小项；D_i 为数据输入。

74LS153 是一个双四选一数据选择器，其引脚图见附录 A，功能表见表 2.5.1。

表 2.5.1 74LS153 功能表

选择输入		数据输入					输 出
B	A	D_0	D_1	D_2	D_3	G	Y
×	×	×	×	×	×	1	0
0	0	0	×	×	×	0	0
0	0	1	×	×	×	0	1
0	1	×	0	×	×	0	0
0	1	×	1	×	×	0	1
1	0	×	×	0	×	0	0
1	0	×	×	1	×	0	1
1	1	×	×	×	0	0	0
1	1	×	×	×	1	0	1

74LS153 中每个四选一数据选择器都有一个选通输入端 G，输入低电平有效。应当注意到：选择输入端 B、A 为两个数据选择器所共用；从功能表可以看出，数据输出 Y 的逻辑表达式为：

$$Y=\bar{G}[D_0(\bar{B}\bar{A})+D_1(\bar{B}A)+D_2(B\bar{A})+D_3(BA)]$$

即当选通输入 $G=0$ 时，若选择输入 B、A 分别为 00、01、10、11，则相应地把 D_0、D_1、D_2、D_3 送到数据输出端 Y 去。当 $G=1$ 时，Y 恒为 0。

2) 数据选择器的应用

(1) 数据选择器是一种通用性很强的器件，其功能可扩展，当需要输入通道数目较多的多路器时，可采用多级结构或灵活运用选通端功能的方法来扩展输入通道数目。

(2) 应用数据选择器可以方便而有效地设计组合逻辑电路，与用小规模电路来设计逻辑电路相比，前者可靠性好，成本低。

(3) 实现逻辑函数

用一个四选一数据选择器可以实现任意三变量的逻辑函数；用一个八选一可以实现任意四变量的逻辑函数；当变量数目较多时，设计方法是合理地选用地址变量，通过对函数的运算，确定各数据输入端的输入方程，也可以用多级数据选择器来实现。

比如：用四选一多路数据选择器实现三变量函数 $Y=AB+BC+AC$，将表达式整理得 $Y=\bar{B}\bar{A}\cdot 0+\bar{B}AC+B\bar{A}C+AB\cdot 1$，对应于四选一的逻辑表达式，显然：$1D_0=0$，$1D_1=1D_2=C$，$1D_3=1$，用 74LS153 实现电路如图 2.5.1 所示。

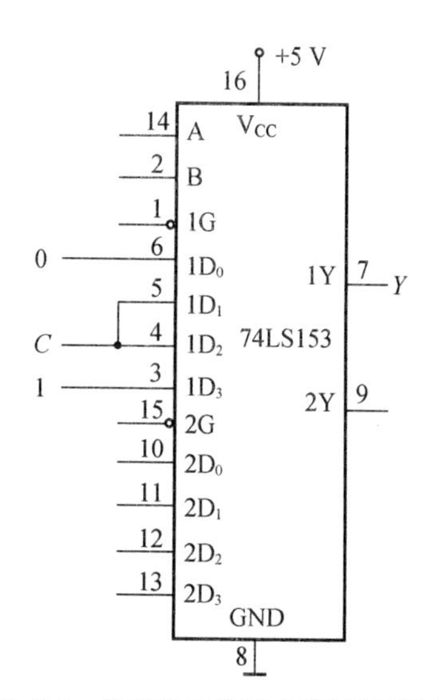

图 2.5.1 74LS153 实现 3 变量逻辑函数

(4) 利用数据选择器也可以将并行码变为

串行码。方法是将并行码送入数据选择器的输入端，并使其选择控制端按一定编码顺序变化，就可以在输出端得到相应的串行码输出。

3）分配器

数据分配器又称分路器、多路解调器，是一种实现和选择器相反过程的器件，其逻辑功能是将一个输入通道上的信号送至多个输出端中的一个，相当于一个单刀多掷开关。4 路数据分配器的功能表见表 2.5.2。

表 2.5.2　4 路数据分配器功能表

输入			输出			
数据	地址选择		Y_0	Y_1	Y_2	Y_3
	A_1	A_0				
D	0	0	D	0	0	0
	0	1	0	D	0	0
	1	0	0	0	D	0
	1	1	0	0	0	D

可见，数据分配器和译码器非常相似，将译码器进行适当连接，就可实现数据分配器功能。因此，市场上只有译码器而没有数据分配器产品，当需要数据分配器时，就用译码器改接即可，方法之一是将译码器的高位译码输入端用作数据输入端，串行输入数据信号，而剩余译码输入端按二进制码变化，就可将串行输入的数据信号分别送至相应的输出端。

用 74LS138 变量译码器实现四路数据分配器的电路连接如图 2.5.2 所示。译码器一直处于工作状态(也可受使能信号控制)，数据输入 D 接译码器的译码输入端的最高位 C，地址选择码 A_1、A_0 接译码器的译码输入端的低两位 B、A。数据分配器的输入端可以根据数据分配器的定义从表 2.5.3 中确定。例如，当 $A_1A_0=10$ 时，四路数据分配器中 $D_2=D$。观察表 2.5.3 可知 $A_1A_0=10$ 时，Y_2 与 D 一致，Y_6 与 D 相反，因此 $Y_2=D_2$，$Y_6=\overline{D}_2$。

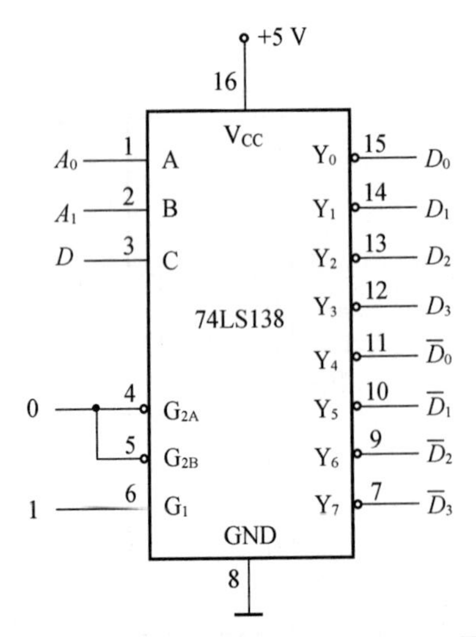

图 2.5.2　74LS138 实现四路数据分配器

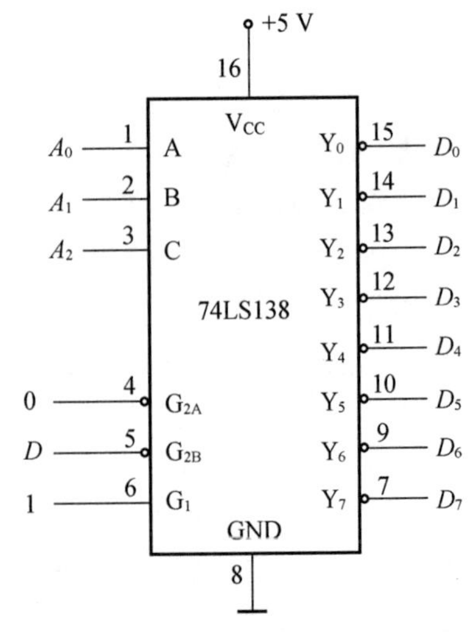

图 2.5.3　74LS138 实现八路数据分配器

表 2.5.3 74LS138 实现四路数据分配器的功能表

数据输入	地址输入		数据输出(反)				数据输出			
C (D)	B (A_1)	A (A_0)	Y_7 $\overline{D}_3$	Y_6 $\overline{D}_2$	Y_5 $\overline{D}_1$	Y_4 $\overline{D}_0$	Y_3 D_3	Y_2 D_2	Y_1 D_1	Y_0 D_0
0	0	0	1	1	1	1	1	1	1	0
0	0	1	1	1	1	1	1	1	0	1
0	1	0	1	1	1	1	1	0	1	1
0	1	1	1	1	1	1	0	1	1	1
1	0	0	1	1	1	0	1	1	1	1
1	0	1	1	1	0	1	1	1	1	1
1	1	0	1	0	1	1	1	1	1	1
1	1	1	0	1	1	1	1	1	1	1

74LS138 有 8 个译码输出端，也可以用一片 74LS138 实现八路数据输出分配器，方法是将其中一个使能端用作数据输入端，串行输入数据信号，而 C、B、A 按二进制码变化，就可将串行输入的数据信号分别送至相应的输出端。其电路如图 2.5.3 所示。

分配器的一个用途是实现数据传输过程中的串、并转换，将串行码变为并行码。图 2.5.4 为利用数据选择器构成的并-串转换和利用分配器构成的串-并转换结合在一起使用的应用示意图。当地址选择输入 A_1A_0 按 00→01→10→11 的顺序快速变化时，$Y \to D$ 之间的物理传输线上数据排列从后到前应依次为 $D_3D_2D_1D_0$，而 A_1A_0 在 T(T 为 Y 到 D 的传输时延)之后也按 00→01→10→11 的顺序变化即可把 $D_0D_1D_2D_3$ 依次分配给 $Y_0Y_1Y_2Y_3$，从而实现并-串和串-并转换。可见，原来需要 4 路物理传输线路的 4 路数据传输变成只需 1 路物理线路，这在长距离多路传输时的意义就是节省长途物理线路资源。

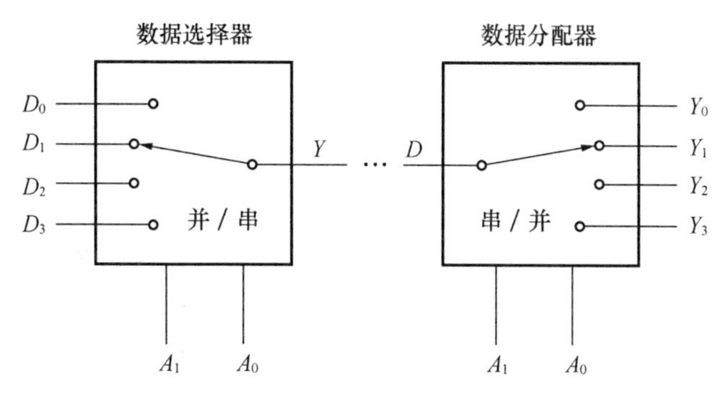

图 2.5.4 并-串和串-并转换应用示意图

4) 组合逻辑电路的设计

组合逻辑电路的设计，就是如何根据逻辑功能的要求及器件资源情况，设计出实现该功能的最佳电路。设计时可以采用小规模集成门电路(SSI)实现，也可以采用中规模集成器件(MSI)或存储器、可编程逻辑器件(PLD)来实现。在此只讨论采用小规模(SSI)及中规模器件(MSI)构成组合逻辑电路的设计方法，采用存储器和可编程逻辑器件(PLD)构成组合逻辑电路的设计方法会在本书后面的章节专门介绍。

(1) 采用 SSI 的组合逻辑电路设计

采用 SSI 器件设计组合逻辑电路的一般步骤如图 2.5.5 所示。

首先将逻辑功能要求抽象成真值表的形式，由真值表可以很方便地写出逻辑函数表达式。

在采用 SSI 器件时，通常将函数化简成最简与-或表达式，使其包含的乘积项最少，且每个乘积项所包含的因子数也最少。最后根据所采用的器件的类型进行适当的函数表达式变换，如变成与非-与非表达式、或非-或非表达式等；

有时由于输入变量的条件(如只有原变量输入，没有反变量输入)、采用器件的条件(如在一块集成器件中包含多个基本门)等因素，采用最简与或式实现电路，不一定是最佳电路。

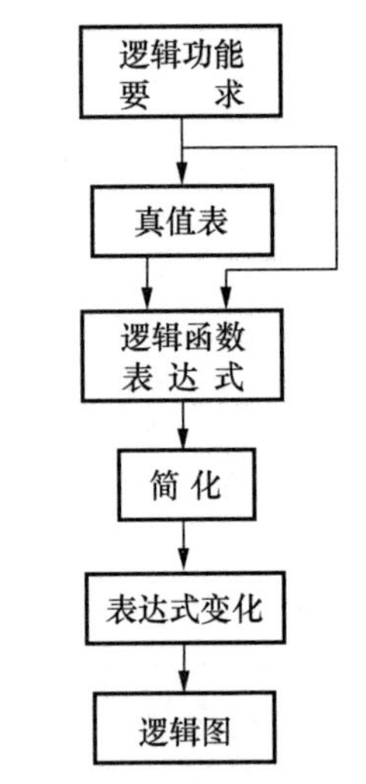

图 2.5.5　采用 SSI 进行组合逻辑电路设计的步骤

(2) 采用 MSI 实现组合逻辑函数

MSI 器件的大量出现，使许多逻辑设计问题可以直接选用相应的器件实现，这样既省去了繁琐的设计，同时也避免了设计中的一些错误，简化了设计过程。

MSI 器件，大多是专用功能器件，用这些功能器件实现组合逻辑函数，基本上只要采用逻辑函数对比的方法即可。因为每一种组合电路的 MSI 器件都具有确定的逻辑功能，都可以写出其输出和输入关系的逻辑函数表达式，所以可以将要实现的逻辑函数表达式进行变换，尽可能变换成与某些 MSI 器件的逻辑函数表达式类似的形式，这时可能有三种情况：

① 需要实现的逻辑表达式和某种 MSI 器件的逻辑函数表达式相同：直接选用此器件实现即可。

② 需要实现的逻辑函数是某种 MSI 器件的逻辑函数的一部分，例如变量数少：只需对 MSI 器件的多余输入端作适当的处理(固定为 1 或固定为 0)，即可实现需要的组合逻辑函数。

③ 需要实现的逻辑函数比 MSI 器件的输入变量多：通过扩展的方法实现。

一般来说，采用 MSI 器件实现组合逻辑函数时：

① 使用数据选择器实现单输出函数；

② 使用译码器和附加逻辑门实现多输出函数；

③ 对一些具有某些特点的逻辑函数，如逻辑函数输出为输入信号相加，则采用全加器实现；

④ 对于复杂的逻辑函数的实现，可能需要综合上面三种方法来实现。

2.5.4　实验内容

(1) 验证 74LS153 的逻辑功能。

(2) 用 2 个四选一数据选择器构成 1 个八选一数据选择器。

(3) 分别用四选一数据选择器和与非门实现下列函数：

$$F(A,B,C)=\sum m(1,3,4,6,7)$$

$$F(A,B,C,D,E)=\sum m(0\sim 4,8,9,11\sim 14,18\sim 21,25,26,29\sim 31)$$

(4) 用数据选择器设计 2 位全加器。

(5) 试用 74LS153 实现 4 位二进制码 A 的奇偶校验电路，当 $A=a_3a_2a_1a_0$ 含有奇数个 1 时，电路输出 $Z=1$。

(6) 用一个四选一数据选择器和最少量的与非门，设计一个符合输血-受血规则(见图 2.5.6)的 4 输入 1 输出电路，检测所设计电路的逻辑功能。

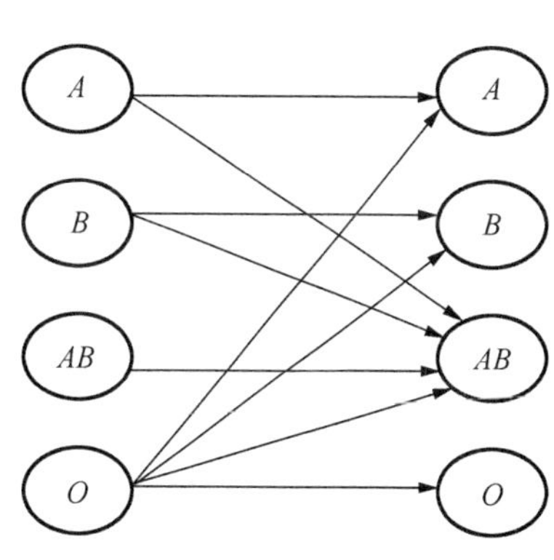

图 2.5.6　输血-受血规则图

(7) 参考图 2.5.4，用数据选择器 74LS153 和译码器 74LS138(当数据分配器用)设计 5 路信号分时传送系统。测试在 $A_2\sim A_0$ 控制下输入 $D_4\sim D_0$ 和输出 $Y_4\sim Y_0$ 的对应波形关系。

(8) 设 A、B、C 为 3 个互不相等的 4 位二进制数。试用 4 位数字比较器和二选一数据选择器设计一个能在 A、B、C 中选出最小数的逻辑电路。

(9) 在数字系统中，常用重复的二进制序列发生器(也称函数发生器)来产生一些不规则的序列码，作为某个设备的控制信号。请用数据选择器产生二进制周期性序列"11000110010"。

(10) 设计一个 $\pi=3.141\,592\,7$(8 位)的发生器，其输入为从 000 开始依次递增的 3 位二进制数，其相应的输出依次为 3,1,4,…数的 8421BCD 码。

2.5.5　实验报告

(1) 详细描述实验内容中每个题目的设计过程，整理并分析实验数据。

(2) 分析实验过程中遇到的问题，总结实验的收获和体会。

(3) 总结组合逻辑电路的设计方法。

2.5.6　思考题

(1) 在分时传送系统中，若数据选择器(74LS151)输出由 Y 输出改为 W 反码输出，应如何改变电路连接才能保持系统的功能不变?

(2) 利用数据选择器和译码器实现组合逻辑函数各有何特点? 试用一片 74LS138 和与非门或用一片 74LS153 实现函数 $F=\overline{AB}C+\overline{ABC}+ABC$。画出逻辑电路图。

(3) 什么叫险象? 试设法用示波器观察险象。如何通过改善硬件设计来避免逻辑冒险?

(4) 信号传输速度、路径与逻辑竞争的关系是什么?

(5) 加法器、数据编码器/译码器、数据分配器/选择器等中规模组合电路是否都可以用基本门电路实现?

实验6 触发器

2.6.1 实验目的

(1) 理解时序电路与组合电路的区别与联系。
(2) 理解RS触发器、D触发器、JK触发器的工作机制及简单应用。
(3) 学习小规模时序逻辑电路的设计方法。

2.6.2 实验设备

(1) 万用表	1块
(2) 直流稳压电源	1台
(3) 函数信号发生器	1台
(4) 数字示波器	1台
(5) 实验台	1台
(6) 集成电路74LS00、74LS74、74LS112等	各1片

2.6.3 实验原理

1) 触发器概述

触发器是最基本的存储元件,它的存在使逻辑运算能够“有序”地进行,这就形成了时序电路。时序电路的运用比组合电路更加广泛。

触发器具有高电平(逻辑1)和低电平(逻辑0)两种稳定的输出状态和“不触不发,一触即发”的工作特点,触发方式有边沿触发和电平触发两种。

电平触发方式的触发器有空翻现象,抗干扰能力弱;边沿触发方式的触发器不仅可以克服电平触发方式的空翻现象,而且仅仅在时钟 CP 的上升沿或下降沿时刻才对输入激励信号响应,大大提高了抗干扰能力。

触发器和组合元件结合可构成各种功能的时序电路(包括同步和异步时序电路):

(1) 时序电路中最常用也是最简单的电路是计数器电路,包括同步和异步两种。

(2) 移位寄存器是由多个触发器串接而成的一种同步时序电路。

(3) 序列检测器也是同步时序电路的一种基本应用形式。

(4) 随机存取存储器在当前的电子设备中被广泛使用,静态随机存取存储器就是用双稳态触发器存储信息的。

2) 基本RS触发器

(1) 基本RS触发器的工作原理

从实际使用的角度看,相对于其他触发器来看,基本RS触发器的应用较少,但理解基本RS触发器的组成结构及工作原理,对掌握包括D触发器、JK触发器在内的其他相对复杂的触发器的功能与应用有很大帮助。因此,有必要熟练掌握基本RS触发器的原理和功能，并了解其简单应用。

基本 RS 触发器是一种最简单的触发器，也是构成其他各种触发器的基础，它可以存储 1 位二进制信息。基本 RS 触发器既可由两个交叉耦合的与非门构成，也可由两个交叉耦合的或非门构成。图 2.6.1(a)、(b)分别是与非门构成的基本 RS 触发器的逻辑电路及其波形图。从波形图可见，与非结构的基本 RS 触发器不但禁止 R、S 同时为 0，而且输出还具有不确定态。或非结构的基本 RS 触发器同样存在这种缺点。

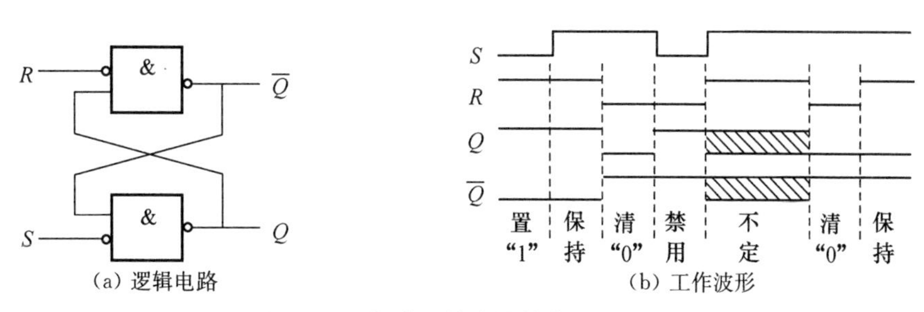

图 2.6.1　与非门构成的基本 RS 触发器

(2) 基本 RS 触发器的应用

基本 RS 触发器的用途之一是构成无抖动开关。一般的机械开关见图 2.6.2(a)，存在接触抖动，开关动作时，往往会在几十毫秒内出现多次抖动，相当于出现多个脉冲（见图 2.6.2(b)），如果用这种信号去驱动电路工作，将使电路产生错误，这是不允许的。为了消除机械开关的接触抖动，可以利用基本 RS 触发器构成无抖动开关（见图 2.6.3(a)），使开关拨动一次，输出仅发生一次变化（见图 2.6.3(b)）。这种无抖动开关电路在今后的时序电路和数字系统中经常用到，必须引起足够重视。

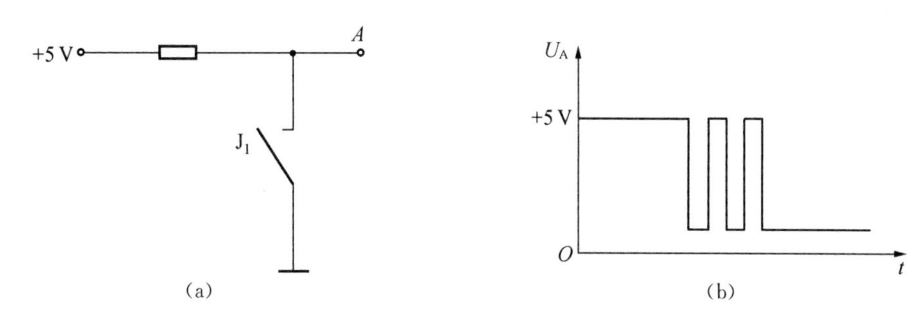

图 2.6.2　普通机械开关及其接触特性

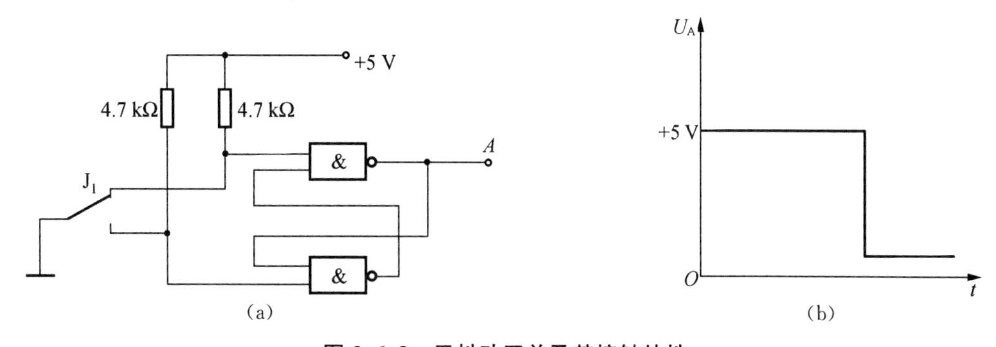

图 2.6.3　无抖动开关及其接触特性

表 2.6.1 给出了几种典型的集成基本 RS 触发器，它们的使用方法可参考集成电路手册。

表 2.6.1　典型集成 RS 触发器

型　号	特　性	输　入	输　出
74LS279	4RS 触发器，与非结构	R、S 低电平有效	Q
CD4043	4RS 触发器，或非结构	R、S 高电平有效	Q（三态）
CD4044	4RS 触发器，与非结构	R、S 低电平有效	Q（三态）

注意：

① 对于与非结构的基本 RS 触发器，当 R 和 S 输入端同时为 0 时，触发器的输出状态处于不稳定态，所以在实际使用时一定要避免 $R=S=0$ 的情况。

② 对于或非结构的基本 RS 触发器，当 R 和 S 输入端同时为 1 时，触发器的输出状态处于不稳定态，所以在实际使用时一定要避免 $R=S=1$ 的情况。

3）钟控 RS 触发器

基本 RS 触发器具有直接清“0”、置“1”功能，当输入信号 R 或 S 发生变化时，触发器状态就立即改变。但是，在实际电路中一般要求触发器状态按一定的时间节拍变化，即输出变化时刻受时钟脉冲的控制，这样就有了钟控 RS 触发器。钟控 RS 触发器是各种时钟触发器的基本形式。钟控 RS 触发器的逻辑电路和工作波形如图 2.6.4(a)、(b)所示。

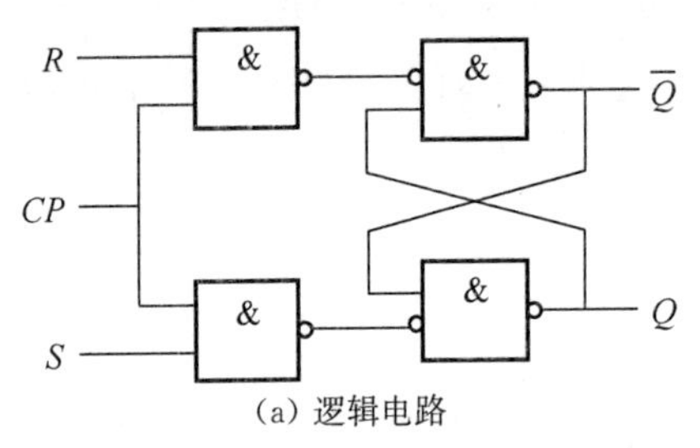

(a) 逻辑电路

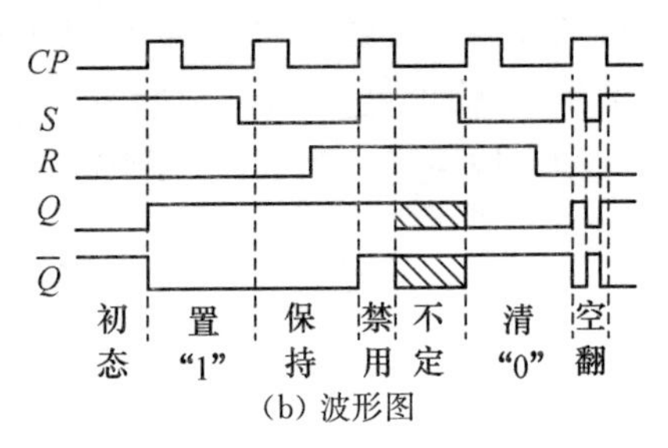

(b) 波形图

图 2.6.4　钟控 RS 触发器

从图 2.6.4(b)钟控 RS 触发器的工作波形图可以看出：

(1) 钟控 RS 触发器 R 和 S 输入端同时为 1 时，不论 CP 为高电平还是低电平，触发器的输出状态都处于不稳定态，所以在实际使用时一定要避免这种情况。

(2) 钟控 RS 触发器由于是 CP 电平触发，抗干扰能力弱，存在空翻现象，即在同一个 CP 脉冲作用期间（高电平或低电平期间），触发器可能会发生一次以上的翻转。

大多数集成触发器都是响应 CP 边沿（上升沿或下降沿）的触发器，而不是电平触发的触发器，例如下面将介绍的 74LS74 D 触发器和 74LS112 JK 触发器。

大多数集成触发器都是响应 CP 边沿（上升沿或下降沿）的触发器，而不是电平触发的触发器，比如下面将介绍的 74LS74 D 触发器和 74LS112 JK 触发器。

4）边沿 D 触发器 74LS74

74LS74 边沿 D 触发器在时钟 CP 作用下，具有清“0”、置“1”功能，其引脚图见附录，功能表见表 2.6.2。在时钟 CP 上升沿时刻，触发器输出 Q 根据输入 D 而改变，其余时间触发器状态保持不变。*CLR* 和 *PR* 分别为异步复位、置位端，低电平有效，可对电路预置初始状态。74LS74 内部集成了两个上升沿触发的 D 型触发器。

表 2.6.2 74LS74 D 触发器功能表

输入				输出	
PR	*CLR*	*CP*	*D*	*Q*	$\bar{Q}$
L	*H*	×	×	*H*	*L*
H	*L*	×	×	*L*	*H*
L	*L*	×	×	*H*↑	*L*↑
H	*H*	↑	*H*	*H*	*L*
H	*H*	↑	*L*	*L*	*H*
H	*H*	*L*	×	*Q*	$\bar{Q}$

除了 74LS74，74LS174、74LS273、74LS374 等都是沿触发的 D 触发器，可根据需要选用，具体使用方法请参考器件手册。

D 触发器主要用途有：

(1) 使用方法非常简单，常用于计数器和其他时序逻辑电路，工作时在时钟上升沿改变输出状态。

(2) 将 D 触发器接入微处理器总线，当时钟上升沿或下降沿到来时输入状态被存储/锁存下来。

5) 边沿 JK 触发器 74LS112

在所有类型触发器中，JK 触发器功能最全，具有清“0”、置“1”、保持和翻转等功能。74LS112 内部集成了两组下降沿触发的 JK 触发器，其引脚图见附录Ⅱ，功能表见表 2.6.3。

常用的 JK 触发器还有 74LS73、74LS113、74LS114 等，功能及使用方法略有不同，具体使用时请参考器件手册。

表 2.6.3 74LS112 功能表

输入					输出	
PR	*CLR*	*CP*	*J*	*K*	*Q*	$\bar{Q}$
L	*H*	×	×	×	*H*	*L*
H	*L*	×	×	×	*L*	*H*
L	*L*	×	×	×	*H*↑	*L*↑
H	*H*	↓	*L*	*L*	Q_0	$\bar{Q}_0$
H	*H*	↓	*H*	*L*	*H*	*L*
H	*H*	↓	*L*	*H*	*L*	*H*
H	*H*	↓	*H*	*H*	翻转	
H	*H*	*H*	×	×	Q_0	$\bar{Q}_0$

6) 脉冲工作特性

触发器是由门电路构成的，由于门电路存在传输延迟，为使触发器能正确地变化到预定的状态，输入信号与时钟脉冲之间应满足一定的时间关系，这就是触发器的脉冲工作特性。

脉冲工作特性主要包括：

(1) 建立时间 t_{set}：在 CP 脉冲的有效边沿到来时，激励输入信号应该已经到来一段时间，这个时间就是建立时间。

(2) 保持时间 t_h：CP 脉冲的有效边沿到来后，激励输入信号还应该继续保持一段时间，这个时间称为保持时间。

(3) 延迟时间 t_{pd}：从 CP 脉冲的有效边沿到来到输出端得到稳定的状态所经历的时间称为触发器的延迟时间。这里 $t_{pd}=(t_{pHL}+t_{pLH})/2$。

(4) 时钟高电平持续时间 t_{WH}。

(5) 低电平持续时间 t_{WL}。

(6) 最高工作频率 f_{max}。

由于以上因素的影响，时钟脉冲 CP 必须满足高电平持续时间、低电平持续时间及最高工作频率等指标要求。

表 2.6.4 给出了 74LS74A D 触发器几个重要的技术指标，各指标的含义如图 2.6.5 所示。这些指标为设计电路时把握各信号间的时间关系及确定时钟的主要参数提供了依据。

表 2.6.4 74LS74A D 触发器的主要技术指标

参数名称和符号			极限值			单 位	测试条件
			最小	典型	最大		
建立时间	t_{set}	t_{sH}	20			ns	$V_{CC}=5.0$ V，$C_L=15$ pF
		t_{sL}	20				
保持时间	t_h		5			ns	
低电平保持时间	t_{WL}		25			ns	
高电平保持时间	t_{WH}		25			ns	
最高工作频率	f_{max}		25	33		MHz	$V_{CC}=5.0$ V
平均传输延迟时间	t_{pd}	t_{pLH}		13	25	ns	
		t_{pHL}		25	40		

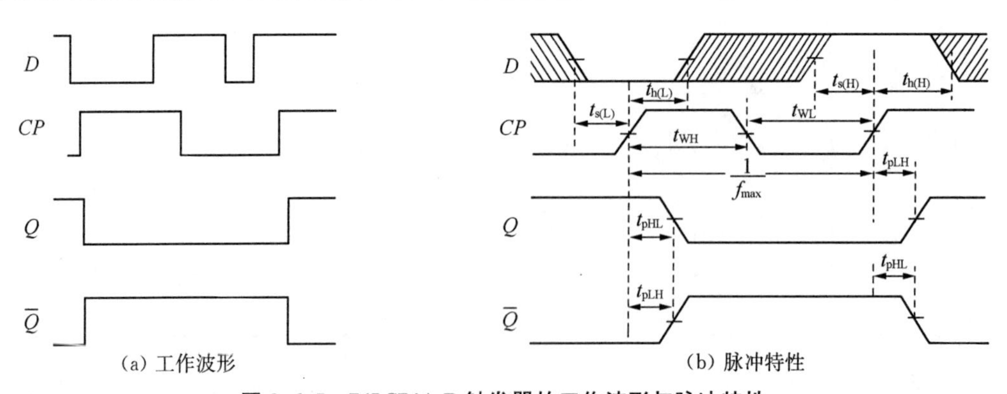

(a) 工作波形 (b) 脉冲特性

图 2.6.5 74LS74A D 触发器的工作波形与脉冲特性

7) 集成触发器的使用注意事项

(1) 必须满足脉冲工作特性。在同一同步时序电路中，各触发器的触发时钟脉冲是同一个时钟脉冲。因此，在同一电路中应尽可能选用同一类型的触发器或触发沿相同的触发器。

(2) 由于触发器状态端(Q 或$\overline{Q}$)的负载能力是有限的，所带负载不能超过扇出系数。特别是 TTL 电路的触发器负载能力较弱，如果超负载将会造成输出电平忽高忽低、逻辑不清。解决方法是：插入驱动门增加 Q 端或$\overline{Q}$端的负载能力，或根据需要在 Q 端通过一反相器帮助$\overline{Q}$端带负载；反之亦然。

(3) 要保证电路具有自启动能力。检查方法是：利用 CLR 端和 PR 端使电路处于未使用状态，观察电路在时钟作用下是否会回到正常状态。如果不能，则应改进电路使其具有自启动能力。

(4)一般情况下，测试电路的逻辑功能仅仅验证了它的状态转换真值表。更严格的测试还应包括测试电路的时序波形图，检查是否符合设计要求。

2.6.4 实验内容

(1) 测试基本 RS 触发器的逻辑功能

基本 RS 触发器是无时钟控制的由电平直接触发的触发器，具有置“0”、置“1”和“保持”三种功能，请用两个与非门(可选用 74LS00)组成基本 RS 触发器，按表 2.6.5 要求测试并加以记录。观察 $R=S=0$ 时触发器的不稳定态。

表 2.6.5 基本 RS 触发器功能测试表

输入		输出	
S	R	Q_{n+1}	$\overline{Q}_{n+1}$
0	1		
1	1		
1	0		
0	1		
0	0		

(2) 测试 D 触发器 74LS74 的逻辑功能

按表 2.6.6 要求，观察并记录 Q 的状态。

表 2.6.6 74LS74 D 触发器功能测试表

PR	CLR	D	CP	Q_{n+1}	
				$Q_n=0$	$Q_n=1$
0	1	×	×		
1	0	×	×		
1	1	0	↑		
1	1	1	↑		

(3) 测试 JK 触发器 74LS112 的逻辑功能

按表 2.6.7 要求，观察并记录 Q 的状态。

表 2.6.7 74LS112 JK 触发器功能测试表

PR	*CLR*	*J*	*K*	*CP*	Q_{n+1}	
					$Q_n=0$	$Q_n=1$
0	1	×	×	×		
1	0	×	×	×		
1	1	0	0	↓		
1	1	0	1	↓		
1	1	1	0	↓		
1	1	1	1	↓		

(4) 怎样将 JK 触发器 74LS112 转换成 D 触发器？画出逻辑电路图并加以实现。

(5) 用 D 触发器设计一个六进制异步加法计数器，并进行逻辑功能的验证。

① 用单脉冲作输入，观察输出的变化情况，并加以记录。

② 用 $f=1$ kHz 的连续脉冲作输入，用双踪示波器观察并画出 CP 端与 Q 端的脉冲波形图，标出其脉冲工作特性，主要包括建立时间 t_{set}、保持时间 t_h、时钟高电平持续时间 t_{WH}、时钟低电平持续时间 t_{WL}。

(6) 用 74LS112 双 JK 触发器设计一个同步四进制加法计数器，并进行逻辑功能验证。

① 触发器的时钟信号用单脉冲作输入，观察两个触发器输出的变化，并加以记录。

② 用 $f=1$ kHz 的连续脉冲作输入，用双踪示波器观察并比较其输入、输出信号的波形，画出 CP 与 Q 的脉冲波形图，标出其脉冲工作特性，主要包括建立时间 t_{set}、保持时间 t_h、时钟高电平持续时间 t_{WH}、时钟低电平持续时间 t_{WL}。

(7) 用 74LS112 及门电路设计一个计数器，它有两个控制端 C_1 和 C_2，C_1 用来控制计数器的模数，C_2 用来控制计数器的增减。

① $C_1=0$，则计数器为模 3 计数器；$C_1=1$，则计数器为模 4 计数器。

② $C_2=0$，则计数器为加法计数器；$C_2=1$，则计数器为减法计数器。

(8) 设计一个简易 2 人智力竞赛抢答器

具体要求：

① 每个抢答人操纵一个微动开关，以控制自己的一个指示灯。

② 抢先按动开关者能使自己的指示灯亮起，并封锁对方的动作(即对方即使按动开关也不再起作用)。

③ 主持人可在最后按"主持人"微动开关使指示灯熄灭，并解除封锁。

④ 器件自定，根据设计的电路图搭接电路，并验证电路功能。

(9) 设计一个汽车尾灯控制电路

给定芯片为 74LS138、双 D 触发器及门电路若干，设计一个具有以下功能的汽车尾灯控制电路：

① 用 6 个发光二极管模拟汽车尾灯，左右各有 3 个，用两个开关分别控制左转弯和右转弯，当右转弯时，右边的 3 个灯则按图 2.6.6 所示，周期地亮与暗(设周期 T 为 1 s)，而左边的 3 个尾灯则全灭；左转弯时左边的 3 个灯则按图 2.6.6 所示，周期地亮与暗，而右边的 3 个尾灯则全灭。

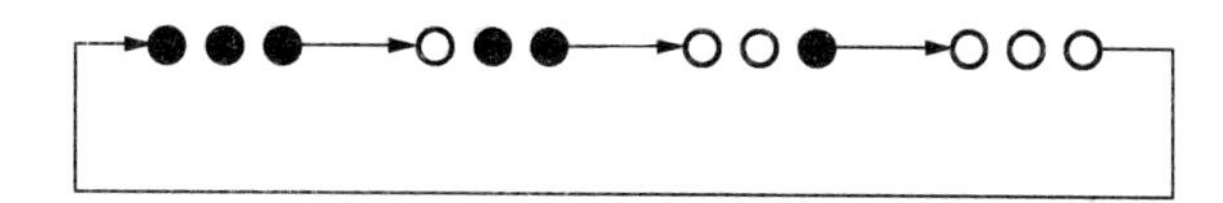

图 2.6.6　汽车尾灯变化图

② 当司机不慎同时接通了左右转弯的两个开关时，则紧急闪烁器工作，6 个尾灯以 1 Hz 的频率同时亮暗闪烁。

③ 急刹车和停车时开关。当急刹车开关接通时，则所有的 6 个尾灯全亮，如果急刹车的同时有左或右转弯时，则相应的 3 个转向的尾灯应按图 2.6.6 所示的正常地亮和暗，而另外的 3 个尾灯则仍继续亮。停车时，6 个尾灯全灭。

2.6.5　实验报告

(1) 详细描述实验内容中每个题目的设计过程，整理并分析实验数据。

(2) 分析实验过程中遇到的问题，总结实验的收获和体会。

2.6.6　思考题

(1) 在设计时序逻辑电路时如何处理各触发器的清“0”端 CLR 和置“1”端 PR。

(2) 如何理解同步和异步的概念？同步控制和异步控制的最终目的是什么？

(3) 请结合图 2.6.5 所示的 D 触发器的工作波形与脉冲特性，谈谈对时序概念的理解。为什么在设计实际电路时要关注数字集成电路的最高工作频率？

(4) 比较一下小规模集成组合逻辑电路(见实验 1)和集成时序逻辑电路的特性参数。它们之间有什么区别和联系？

(5) 设计同步计数器时，选用哪种类型的触发器较方便？设计异步计数器时，选用哪一类型的触发器较方便？

(6) D 触发器可以锁存信号，请描述一下锁存器的工作过程。

(7) 为什么说触发器可以存储二进制信息？

(8) 边沿触发和电平触发的区别是什么？

(9) 认真理解状态图、状态表、激励表概念。请想想在工程设计上如何借鉴这种设计思想。

(10) 在用 74LS112 电路所构成的四进制加法计数器中(见实验内容部分)，加入“反馈复位”环节，使电路变成三进制加法计数器。在外接的时钟脉冲(单脉冲)作用下，观察两个触发器的输出的变化。这是为什么？

实验 7　集成计数器

2.7.1　实验目的

(1) 掌握计数器的概念。

(2) 理解常用中规模集成(MSI)计数器的工作机制及简单应用。

(3) 学习中规模时序逻辑电路的设计方法。

2.7.2　实验设备

(1) 万用表　1块
(2) 直流稳压电源　1台
(3) 函数信号发生器　1台
(4) 数字示波器　1台
(5) 实验台　1台
(6) 集成电路 74LS163、74LS192、74LS90 等　各1片

2.7.3　实验原理

1) 计数器概述

计数器是一种十分重要的逻辑部件。如果输入的计数脉冲是秒信号,则可用模 60 计数器产生分信号,进而产生时、日、月和年信号;如果在一定的时间间隔(如 1 s)内对输入的周期性脉冲信号计数,就可以测出该信号的重复频率;计数器还是很多专用集成电路内部不可或缺的模块。

计数器的种类很多,各种计数器间的不同之处主要表现在计数方式(同步计数或异步计数)、模、码制(自然二进制码或 BCD 码等)、计数规律(加法计数或加/减计数)、预置方式(同步预置或异步预置)以及复位方式(异步复位或同步复位)等六个方面。

计数器的功能表征方式有两种:功能表和时序波形图。

计数器的型号有很多,既有 TTL 型器件,也有 CMOS 型器件。表 2.7.1 列出了部分常用的集成计数器。

表 2.7.1　常用集成计数器

型　号	计数方式	模及码制	计数规律	预　置	复　位	触发方式
7490	异步	2×5	加法	异步	异步	下降沿
7492	异步	2×6	加法	—	异步	下降沿
74160	同步	模 10,8421 码	加法	同步	异步	上升沿
74161	同步	模 16,二进制	加法	同步	异步	上升沿
74162	同步	模 10,8421 码	加法	同步	同步	上升沿
74163	同步	模 16,二进制	加法	同步	同步	上升沿
74190	同步	模 10,8421 码	单时钟,加/减	异步	—	上升沿
74191	同步	模 16,二进制	单时钟,加/减	异步	—	上升沿
74192	同步	模 10,8421 码	双时钟,加/减	异步	异步	上升沿
74193	同步	模 16,二进制	双时钟,加/减	异步	异步	上升沿
CD4020	异步	模 2^{14},二进制	加法	—	异步	下降沿

计数器的工作速度是一个很重要的电参数。由于同步计数器中的所有触发器共用一

个时钟脉冲 CP，该脉冲直接或经一定的组合电路加至各触发器的 CP 端，使该翻转的触发器同时翻转计数，所以同步计数器的工作速度较快。而异步计数器中各触发器不共用一个时钟脉冲 CP，各级的翻转是异步的，所以工作速度较慢，而且，若由各级触发器直接译码，还会出现竞争一冒险现象。但异步计数器的电路结构比同步计数器简单。

2）MSI 计数器 74LS163

74LS163 为 4 位二进制同步可预置加法计数器，其引脚图见附录Ⅱ，功能表见表 2.7.2。从 74LS163 的功能表可以看出，复位、置数、计数都要在时钟上升沿到来时才能实现。

表 2.7.2　74LS163 功能表

输入									输出				工作方式
CLR	LD	P	T	CP	D	C	B	A	Q_D	Q_C	Q_B	Q_A	
0	×	×	×	↑	×	×	×	×	0	0	0	0	同步清“0”
1	0	×	×	↑	d	c	b	a	d	c	b	a	同步置数
1	1	×	0	×	×	×	×	×	Q_D^n	Q_C^n	Q_B^n	Q_A^n	保持
1	1	0	×	×	×	×	×	×	Q_D^n	Q_C^n	Q_B^n	Q_A^n	保持
1	1	1	1	↑	×	×	×	×	加法计数				加法计数

3）MSI 计数器 74LS192

74LS192 为同步十进制可逆计数器，其引脚图见附录Ⅱ，功能表见表 2.7.3。从 74LS192 的功能表可以看出，在复位、置数时，不需要时钟进行同步，而计数则要在时钟上升沿到来时才能进行。

表 2.7.3　74LS192 功能表

输入								输出				工作方式
CLR	LD	CP_U	CP_D	D	C	B	A	Q_D	Q_C	Q_B	Q_A	
1	×	×	×	×		×	×	0	0	0	0	异步清“0”
0	0	×	×	d	c	b	a	d	c	b	a	异步置数
0	1	↑	1	×	×	×	×	加法计数				计数
0	1	1	↑	×	×	×	×	减法计数				

4）MSI 计数器的应用

（1）级联

将两个以上的 MSI 计数器按一定方式串接起来是构成大规模计数器的方法。异步计数器一般没有专门的进位信号输出端可供电路级联使用，而同步计数器往往设有进位（或借位）信号供电路级联时使用。

（2）构成模 N 计数器

利用集成计数器的置数端和复位端，并合理使用其复位、置数功能，可以方便地构成任意进制计数器。图 2.7.1(a)是利用 74LS163 的同步复位端构成的模 6 计数器，图 2.7.1(b)是利用 74LS192 的异步置数端构成的模 6 计数器。两种方法的区别是：

① 利用复位端构成任意模计数器，计数器起点必须是 0，而利用置数端构成任意模计

数器，计数的起点可为任意值；

② 74LS163 的复位端是同步复位端，74LS192 的置数端是异步置数端，而异步置数和异步复位一样会造成在波形上有毛刺输出。

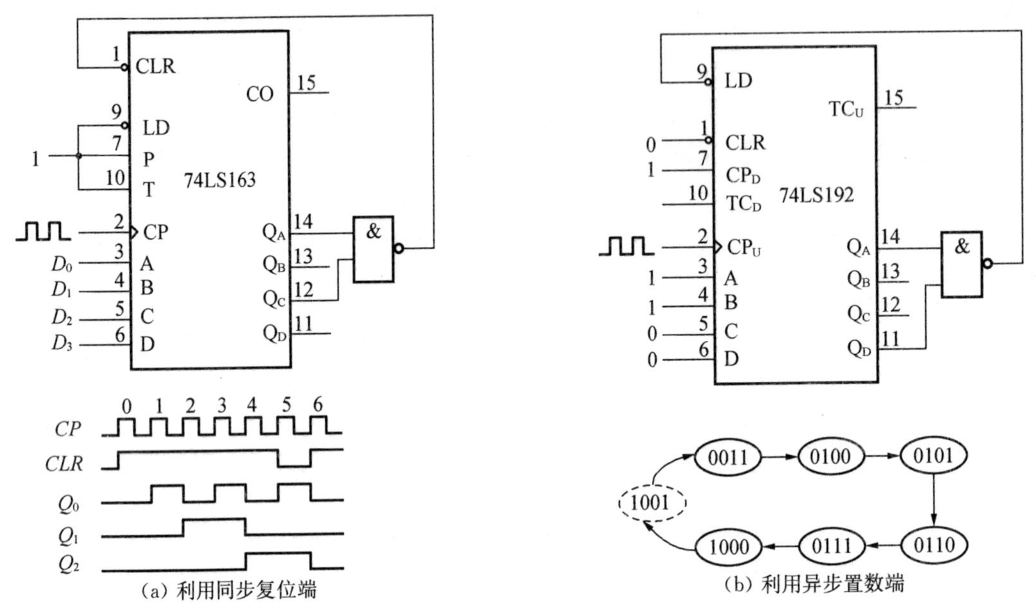

图 2.7.1　模 6 计数器

(3) 用作定时器

由于计数器具有对脉冲的计数作用，所以计数器可用作定时器。

(4) 用作分频器

计数器可以对计数脉冲分频，改变计数器的模便可以改变分频比。如图 2.7.2 为 74LS163 构成的分频器。分频比 $M=16-N=16-11=5$（11 即二进制 1011），即 CO 输出脉冲的重复频率为 CP 的 1/5。改变 N 即可改变分频比。

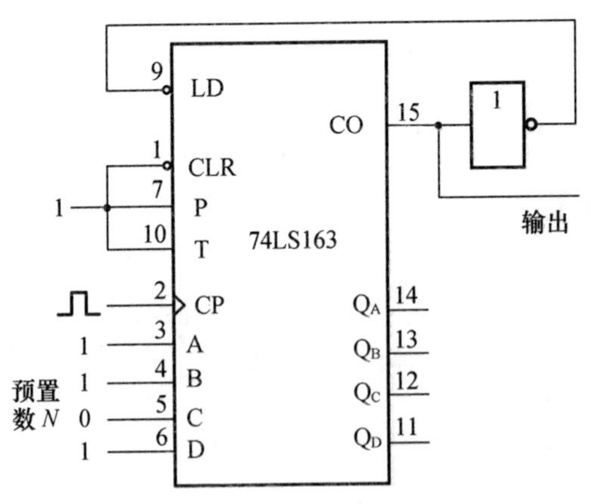

图 2.7.2　74LS163 构成分频器

(5) 利用计数器及译码器构成脉冲分配器

脉冲分配器是一种能够在周期时钟脉冲作用下输出各种节拍脉冲的数字电路。如

图 2.7.3(a)为 74LS163 计数器和 74LS138 译码器实现的脉冲分配器，其工作波形如图 2.7.3(b)所示。在时钟脉冲 CP 的作用下，计数器 74LS163 的 Q_2、Q_1、Q_0 输出端将周期性地产生 000～111 输出，通过译码器 74LS138 译码后，依次在 Y_0～Y_7 端输出 1 个时钟周期宽的负脉冲，从而实现 8 路脉冲分配。

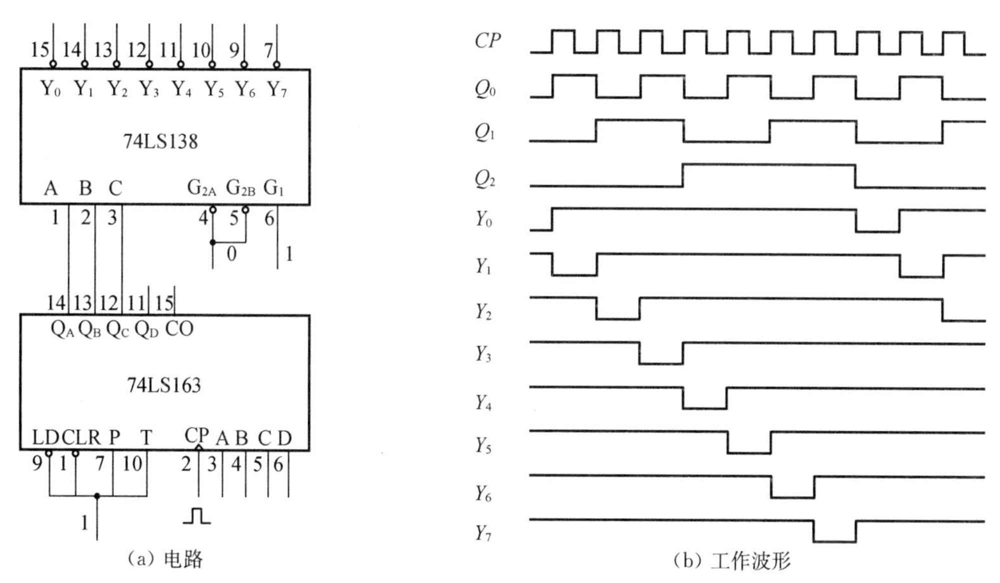

(a) 电路 (b) 工作波形

图 2.7.3 8 路脉冲分配器电路及工作波形

(6) 计数器辅以数据选择器或适当的门电路构成计数型周期序列发生器

如图 2.7.4 为 74LS163 计数器和 74LS151 八选一数据选择器构成的巴克码序列 1110010 产生器。计数器的模数 $N=7$ 即为序列的周期，计数器的输出作为数据选择器的地址变量，要产生的序列中的各位作为数据选择器的数据输入，数据选择器的输出即为所要的输出序列。

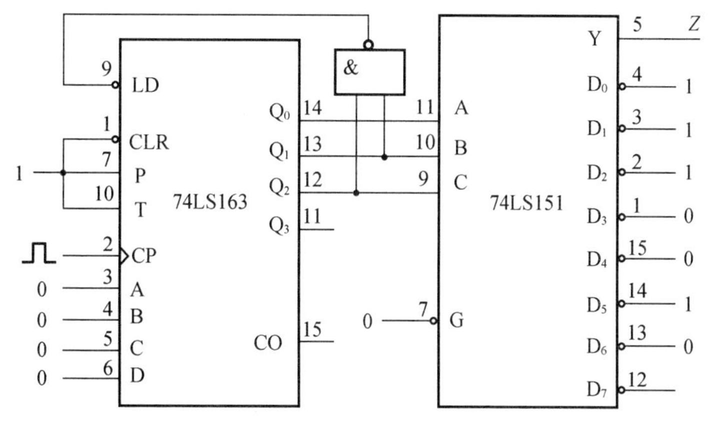

图 2.7.4 7 位巴克码序列 1110010 产生器电路

2.7.4 实验内容

(1) 用同步计数器 74LS192 构成模 $N=24$ 的计数器，要求以 BCD 码显示。

(2) 用 74LS192 构成计数规律为 2,3,4,5,6,7,6,5,4,3,2,3…的计数器。

(3) 设计一个 16 路 1 个时钟周期宽的负脉冲分配器。

(4) 用 74LS163 并辅以少量门电路实现下列计数器:

① 计数规律为:0,1,2,3,4,9,10,11,12,13,14,15,0,1…的计数器;

② 二进制模 60 计数器;

③ 8421 BCD码模 60 计数器。

(5) 用集成计数器及组合电路构成 010011000111 序列信号发生器。

(6) 设计一个同步时序电路。给定 $f_0=1\ 200$ Hz 的方波信号,要求得到 $f=200$ Hz 的三相彼此相位差 120°的方波信号。要求:

① 用 JK 触发器及门电路实现;

② 用 D 触发器及门电路实现,并要求有自启动;

③ 查集成电路手册读懂 74LS90 的功能表,然后用 74LS90、74LS138 及门电路实现。

设计提示:$f_0=1\ 200$ Hz,要求三路方波输出信号都为 $f=200$ Hz,由此可知电路是 6 分频计数器,电路中最少有一个状态 $Q_2Q_1Q_0$,且 $Q_2Q_1Q_0$ 的波形相位差为 120°。

2.7.5 实验报告

(1) 详细描述实验内容中每个题目的设计过程,整理并分析实验数据。

(2) 分析实验过程中遇到的问题,总结实验的收获和体会。

2.7.6 思考题

(1) 计数/定时器在通信系统中的作用是什么?

(2) 查集成电路手册读懂 74LS90 的功能表。图 2.7.5 是两片 74LS90 级联构成的计数器,请问该计数器的模是多少?

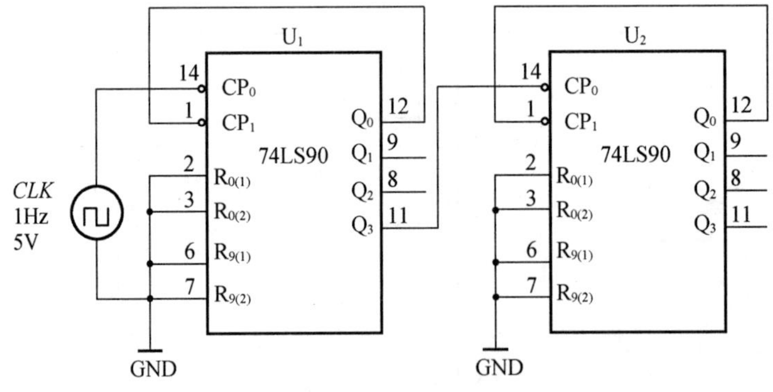

图 2.7.5 74LS90 级联电路图

(3) 进一步理解同步和异步的概念。如何理解同步清 0 和异步复位?

(4) 解释一下异步计数器中存在竞争－冒险现象的原因。

(5) 查集成电路手册,了解 74LS90 各种电参数的意义。

(6) 图 2.7.1(b)是利用 74LS192 异步置位端构成的模 6 计数器。现在,如果不断增高 *CP* 的频率,观察是否一直能正常计数? 为什么?

实验 8 集成移位寄存器

2.8.1 实验目的

(1) 掌握移位寄存器的概念。
(2) 理解常用中规模集成(MSI)移位寄存器的工作机制及简单应用。
(3) 学习数字电路小系统的设计方法。

2.8.2 实验设备

(1) 万用表 1块
(2) 直流稳压电源 1台
(3) 函数信号发生器 1台
(4) 数字示波器 1台
(5) 实验台 1台
(6) 集成电路 74LS04、74LS161、74LS194、74LS198 等 各1片

2.8.3 实验原理

1) 移位寄存器概述

移位寄存器是一种具有移位功能的寄存器,寄存器中所存的代码能够在移位脉冲的作用下依次左移或右移。既能左移又能右移的称为双向移位寄存器,只需要改变左、右移的控制信号便可实现移位要求。

移位寄存器品种非常多。部分常用的 74 系列 MSI 移位寄存器及其基本特性如表 2.8.1 所示。

表 2.8.1 部分常用的 74 系列 MSI 移位寄存器及其基本特性

型 号	位 数	输入方式	输出方式	移位方式
74LS91	8	串	串	右移
74LS96	5	串、并	串、并	右移
74LS164	8	串	串、并	右移
74LS165	8	串、并	互补串行	右移
74LS166	8	串、并	串	右移
74LS179	4	串、并	串、并	右移
74LS194	4	串、并	串、并	双向移位
74LS195	4	串、并	串、并	右移
74LS198	8	串、并	串、并	双向移位
74LS323	8	串、并	串、并(三态)	双向移位

根据存取信息方式的不同,移位寄存器可分为串入串出、串入并出、并入串出、并入并出四种形式。如图 2.8.1(a)和(b)分别为 74LS198 构成的串入并出电路和并入串出电路。

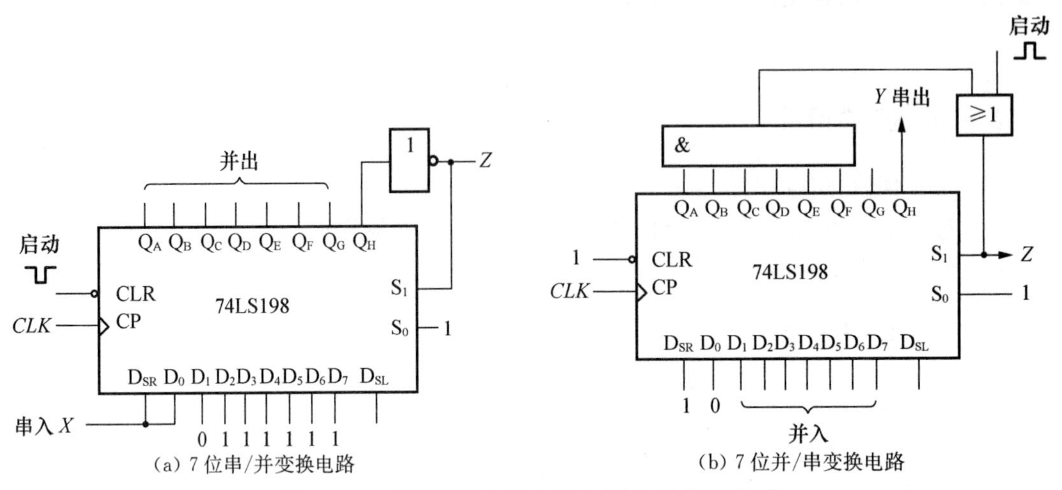

图 2.8.1　移位型寄存器实现串/并和并/串变换器

2) 四位双向通用移位寄存器 74LS194

74LS194 是一种功能很强的 4 位移位寄存器,内部包含 4 个触发器,其引脚图见附录Ⅱ,功能表见表 2.8.2。

表 2.8.2　74LS194 的功能表

输入										输出				工作模式
CLR	S_1	S_0	CP	D_{SL}	D_{SR}	A	B	C	D	Q_A	Q_B	Q_C	Q_D	
0	×	×	×	×	×	×	×	×	×	0	0	0	0	异步清“0”
1	0	0	×	×	×	×	×	×	×	Q_A^n	Q_B^n	Q_C^n	Q_D^n	数据保持
1	0	1	↑	×	1	×	×	×	×	1	Q_A^n	Q_B^n	Q_C^n	同步右移
1	0	1	↑	×	0	×	×	×	×	0	Q_A^n	Q_B^n	Q_C^n	
1	1	0	↑	1	×	×	×	×	×	Q_B^n	Q_C^n	Q_D^n	1	同步左移
1	1	0	↑	0	×	×	×	×	×	Q_B^n	Q_C^n	Q_D^n	0	
1	1	1	↑	×	×	A	B	C	D	A	B	C	D	同步置数

从 74LS194 的功能表可以看出,其中 D_{SL} 和 D_{SR} 分别是左移和右移串行输入端;A、B、C、D 为并行输入端;Q_A、Q_B、Q_C、Q_D 为并行输出端,Q_A、Q_D 分别兼做左移、右移时的串行输出端;S_1、S_0 为工作模式控制端,控制四种工作模式的切换;CLR 为异步清 0 端,低电平有效;CP 为时钟脉冲输入端,上升沿有效。

3) 移位寄存器主要用途

(1) 用作临时数据存储

在串行数据通信中,发送端需要发送的信息总是先存放入移位寄存器中,然后由移位寄存器将其逐位送出;与此对应,接收端逐位从线路上接收信息并移入移位寄存器中,待接收完一个完整的数据组后才从移位寄存器中取走数据。移位寄存器在这里就是作为临时数据存储用的。

(2) 用来构成移位型计数器

移位型计数器有三种类型：它们分别是环形计数器、扭环形计数器和变形扭环形计数器，基本结构分别如图 2.8.2(a)、(b)、(c)所示。

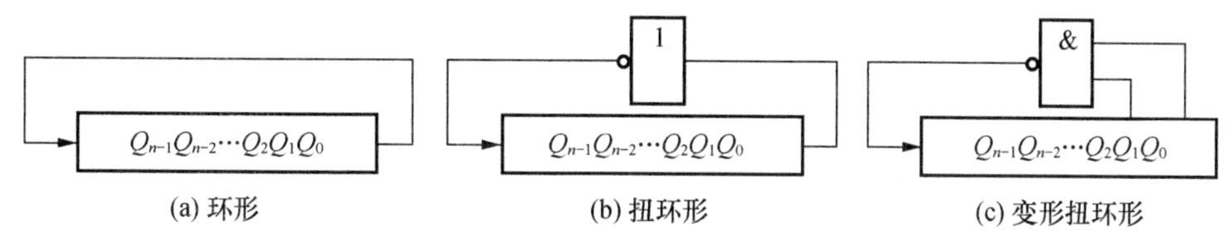

图 2.8.2　移位型计数器的基本结构

(3) 构成伪随机序列信号发生器和伪随机信号发生器

用移位寄存器构成序列信号发生器，其电路结构如图 2.8.3 所示。图中，S 为 n 位移位寄存器的串行输入。组合电路从移位寄存器取得信息，产生反馈信号加于 S 端，因此该组合电路又称为反馈电路，相应的组合函数称为反馈函数。若反馈函数具有如下形式：

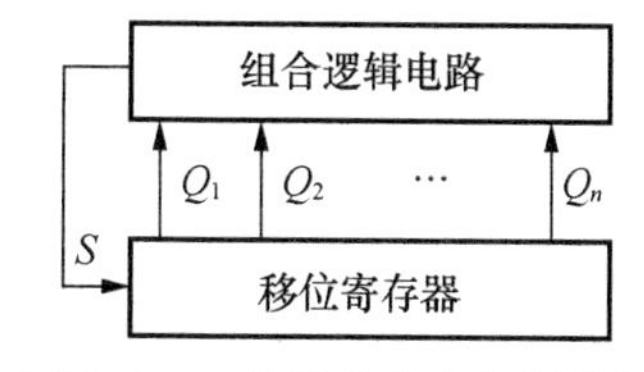

图 2.8.3　线性移位寄存器结构

$$S=C_0\oplus C_1Q_1\oplus C_2Q_2\oplus\cdots\oplus C_nQ_n$$

则该时序电路称为线性反馈移位寄存器。这里，$C_i(i=0,1,\cdots,n)$为逻辑常量 0 或 1。线性移位寄存器产生的序列信号在通信及数字电路故障检测中有着广泛的用途。

如果序列信号发生器产生的序列中 0 和 1 出现的概率接近相等，就称此序列为伪随机序列。n 位移位寄存器所能产生的伪随机序列的长度为 $P\leqslant 2^n-1$，长度为 2^n-1 的随机序列又称为 M(最长)序列。

如从这种线性移位寄存器的一个输出端串行地输出信号，则构成了一路伪随机序列发生器，如从线性移位寄存器的各输出端同时并行地取得伪随机信号，则构成伪随机信号发生器。伪随机信号发生器是一类很有用的信号发生器。

(4) 构成序列检测器

序列检测器是一种能够从输入信号中检测特定输入序列的逻辑电路。利用移位寄存器的移位和寄存功能，可以非常方便地构成各种序列检测器。

一个用 4 位二进制双向移位寄存器 74LS194 构成的“1011”序列检测器如图 2.8.4 所示。从电路可见，当 X 端依次输入 1,0,1,1 时，输出 $Z=1$，否则 $Z=0$。因此，$Z=1$ 表示电路检测到了序列“1011”。注意，如果允许序列码重叠，“1011”的最后一个“1”可以作为下一组“1011”的第一个“1”，如果不允许序列码重叠，则“1011”的最后一个“1”就不能作为下一组“1011”的第一个“1”。

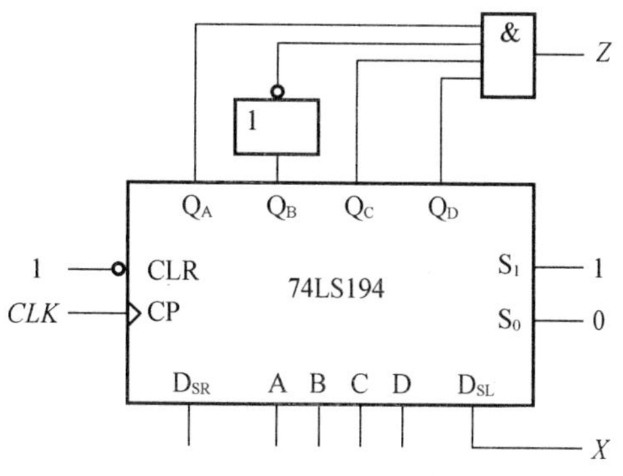

图 2.8.4　“1011”序列检测器

(5) 实现串/并和并/串转换器

串/并转换器是把若干位串行二进制数码变成并行二进制数码的电路，并/串转换器的功能正好相反。

4) 时序逻辑电路设计

时序逻辑电路是由组合电路和存储电路两部分组成的，可以说是一种能够完成一定的控制和存储功能的数字电路小系统。这样的电路系统不是很复杂，但却是设计或构成复杂数字系统所必不可少的。时序逻辑电路的设计，在一般情况下，设计流程如图 2.8.5 所示。

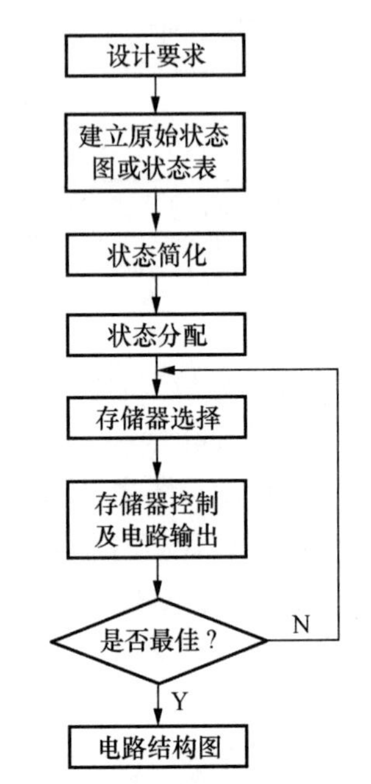

图 2.8.5 时序电路设计流程

2.8.4 实验内容

(1) 用 74LS194 设计一个 4 位右移环形计数器。

(2) 用 74LS194 设计一个 8 分频器。要求如下：

① 初始状态设为 0000；

② 用双踪示波器同时观察输入和输出波形，并记录实验结果；

③ 画出电路工作的全状态图。

(3) 用移位寄存器为核心元件，设计一个彩灯循环控制器，请给出详细设计步骤。要求如下：

① 4 路彩灯循环控制，组成两种花型，每种花型循环一次，两种花型轮流交替。假设选择下列两种花型：

花型 1——从左到右顺序亮，全亮后再从左到右顺序灭。

花型 2——从右到左顺序亮，全亮后再从右到左顺序灭。

② 要求通过 START=1 信号加以启动。

(4) 用移位寄存器实现“1101”序列发生和序列检测器，允许输入序列码重叠。

(5) 用 74LS194 和门电路设计一个带有标志位的 8 位串/并转换器。

(6) 用 74LS194 和门电路设计一个带有标志位的 8 位并/串转换器。

2.8.5 实验报告

(1) 详细描述实验内容中每个题目的设计过程，整理并分析实验数据。

(2) 分析实验过程中遇到的问题，总结实验的收获和体会。

(3) 总结基于时序电路的数字电路小系统的设计方法。

2.8.6 思考题

(1) 寄存器在计算机系统中的作用是什么？

(2) 如何用移位寄存器实现数据的串/并、并/串转换？在工程上有什么意义？

(3) 用移位寄存器实现数据的串/并、并/串转换与用数据选择器、分配器实现数据的串/并、并/串转换有什么区别？

(4) 实验内容 4 中如果不允许输入序列码重叠，应该如何设计？

(5) 用移位寄存器、计数器和数据选择器或者单独用组合逻辑电路都可以实现序列信号发生器。请问这三种方式之间有什么区别？

(6) 时序电路中也存在竞争一冒险现象，但一般认为同步时序电路中不存在竞争一冒险现象，为什么？

实验 9　SRAM

2.9.1　实验目的

(1) 了解静态 MOS 读写存储器 MB2114 芯片的原理、外部特性及使用方法。

(2) 掌握 SRAM 的读出和写入操作的工作过程。

(3) 学会正确地组织数据信号、地址信号和控制信号。

2.9.2　实验设备

(1) 万用表	1 块
(2) 直流稳压电源	1 台
(3) 函数信号发生器	1 台
(4) 数字示波器	1 台
(5) 实验台	1 台
(6) 集成电路 74LS04、74LS163、74LS126、MB2114 等	各 1 片

2.9.3　实验原理

1) 半导体存储器概述

半导体存储器是由许多触发器或其他记忆元件构成的用以存储一系列二进制数码的器件。半导体存储器的详细分类如图 2.9.1 所示。其中，固定 ROM 的内容完全由生产厂家决定，用户无法通过编程更改其内容；PROM 为用户可一次性编程的可编程只读存储器(Programmable ROM)；EPROM 为用户可多次编程的可(紫外线)擦除只读存储器(Erasable PROM)，也经常缩写为 UVPROM(Ultraviolet Erasable PROM)；E^2PROM 为用户可多次编程的可电擦除的只读存储器(Electrically Erasable PROM)；Flash Memory 为兼有 EPROM 和 E^2PROM 优点的闪速存储器(简称闪存)，电擦除、可编程、速度快，编程速度比 EPROM 快 1 个数量级，比 E^2PROM 快 3 个数量级，是近 20 年来 ROM 家族中的新品；FIFO 为先入先出存储器(First-In First-Out Memory)，它按照写入的顺序读出信息；FILO 为先入后出存储器(First-In Last-Out Memory)，它按照写入的逆序读出信息；SRAM 为静态随机存取存储器(Static RAM)，以双稳态触发器存储信息；DRAM 为动态随机存取存储器(Dynamic RAM)，以 MOS 管栅、源极间寄生电容存储信息，因电容器存在放电现象，DRAM 必须每隔一定时间(1～2 ms)重新写入存储的信息，这个过程称为刷新(Refresh)。

双极型电路无 DRAM。

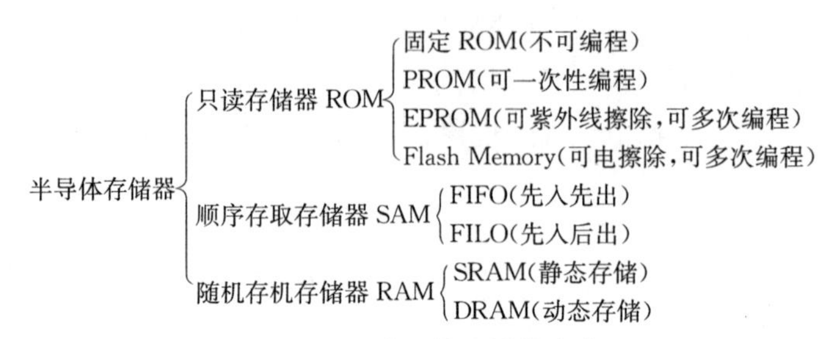

图 2.9.1　半导体存储器分类

2) 静态 RAM 的组成与原理

RAM 的一般结构如图 2.9.2 所示。

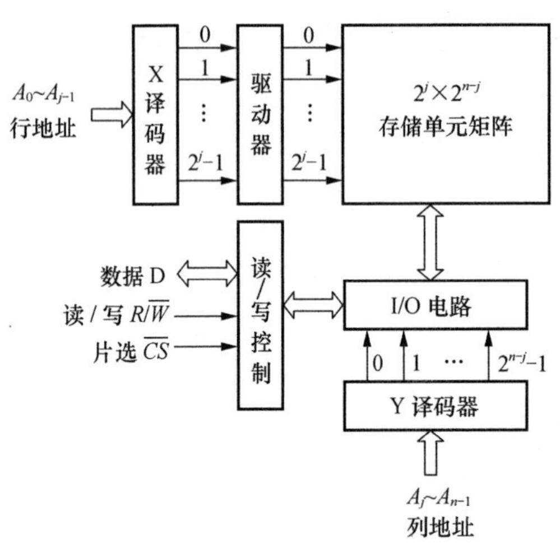

图 2.9.2　RAM 的一般结构

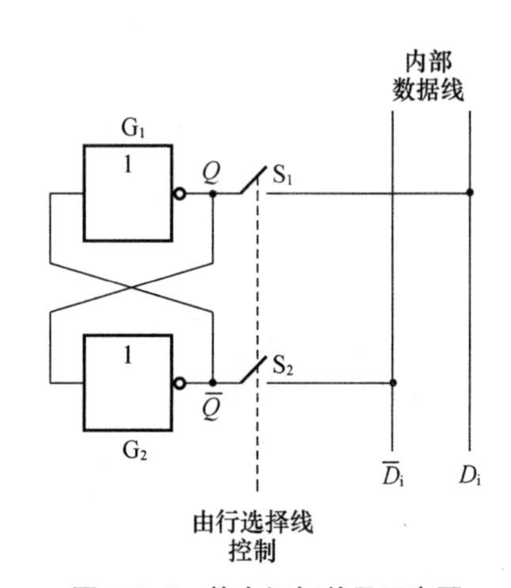

图 2.9.3　静态记忆单元示意图

RAM 中采用的记忆单元有许多种。就存储信息的原理而言可分为两类:静态记忆单元和动态记忆单元。由前者构成的 RAM 即称为静态 RAM,简称 SRAM,由后者构成的 RAM 即称为动态 RAM,简称 DRAM。静态记忆单元的示意图如图 2.9.3 所示。交叉耦合的 G_1 和 G_2 构成双稳态触发器。当该单元未被选中时,S_1 和 S_2 断开,触发器状态(即所存的信息)保持不变,故称为静态记忆单元。当该单元被选中时,S_1 和 S_2 均导通。若欲将信息写入该单元,则 RAM 中的读/写控制电路将外部 I/O 线上的信息经内部数据线 d_i 和 $\overline{d}_i$ 置入触发器;如欲从该单元读出所存信息,则触发器的状态通过 D_i 和 $\overline{D}_i$ 经读/写控制电路驱动后送至外部 I/O 线。

目前常用的静态 RAM 芯片绝大多数都是用 MOS 工艺制造的,如表 2.9.1 所示。

表 2.9.1　常用的静态 RAM 芯片

型　号	容量(字×位)	型　号	容量(字×位)
MB2114	1 K×4	HM62256	32 K×8
HM6116	2 K×8	HM628128	128 K×8
HM6264	8 K×8		

3）MB2114

虽然当今的存储器芯片（特别是动态RAM）的容量已做到非常大，但了解它们的原理，还是以早期的一些小容量芯片为宜，因为它们在最基本原理上是相同的，仅仅是规模上的差异或是后来者又采用了一些新的技术。

MB2114是一种典型的静态RAM芯片，它的容量为1 K×4，由NMOS工艺制作而成，为18引脚的DIP封装。其引脚和内部结构分别如图2.9.4、图2.9.5所示。

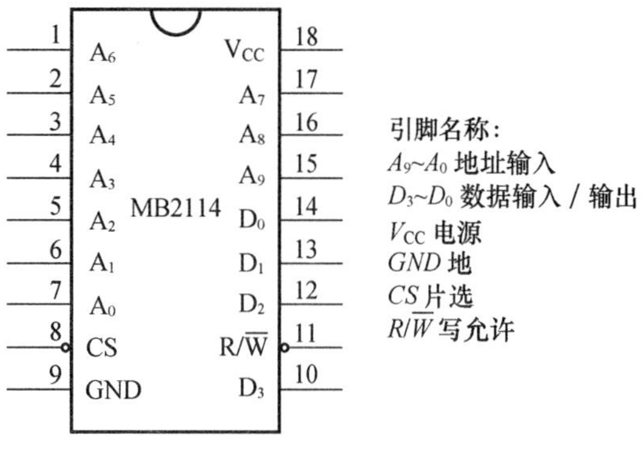

图 2.9.4　MB2114 引脚图

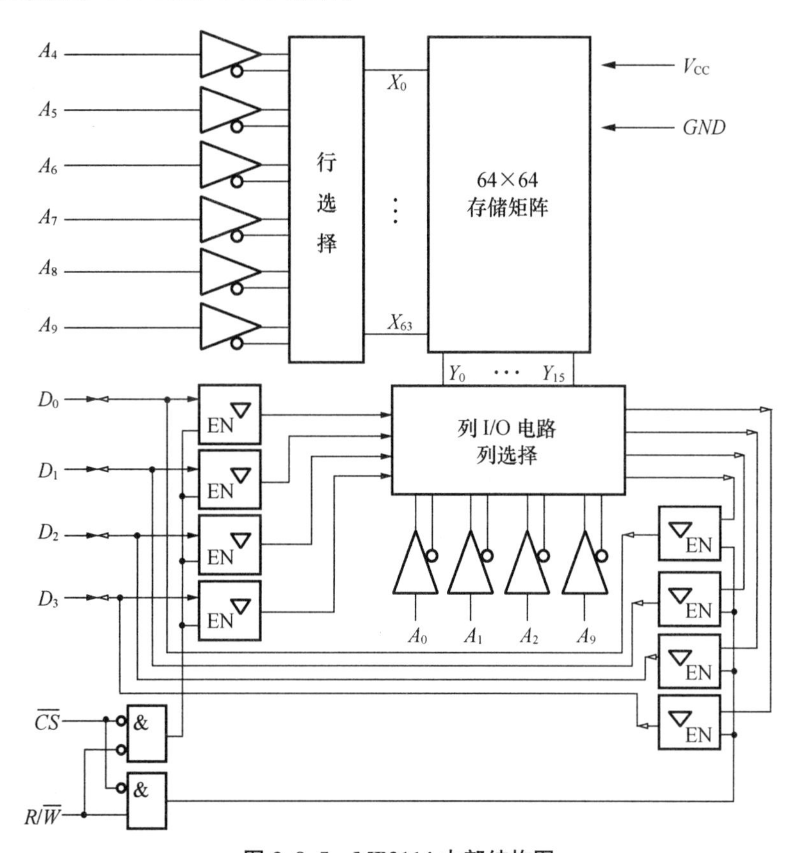

图 2.9.5　MB2114 内部结构图

该芯片共含4 096个基本存储单元，排成64×64存储矩阵。地址线为10根，采用复合译码，分两组：$A_9 \sim A_4$ 用于行选择，从64行中选择一行；$A_3 \sim A_0$ 用于列选择，从16根列选择线选择一根。注意，每根列选择线同时接到了存储矩阵的4根列线上。因此，当一根列选择线被选时，与之相连的存储矩阵的4根列线和被选择行线交叉处的4个基本存储单元（组成一个芯片字）被同时选中。从图中还可以看出，芯片内部的数据线与外部数据线（$D_0 \sim D_3$）之间有三态门，这符合和系统数据总线直接相连的要求。

注意，MB2114 芯片读/写控制只有一个 $R/\overline{W}$（Write Enable）引脚。当片选信号$\overline{CS}$和 $R/\overline{W}$ 同时有效（都为低电平）时表示进行写操作；当 $R/\overline{W}$ 写无效（为高电平），而$\overline{CS}$有效时表示进行读操作（或者说，当 $R/\overline{W}$ 写无效时，$\overline{CS}$兼作读信号）。这样安排的目的同样是为了减少芯片的引脚数目，从而减少芯片占用的面积。

表 2.9.2 列出了 MB2114 的三种工作方式。

表 2.9.2　MB2114 的工作方式

工作方式	$\overline{CS}$	$R/\overline{W}$	功　能
读出	0	1	将地址码 $A_9 \sim A_0$ 选中单元的数据输出到 $D_3 \sim D_0$ 线上
写入	0	0	将数据线 $D_3 \sim D_0$ 上的数据存入地址码 $A_9 \sim A_0$ 选中的单元
低功耗维持	1	×	将数据线 $D_3 \sim D_0$ 置为高阻状态

每一种存储芯片都有自己的固有时序特性。对于静态 RAM 来说，时序特性包括读周期和写周期两种。图 2.9.6(a)和(b)分别为 MB2114 的读/写时序，读写周期参数见表 2.9.3。

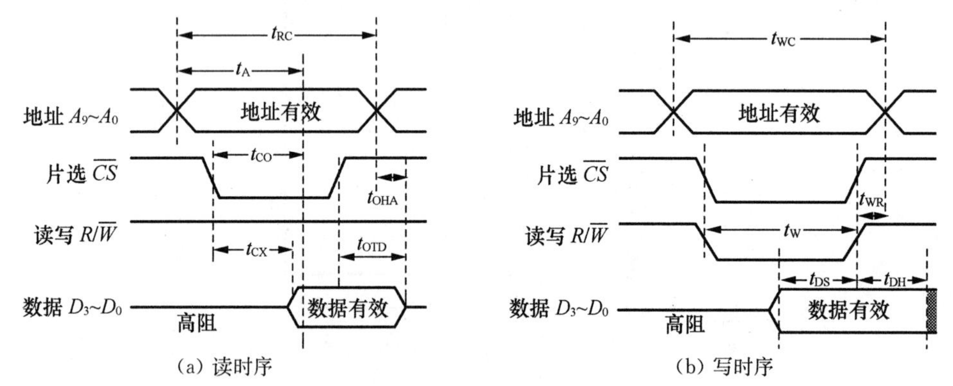

图 2.9.6　MB2114 读/写时序

表 2.9.3　MB2114 读/写周期参数

项　目	符　号	参数名称	最小值	最大值
读周期	t_{RC}	读周期时间	200 ns	
	t_A	读取时间		200 ns
	t_{CO}	$\overline{CS}$有效到数据有效的延迟时间		70 ns
	t_{CX}	$\overline{CS}$有效到数据出现的延迟时间	20 ns	
	t_{OTD}	$\overline{CS}$结束到数据消失的延迟时间		60 ns
	t_{OHA}	地址变化后数据维持时间	50 ns	
写周期	t_{WC}	写周期	200 ns	
	t_W	写入时间	120 ns	
	t_{WR}	写释放时间	0 ns	
	t_{DS}	写信号负脉冲结束前的数据建立时间	120 ns	
	t_{DH}	写信号负脉冲结束后的数据保持时间	0 ns	

2.9.4 实验内容

(1) 验证 MB2114 的功能。

① 参考图 2.9.7,请按要求连线。

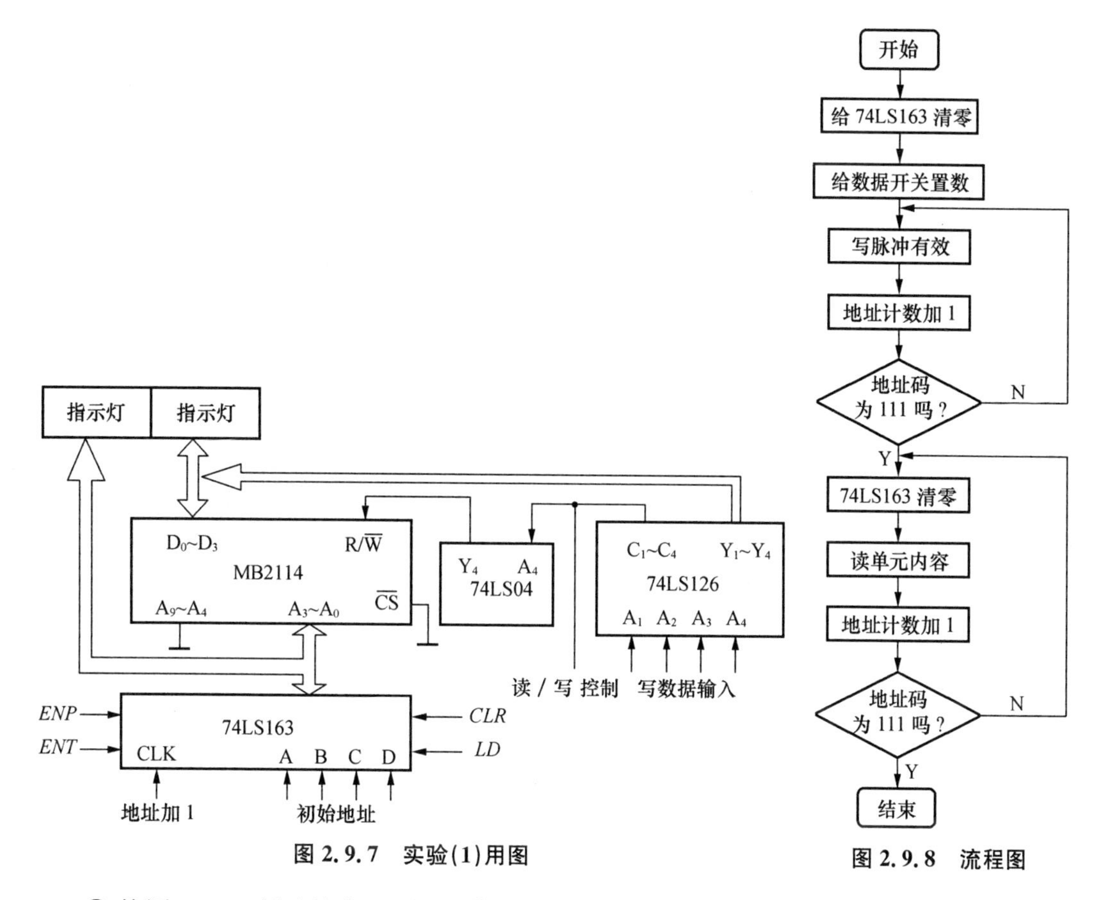

图 2.9.7 实验(1)用图

图 2.9.8 流程图

② 按图 2.9.8 所示的流程图组织信号。

③ 组织输入信号,观察实验结果,并将实验结果填入自制的表格内。要求:给 0000—0010 单元写内容;将 0000—0010 单元内容读出。

(2) 用 MB2114 为某数字通信系统构造存储容量为 2 K×8 的数据存储器,并用实验内容 1 的方法验证。

设计要求见表 2.9.4,设计参考图见图 2.9.9。

表 2.9.4 MB2114 构成的 2K×8 数据存储器的地址范围

选中芯片	$\overline{CS_1}$	$\overline{CS_0}$	A_{10}	$A_9A_8A_7A_6A_5A_4A_3A_2A_1A_0$	十六进制地址
MB2114-1 MB2114-2	1	0	0	0 0 0 0 0 0 0 0 0 0 … 1 1 1 1 1 1 1 1 1 1	000H … 3FFH
MB2114-3 MB2114-4	0	1	1	0 0 0 0 0 0 0 0 0 0 … 1 1 1 1 1 1 1 1 1 1	400H … 7FFH

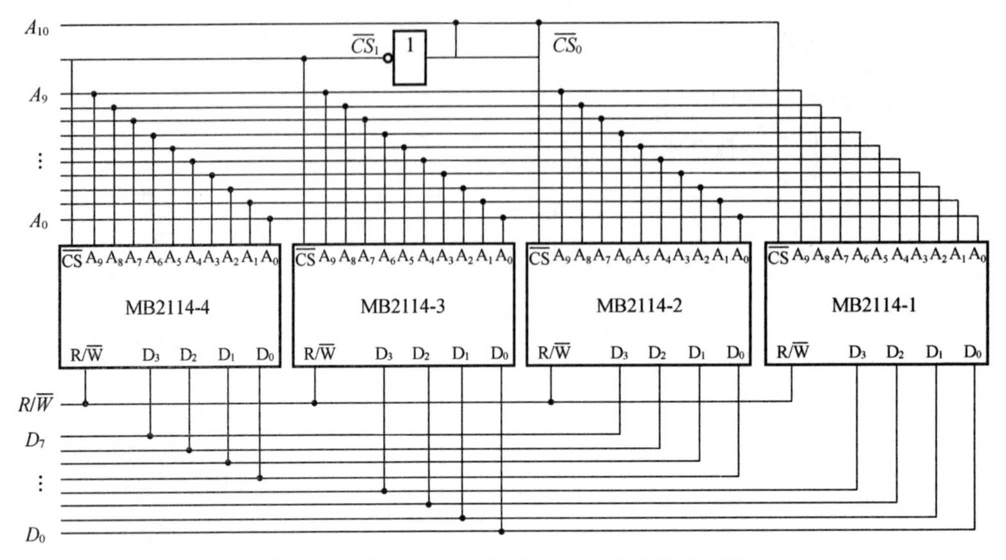

图 2.9.9　用 MB2114 构成 2 K×8 的数据存储器

2.9.5　实验报告

(1) 详细描述设计过程,画出实验电路图。

(2) 分析实验过程中遇到的问题,总结实验的收获和体会。

2.9.6　思考题

(1) 触发器、寄存器和存储器(SRAM)的区别和联系是什么?

(2) 试分析 74LS04、74LS126 和 74LS163 在实验内容 1 电路中的作用。

(3) 实验内容 1 中,如果需要访问单元 300H—3F0H 中的内容,应怎样组织地址信息?

(4) 结合图 2.9.6 进一步理解时序的概念。

(5) 参考图 2.9.5,说明地址锁存和双向数据总线是如何实现的。

实验 10　555 定时器及其应用

2.10.1　实验目的

(1) 了解 555 定时器的结构和工作原理。

(2) 学习用 555 定时器组成几种常用的脉冲发生器。

(3) 熟悉用示波器测量 555 定时器电路的脉冲幅度、周期和脉宽的方法。

2.10.2　实验电路和原理

555 定时器是一种模拟和数字电路相混合的集成电路,广泛应用于模拟和数字电路中。它的结构简单,性能可靠,使用灵活,外接少量阻容元件,即可组成多种波形发生器、多谐振荡器、定时延迟电路、报警、检测、自控及家用电器电路。

1) 555 定时器的方框图及封装形式

表 2.10.1 为 555 定时器引脚功能说明。

表 2.10.1 555 定时器引脚功能

引脚 1	引脚 2	引脚 3	引脚 4	引脚 5	引脚 6	引脚 7	引脚 8
GND	$\overline{TR}$	OUT	$\overline{R_d}$	CO	TH	D	V_{CC}
地	低触发端	输出端	清零端	控制电压	高触发端	放电端	电源

图 2.10.1 为 555 定时器内部原理框图。

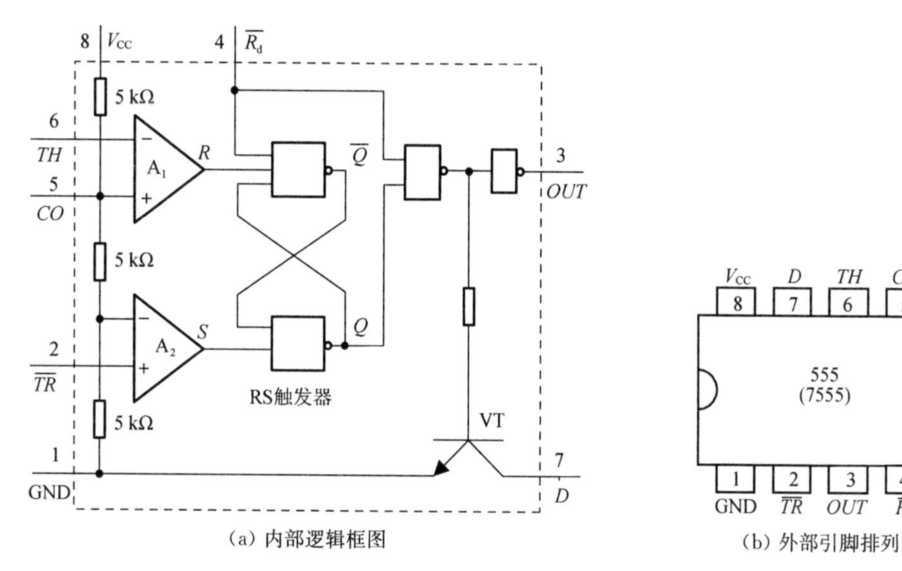

(a) 内部逻辑框图 (b) 外部引脚排列

图 2.10.1 555 定时器原理框图

2) 555 定时器的工作原理

如图 2.10.1 所示，555 定时器内部有 2 个电压比较器 A_1、A_2，1 个基本 RS 触发器，1 个放电三极管 VT 和 1 个非门输出。3 个 5 kΩ 电阻组成的分压器使 2 个电压比较器构成一个电平触发器，高电平触发值为 $2V_{CC}/3$（即比较器 A_1 的参考电压为 $2V_{CC}/3$），低电平触发值为 $V_{CC}/3$（即比较器 A_2 的参考电压为 $V_{CC}/3$）。

引脚 5 控制端外接一个控制电压，可以改变高、低电平触发电平值。

由 2 个与非门组成的 RS 触发器需用低电平信号触发，因此，加到比较器 A_1 反相端引脚 6 的触发信号，只有当电位高于同相端引脚 5 的电位 $2V_{CC}/3$ 时，RS 触发器才能翻转；而加到比较器 A_2 同相端引脚 2 的触发信号，只有当电位低于 A_2 反相端的电位 $V_{CC}/3$ 时，RS 触发器才能翻转。通过分析，可得出表 2.10.2 所示的功能表。

表 2.10.2 555 定时器各输入、输出功能(真值)表

引脚 2	引脚 6	引脚 4	引脚 3	引脚 7
$\overline{TR}$	TH	$\overline{R_d}$	OUT	D
低电平触发端	高电平触发端	清零(复位)端	输出端	放电端

续表 2.10.2

引脚 2	引脚 6	引脚 4	引脚 3	引脚 7
$\leqslant\frac{1}{3}V_{CC}$	*	1	1	截止
$\geqslant\frac{1}{3}V_{CC}$	$\geqslant\frac{2}{3}V_{CC}$	1	0	导通
$\geqslant\frac{1}{3}V_{CC}$	$\leqslant\frac{2}{3}V_{CC}$	1	保持(原态)	保持(原态)
*	*	0	0	导通

注:* 表示任意电平。

3) 555 定时器主要参数

555 定时器主要参数如表 2.10.3 所示。

表 2.10.3 555 定时器主要参数

参数名称	符 号	参数值
电源电压	V_{CC}	5～18 V
静态电流	I_Q	10 mA
定时精度		1%
触发电流	I_{TR}	1 μA
复位电流	I_{Rd}	100 μA
阈值电流	I_{TH}	0.25 μA
放电电流	I_D	200 mA
输出电流	I_o	200 mA
最高工作频率	f_{max}	500 kHz

4) 555 定时器构成的三类基本电路

(1) 555 型多谐振荡器

555 定时器构成的多谐振荡器基本电路和波形如图 2.10.2 所示。

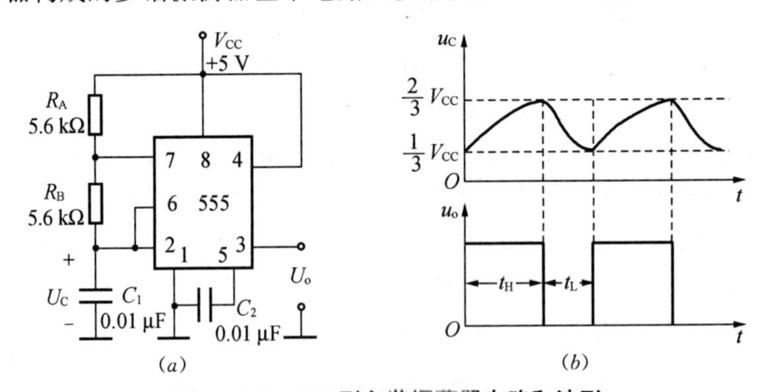

图 2.10.2 555 型多谐振荡器电路和波形

① 工作原理

接通电源后,V_{CC} 经 R_A、R_B 向电容 C 充电;当充电到$\geqslant 2V_{CC}/3$ 时,由输入、输出功能表 2.10.2 可知,555 定时器输出端为低电平,同时放电管导通,电容 C 经电阻 R_B 和 555 定时器的引脚 7 到地放电。当电容 C 放电到 $\leqslant V_{CC}/3$ 时，由 555 定时器输入、输出功能表 2.10.2 可知，555 定时器输出端为高电平，同时放电管截止，放电端引脚 7 相当于开路，V_{CC} 又经 R_A、R_B 向电容 C 充电。

以上就是电容 C 的充放电过程，两个过程不断循环重复，得到多谐振荡器的振荡波形。

② 振荡频率

由 RC 充放电过程，可求出多谐振荡器的振荡频率：

$$f=\frac{1}{T}=\frac{1}{T_H+T_L}=\frac{1.44}{(R_A+2R_B)C}$$

$$T_H\approx 0.7(R_A+R_B)C$$

$$T_L\approx 0.7R_BC$$

③ 占空比

多谐振荡器的占空比为：

$$q=\frac{T_H}{T_H+T_L}=\frac{R_A+R_B}{R_A+2R_B}$$

当 $R_B\gg R_A$，占空比近似为 50%。

(2) 555 型单稳态触发器

555 定时器构成的单稳态触发器基本电路和波形如图 2.10.3 所示。

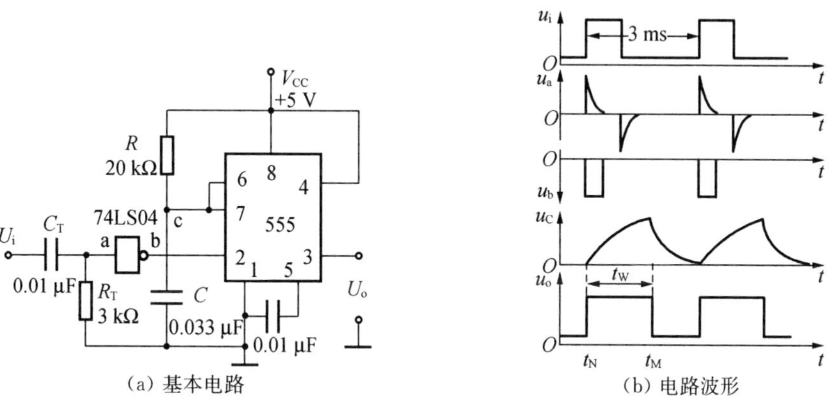

图 2.10.3 555 型单稳态触发器电路和波形

① 工作原理

输入信号 U_i 为矩形脉冲，经 C_T、R_T 构成的微分电路得到 U_a 微分波形，经反相器后的 U_b 负脉冲作为单稳态触发器的触发脉冲，U_C 为电容器充放电波形，U_o 为输出矩形脉冲。

接通电路后，当 $t=t_N$ 时，输入信号 U_b 使引脚 2 的电位 $\leqslant V_{CC}/3$，此时 A_2 输出高电位，555 定时器的输出端由低电位突变为高电位，555 定时器的引脚 7 相当于开路，电源经电阻 R 向电容 C 充电，直到 $U_C\geqslant 2V_{CC}/3$ 时，输出 U_o 又突变到低电位，这时引脚 7 相当于短路，U_C 迅速放电到 0。

② 暂态时间 t_W（称为迟延或定时时间）的计算

电容 C 上的电压 U_C 由 0 充电到 $2V_{CC}/3$ 的时间内，555 定时器引脚 3 处于高电位，这段时间为暂态时间 t_W。由 RC 充电的一般公式可得：

$$t_W=RC\ln 3\approx 1.1RC$$

选择合适的 R 和 C 值，t_W 的范围可从几微秒到几小时。利用这一特性，图 2.10.3 所示单稳态触发器电路可以作为性能良好的迟延器或定时器，即当 $t=t_M$ 时，555 定时器的输出 U_o 由高电位突变为低电位，对下一级负载相当于输出一个负向脉冲，这个负向脉冲出现的时间比 $t=t_N$ 滞后了时间 t_W。

通常定时电阻 R 取值范围为：$\frac{V_{CC}}{5\ mA} \leqslant R \leqslant \frac{V_{CC}}{5\ \mu A}$，即受电路中最大、最小电流的限制。定时电容 C 的最小值应大于分布电容，即 $C_{min} \geqslant 100$ pF，以保证定时稳定。

(3) 555 型施密特触发器

555 定时器构成的施密特触发器基本电路和波形如图 2.10.4 所示。

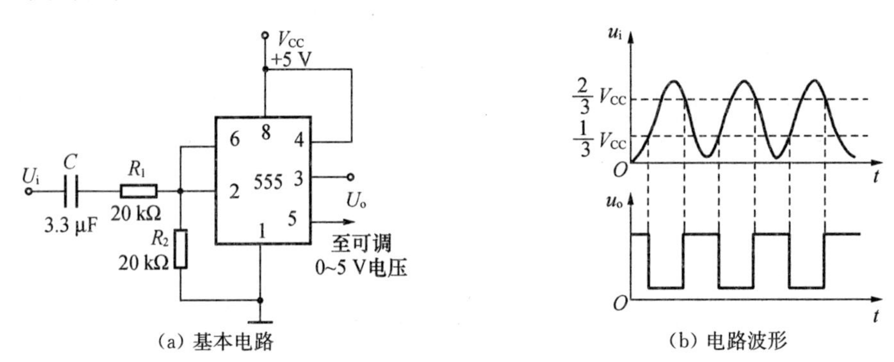

(a) 基本电路　　(b) 电路波形

图 2.10.4　555 型施密特触发器

① 工作原理

图 2.10.4(a)中引脚 5 控制端加一可调直流电压 U_{CO}，其大小可改变 555 定时器比较器的参考电压，U_{CO} 越大，参考电压值越大，输出波形宽度越宽。

C 和 R_1、R_2 构成的输入电路为耦合分压器，对输入幅度大的正弦波信号进行分压。

② 回差电压

施密特电路可方便地把正弦波、三角波变换成方波。该电路的回差电压为：

$$\Delta U_T = U_{T+} - U_{T-} = \frac{2}{3}V_{CC} - \frac{1}{3}V_{CC} = \frac{1}{3}V_{CC}$$

2.10.3　实验仪器

(1) 双踪示波器　　1 台

(2) 函数信号发生器　　1 台

(3) 交流毫伏表　　1 台

(4) 实验台　　1 台

2.10.4　实验内容

1) 555 定时器应用之一：多谐振荡器电路

实验电路如图 2.10.2 所示。用 555 定时器构成多谐振荡器电路，R_A、R_B、C_1 为外接元件。分别改变几组参数 R_B、C_1，观察其输出波形，并将测量值与计算值记入表 2.10.4 中，对其误差进行分析。

表 2.10.4　测量、计算结果

参数		测量值		计算值	
$R_B/k\Omega$	$C_1/\mu F$	U_o	T	U_o	T
3	0.01				
3	0.1				
15	0.1				

2) 555 定时器应用之二:彩灯控制电路

实验电路如图 2.10.5 所示。用 555 定时器构成多谐振荡器,其输出端外接电磁继电器。图中,R_A、R_B、C_1、VD 为外接元件,C_2 为高频滤波电容,以保持基准电压 $2V_{CC}/3$ 的稳定,一般取 0.01 μF。

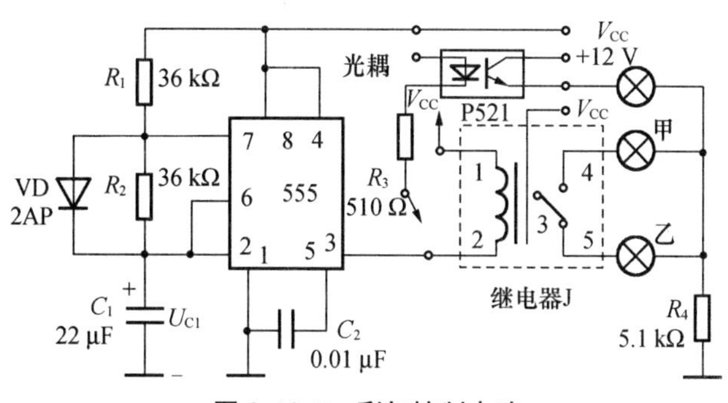

图 2.10.5　彩灯控制电路

接入二极管 VD,可使电路的充、放电时间常数 $R_AC_1 \approx R_BC_1$,产生占空系数约为 50% 的矩形波,通过调整外接元器件,可改变振荡器的振荡频率和输出波形的占空比。

要求通过调整,彩灯交替闪烁的时间间隔均匀地为 1 s 左右。光电耦合器件(P521)可传输 555 定时器输出的彩灯控制信号。

3) 555 定时器应用之三:救护车警报器电路

实验电路如图 2.10.6 所示。救护车警报器电路由 2 个矩形波发生器电路构成,555 定时器①的振荡频率 $f_1 \approx 1$ Hz,555 定时器②的振荡频率 $f_2 \approx 1$ kHz。接入电容 C_3 可改变救护车警报器的报警声音。

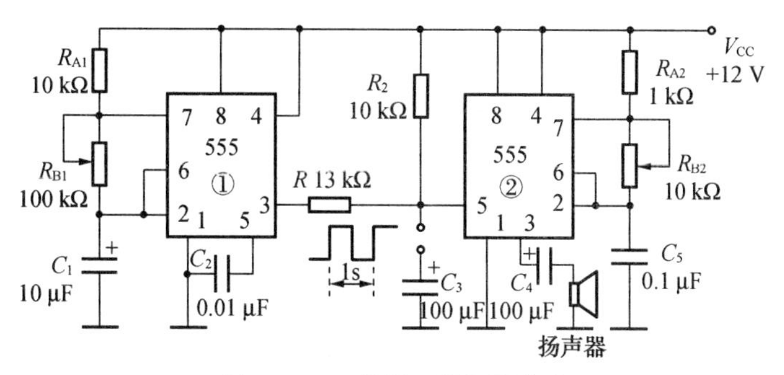

图 2.10.6　救护车警报器电路

要求通过调整,使救护车警报器发出报警声音“滴…嘟…”,且音调逼真。

4) 555 定时器应用之四:单稳态触发器电路

实验电路如图 2.10.7 所示。

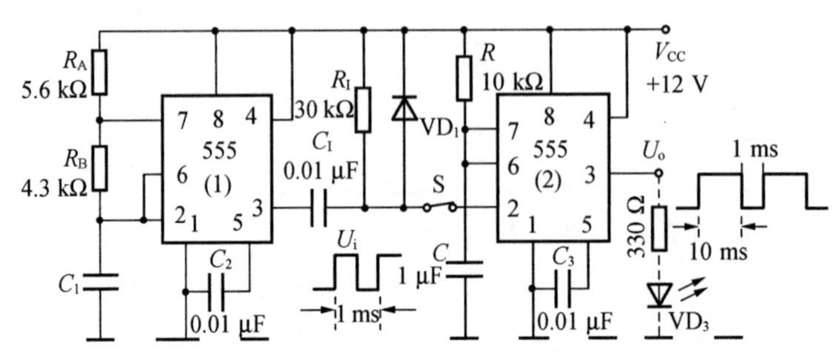

图 2.10.7　单稳态触发器电路

(1) 电路说明

单稳态输入触发信号 u_i 由 555(1)矩形波产生器提供,其重复频率为 1 kHz,555(2)组成单稳态触发器。

(2) 555 单稳态触发器作为触摸开关

将 555(2)输入端的开关 S 断开,其引脚 2 接一金属片或一根导线,当用手触摸该导线时,相当于引脚 2 输入一负脉冲,使输出变为高电平"1",发光二极管亮,发光时间为:$t_W \approx 1.1RC$。

(3) 555 单稳态触发器作为分频电路

555(1)提供的输入触发信号为一列脉冲串,如图 2.10.8 所示,当第 1 个负脉冲触发 555(2)的引脚 2 后,555(2)的引脚 3 输出 U_o 为高电平,定时电容 C 开始充电,如果 $RC \gg T_i$,由于 U_C 未达到 $2V_{CC}/3$,U_o 将一直保持为高电平,555 内部放电三极管截止,这段时间内,输入负脉冲不起作用。当 U_C 达到 $2V_{CC}/3$ 时,输出 U_o 将很快变为低电平,下一个负脉冲来到,输出又上跳为高电平,电容 C 又开始充电,如此周而复始。

输出脉冲周期为 $T_o = NT_i$;分频系数 N 主要由延迟时间 t_W 决定,由于 RC 时间常数可以取得很大,故可获得很大的分频系数。

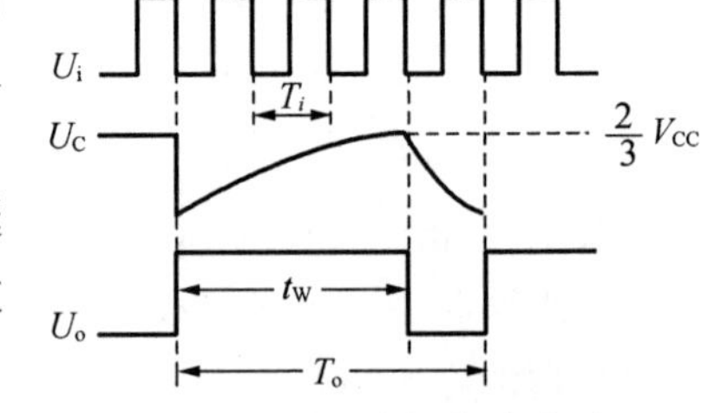

图 2.10.8　分频电路波形

(4) 实验要求

要求输出脉冲宽度为 10 ms,脉冲宽度计算公式为:$t_W \approx 1.1RC$,通过实验测量、验证;如果要求输出脉冲宽度为 2 s,确定定时元件值,并通过 555(2)输出端串接发光二极管电路,实验验证触发后的单稳态时间。

2.10.5　预习要求

(1) 预习教材或参考书中有关 555 定时电路部分的内容;

(2) 阅读实验教材,了解实验目的、内容、步骤及要求;

(3) 学习有关 555 定时器的使用方法和使用注意事项。

2.10.6 思考题

(1) 555定时器构成的振荡器其振荡周期和占空比的改变与哪些因素有关?若只需改变周期而不改变占空比应调整什么元件参数?

(2) 555定时器构成的单稳态触发器,输出脉冲宽度和周期由什么因素决定?

(3) 555定时器引脚5所接电容起什么作用?

(4) 设计一个由555定时器构成的实用电路。

2.10.7 实验报告

(1) 画出实验电路图,标出各引脚和元件值。

(2) 画出电路波形图,标出幅度和时间。

(3) 对测量结果进行讨论和误差分析。

(4) 总结555定时器的使用方法和注意事项。

(5) 回答思考题。

实验11 A/D转换器和D/A转换器

2.11.1 实验目的

熟悉典型模/数转换器ADC0809和数/模转换器DAC0832的转换性能和使用方法。

2.11.2 实验设备

(1) 万用表 1块

(2) 直流稳压电源 1台

(3) 函数信号发生器 1台

(4) 数字示波器 1台

(5) 实验台 1台

(6) ADC0809、DAC0832、LM324等 各1只

2.11.3 实验原理

A/D和D/A转换器是联系数字系统和模拟系统的桥梁。A/D转换器将模拟系统的电压或电流转换成数值上与之成比例的二进制数,供数字设备或计算机使用;D/A转换器将数字系统输出的数字量转换成相应的模拟电压或电流,用以控制设备。

A/D和D/A转换器的种类繁多,其结构和工作原理也不尽相同,关于这方面的内容请参阅有关理论书和器件手册,本实验介绍典型的A/D转换器ADC0809和D/A转换器DAC0832。

1）A/D 转换器 ADC0809

ADC0809 是以逐次逼近法作为转换技术的 CMOS 型 8 位单片模拟/数字转换器件。它由 8 路模拟开关、8 位 A/D 转换器和三态输出锁存缓冲器三部分组成，并有与微处理器兼容的控制逻辑，可直接和微处理器接口。其内部逻辑框图见图 2. 11. 1，外引线排列图如图 2. 11. 2 所示。该器件性能详细电特性请查阅器件手册。

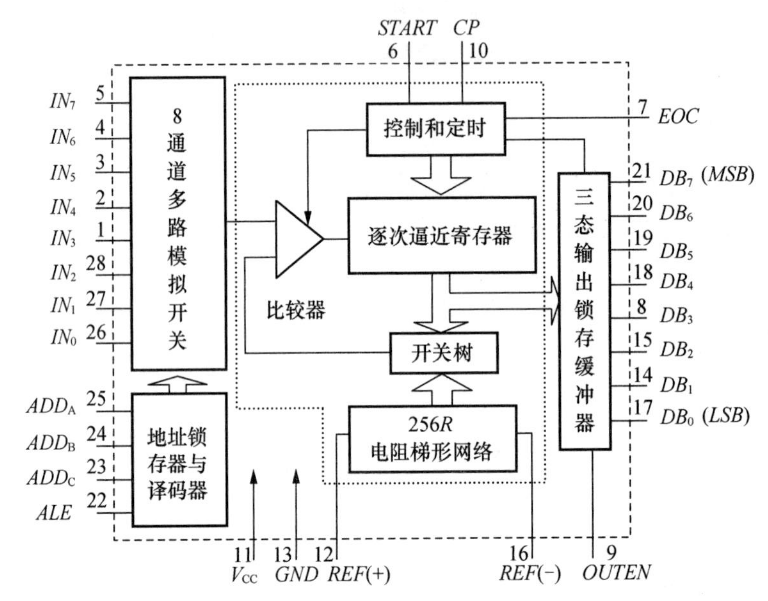

图 2. 11. 1　ADC0809 的逻辑框图

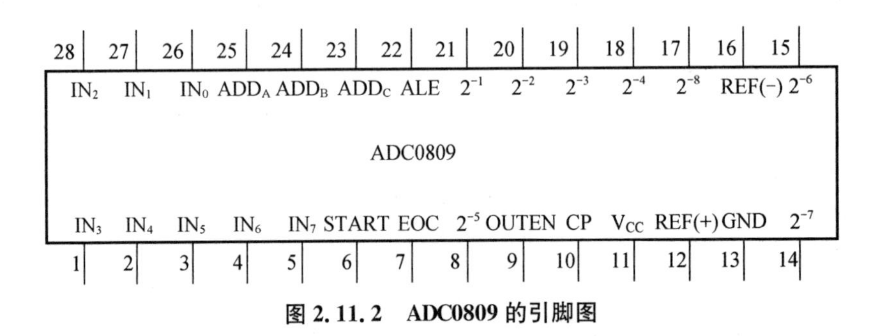

图 2. 11. 2　ADC0809 的引脚图

（1）分辨率为 8 位；

（2）总的不可调误差为$\pm LSB/2$ 和$\pm LSB$；

（3）无失码；

（4）转换时间为 100 μs（CP＝640 kHz）；

（5）＋5 V 单电源供电，此时模拟输入范围为 0～5 V；

（6）具有锁存控制的 8 通道多路模拟开关；

（7）输出与 TTL 兼容；

（8）无须进行零位和满量程调整；

（9）器件功耗低，仅 15 mW；

(10) 可锁存三态输出；

(11) 温度范围为−40 ℃～+85 ℃。

功能说明：

(1) 多路开关：具有锁存控制的8路模拟开关可选通8路模拟输入中的任何一路模拟信号，送至A/D转换器，转换成8位数字量输出。送入地址锁存与译码器的三位地址码ADD_C、ADD_B、ADD_A与选通的模拟通道的对应关系如表2.11.1所示。

表2.11.1 模拟信号选通对应关系表

地址			被选通的模拟信号
ADD_C	ADD_B	ADD_A	
L	L	L	IN_0
L	L	H	IN_1
L	H	L	IN_2
L	H	H	IN_3
H	L	L	IN_4
H	L	H	IN_5
H	H	L	IN_6
H	H	H	IN_7

(2) 8位A/D转换器：它是ADC0809的核心部分，它采用逐次逼近转换技术，并需要外接时钟。8位A/D转换器包括一个比较器、一个带有树状模拟开关的256R电阻分压器、一个8位逐次逼近寄存器(SAR)及必要的时序控制电路。

比较器是8位A/D转换器的重要部分，它最终决定整个转换器的精度。在ADC0809中，采用削波式比较器电路，它首先把输入信号转换为交流信号，经高增益交流放大器放大后，再恢复成直流电平信号，其目的是克服漂移的影响，这大大提高了转换器的精度。

带有树状模拟开关的256R电阻分压器的电路如图2.11.3所示，其作用是将8位逐次逼近寄存器中的8位数字量转换成模拟输出电压送至比较器，与外加的模拟输入电压(经取样/保持的)进行比较。

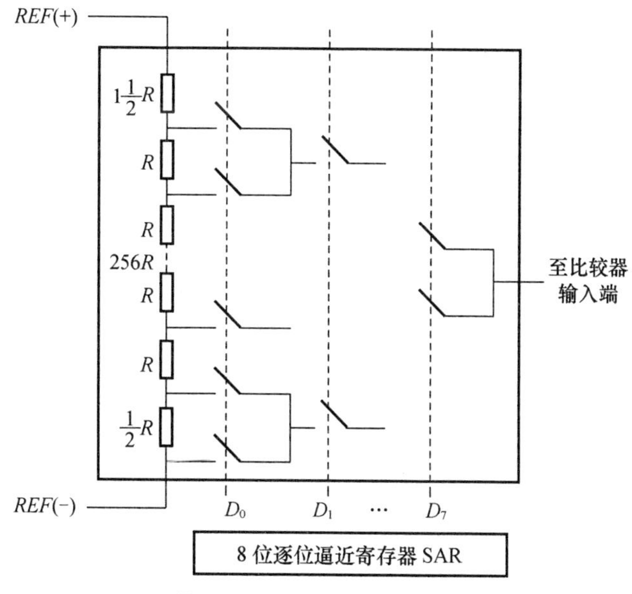

图2.11.3 256R电阻分压器

(3) ADC0809的时序波形图如图2.11.4所示，各引出端的功能见表2.11.2。

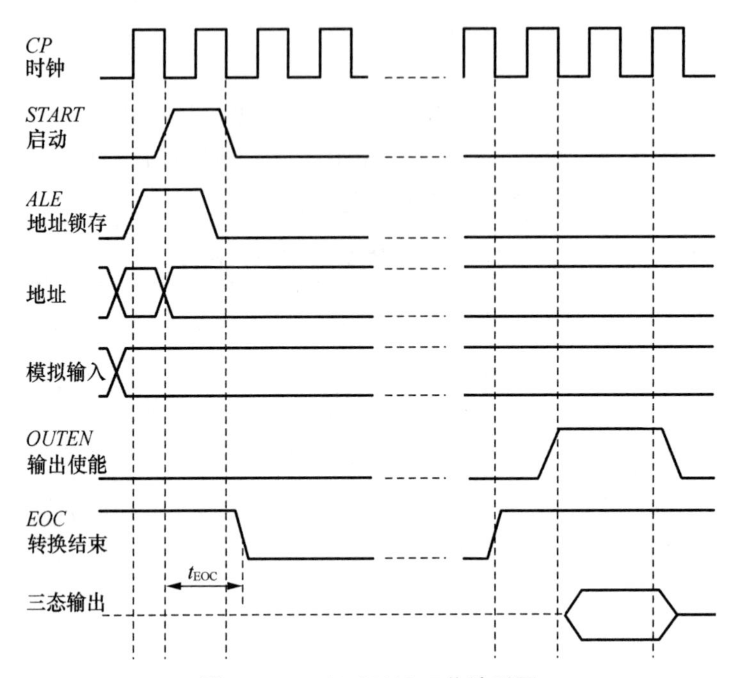

图 2.11.4　ADC0809 工作波形图

表 2.11.2　ADC0809 引出端功能表

端　名	功　能
$IN_0 \sim IN_7$	8 路模拟量输入端
ADD_C、ADD_B、ADD_A	地址输入端
ALE	地址锁存输入端，ALE 上升沿时，输入地址码
V_{CC}	+5 V 单电源供电
$REF(+)REF(-)$	参考电压输入端
$OUTEN$	输出使能，$OUTEN=1$，变换结果从 $DB_7 \sim DB_0(2^{-1} \sim 2^{-8})$输出
$DB_7 \sim DB_0(2^{-1} \sim 2^{-8})$	8 位 A/D 变换结果输出端，DB_7 为 MSB、DB_0 为 LSB
CP	时钟信号输入(640 kHz)
$START$	启动信号输入端，在正脉冲作用下，当↑边沿到达时内部逐次逼近寄存器(SAR)复位，在↓边沿到达后，即开始转换
EOC	转换结束(中断)输出，$EOC=0$ 表示在转换，$EOC=1$ 表示转换结束。$START$ 与 EOC 连接实现连续转换，EOC 的上升沿就是 $START$ 的上升沿，EOC 的下降沿必须滞后上升沿 8 个时钟脉冲+2 μs 时间(称 t_{EOC})后才能出现。系统第一次转换必须加一个启动信号

在 ADC0809 的典型应用中，ADC0809 与微处理器之间的连接关系如图 2.11.5 所示。

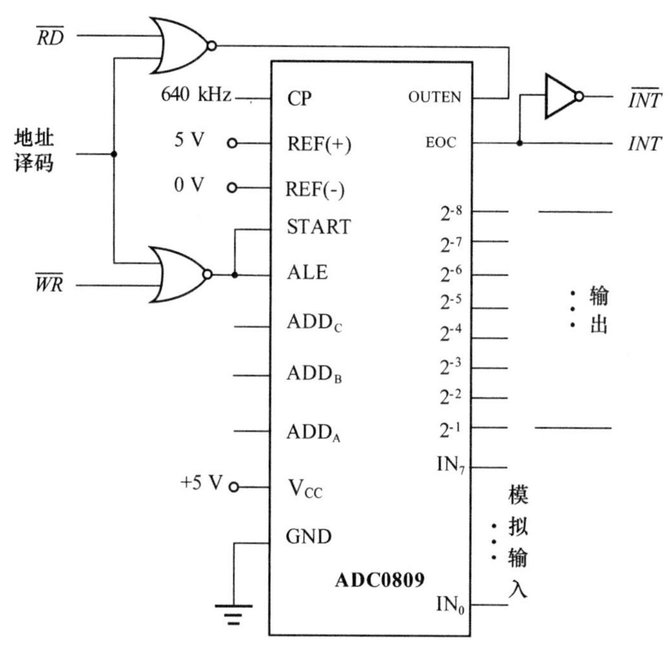

图 2.11.5　ADC0809 典型应用逻辑框图

2）D/A 转换器 DAC0832

DAC0832 是用先进的 CMOS/S_i-C_r 工艺制成的单片 8 位数/模转换器。它由 8 位输入寄存器，8 位 DAC 寄存器，8 位 D/A 转换器以及与微处理器兼容的控制逻辑等组成。DAC0832 专用于直接和 8080、8085、Z80 及其他常见的微处理器接口相连。内部逻辑框图如图 2.11.6 所示，外引线排列图如图 2.11.7，典型接线图如图 2.11.8，表 2.11.3 为其引出端功能表。

表 2.11.3　DAC0832 各引出端功能表

引脚名	功　能
$\overline{CS}$	片选端（低电平有效），$\overline{CS}$与 ILE 结合使能$\overline{WR}_1$
ILE	输入锁存使能端，ILE 与$\overline{CS}$结合使能$\overline{WR}_1$
$\overline{WR}_1$	写入 1，将 DI 端数据送入输入寄存器
$\overline{WR}_2$	写入 2，将输入寄存器中的数据转移到 DAC 寄存器
$\overline{XFER}$	转移控制信号，$\overline{XFER}$使能$\overline{WR}_2$
$DI_7 \sim DI_0$	8 位数据输入，其中 DI_7 为 MSB，DI_0 为 LSB
I_{OUT1}	DAC 电流输出 1，当 DAC 寄存器数字码为全 1 时，I_{OUT1}输出最大；为全 0 时，$I_{OUT1}=0$
I_{OUT2}	DAC 电流输出 2，$I_{OUT1}+I_{OUT2}=$常量（对应于一个固定基准电压时的满量程电流值）
R_{fb}(15 kΩ)	反馈电阻，为 DAC 提供输出电压，并作为运放分流反馈电阻，它在芯片内与 R-2 梯形网络匹配
U_{REF}	基准电压输入，选择范围－10 V～＋10 V
V_{CC}	电源电压，＋5 V～＋15 V，以＋15 V 时工作最佳
$AGND$	模拟地（模拟电路部分的地），始终与 $DGND$ 相连
$DGND$	数字地（数字逻辑电路的地）

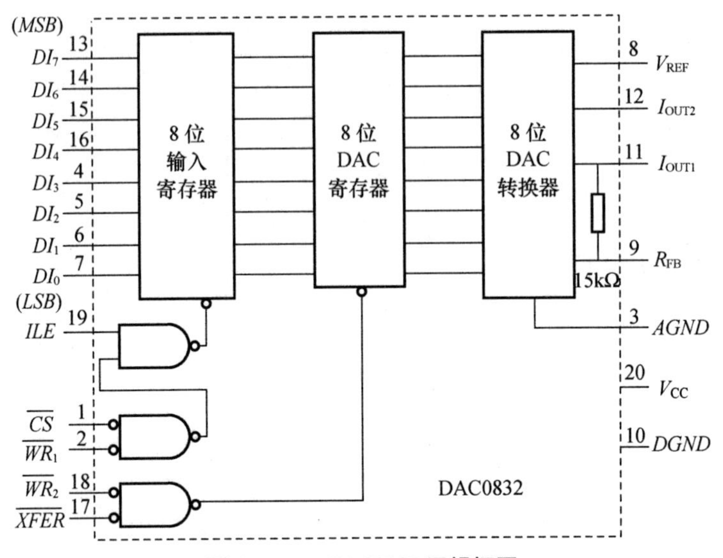

图 2.11.6　DAC0832 逻辑框图

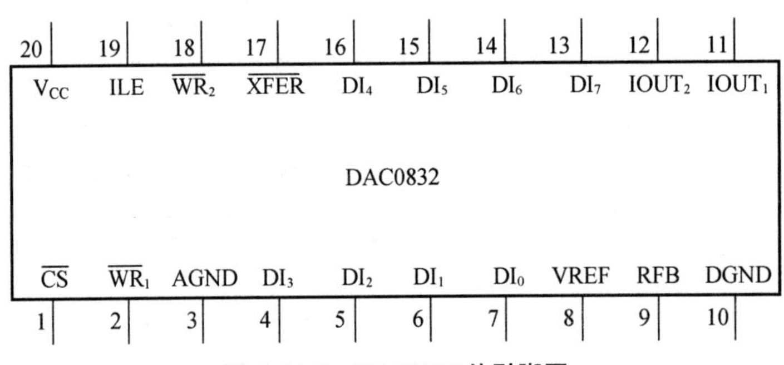

图 2.11.7　DAC0832 外引脚图

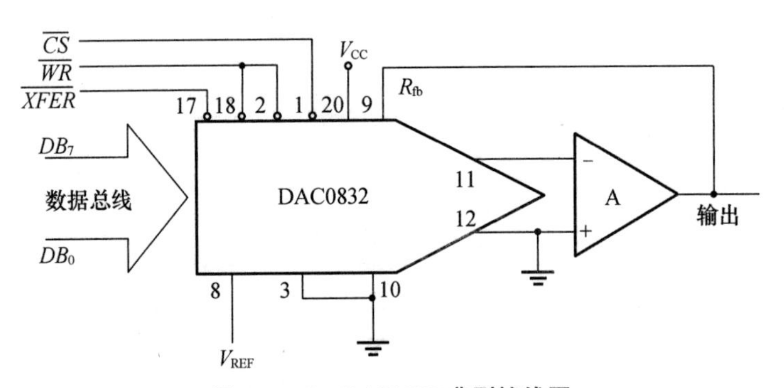

图 2.11.8　DAC0832 典型接线图

其主要特性为(详细电特性请查阅器件手册)：

(1) 只需在满量程下调整其线性度；

(2) 可与通用微处理器直接相连；

(3) 需要时可单独使用；

(4) 可双缓冲、单缓冲或直通数据输入；

(5) 每输入字为 8 位；

(6) 逻辑电平输入与 TTL 兼容；

(7) 电流建立时间 1 μs；

(8) 功耗 20 mW；

(9) 单电源供电 5～15 V；

(10) 增益温度补偿 0.002%FS/℃。

工作原理：

DAC0832 采用 R-2R 电阻网络实现 D/A 转换。网络是由 S_i-C_r 薄膜工艺形成，因而，即使在电源电压 $V_{CC}=+5$ V 的情况下，参考电压 U_{REF} 仍可在 −10 V～+10 V 范围内工作。DAC0832 的电阻网络与外接的求和放大器的连接关系如图 2.11.9 所示。

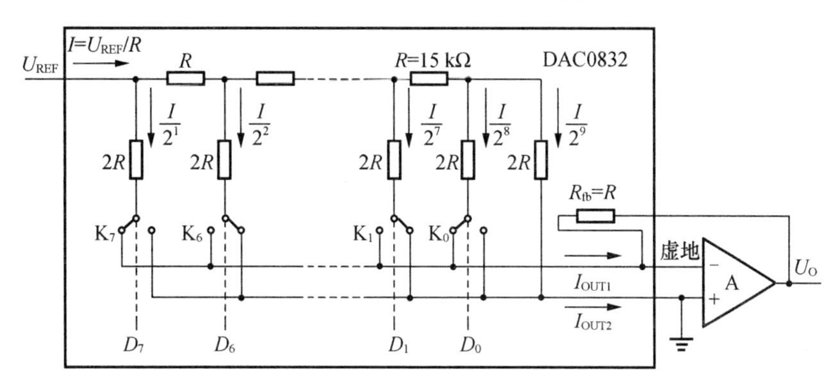

图 2.11.9 DAC0832 中的 D/A 转换电路

由图 2.11.9 可以计算出流经参考电源的电流：

$$I=U_{REF}/R$$

此电流每流经一个节点，即按 1/2 的关系分流，各支路的电流已在图中标出。得：

$$I_{OUT1}=\frac{I}{2^8}\sum_{i=0}^{7}D_i\times 2^i\text{；}\ I_{OUT2}=\frac{I}{2^8}\sum_{i=0}^{7}\overline{D}_i\times 2^i$$

$$I_{OUT1}+I_{OUT2}=I=U_{REF}/R=\text{常数}$$

故

$$U_O=-I_{OUT1}\times R_{fb}(\text{通常 } R_{fb}=R)$$

则有：

$$U_O=-\frac{1}{2^8}V_{REF}\sum_{i=0}^{7}D_i\times 2^i$$

可见，输出电压数值上与参考电压的绝对值成正比，与输入的数字量成正比；其极性总是与参考电压的极性相反。

在图 2.11.9 的基础上再增加一级集成运放，如图 2.11.10 所示，便构成双极性电压输出。这种接法的效果是把数字量的最高位变成了符号位。在双极性工作方式下，参考电压也可以改变极性，这样便实现了完整的 4 象限乘积输出。

将不同的输入数码代入上式，可求得 U_{OUT} 的值如表 2.11.4 所示。

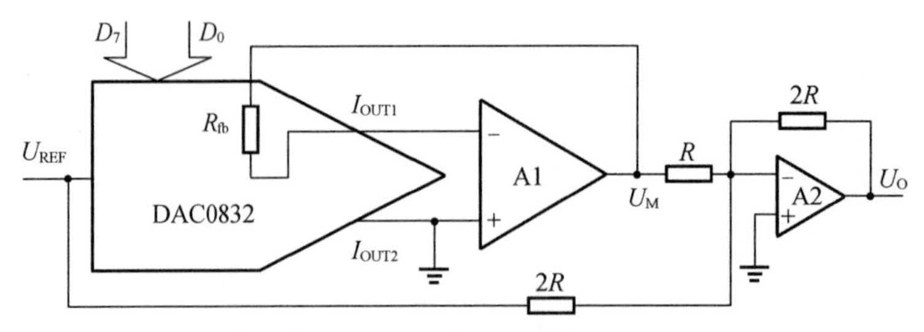

图 2.11.10　DAC0832 的双极型工作方式

表 2.11.4　理想 U_{OUT} 值表

输入数码								理想输出 U_{OUT}	
D_7	D_6	D_5	D_4	D_3	D_2	D_1	D_0	$+U_{REF}$	$-U_{REF}$
1	1	1	1	1	1	1	1	$U_{REF}-U_{LSB}$	$-\|U_{REF}\|+U_{LSB}$
1	1	0	0	0	0	0	0	$U_{REF}/2$	$-\|U_{REF}\|/2$
1	0	0	0	0	0	0	0	0	0
0	1	1	1	1	1	1	1	$-U_{LSB}$	$+U_{LSB}$
0	0	1	1	1	1	1	1	$-\|U_{REF}\|/2-U_{LSB}$	$\|U_{REF}\|/2-U_{LSB}$
0	0	0	0	0	0	0	0	$-U_{REF}$	$+\|U_{REF}\|$

工作方式：

由图 2.11.6 可见，DAC0832 内部有两个寄存器：8 位输入寄存器和 8 位 DAC 寄存器。因此其工作方式可能有三种：双缓冲工作方式、单缓冲工作方式和直通工作方式。

(1) 双缓冲工作方式

双缓冲工作方式可以在输出的同时，采集下一个数据字，以提高转换速度。而且在多个转换器同时工作时，能同时选出模拟量。采用双缓冲方式，必须要进行以下两步写操作：第一步写操作把数据写入 8 位/输入寄存器；第二步写操作把 8 位输入寄存器的内容写入 8 位 DAC 寄存器。因此，在一个以微处理器为核心构成的系统中，需要有两个地址译码：一个是片选$\overline{CS}$，另一个是传送控制$\overline{XFER}$。微处理器与采用双缓冲工作方式的多片 DAC0832 的连接方法见图 2.11.11。

(2) 单缓冲工作方式

采用单缓冲工作方式，可得到较大的 DAC 吞吐量。此时，两个寄存器之一始终处于直通的状态，而另一个寄存器处于受控锁存器状态。

(3) 直通工作方式

虽然 DAC0832 是为微机系统设计的，但亦可接成完全直通的工作方式。此时，$\overline{CS}$、$\overline{WR}_1$、$\overline{WR}_2$ 和 $\overline{XFER}$固定接地，ILE 固定接高电平。直通工作方式可用于连续反馈控制环路中，此时由一个二进制可逆计数器来驱动，还可用在功能发生器电路中，这时可通过一个 ROM 连续地向 DAC0832 提供 DAC 数据。

注意：

① 由于 DAC0832 由 CMOS 工艺制成，故要防止静电荷引起的损坏，所有未用的数字量输入端应与 V_{CC}或地短接，如果悬空，DAC 将识别为“1”；

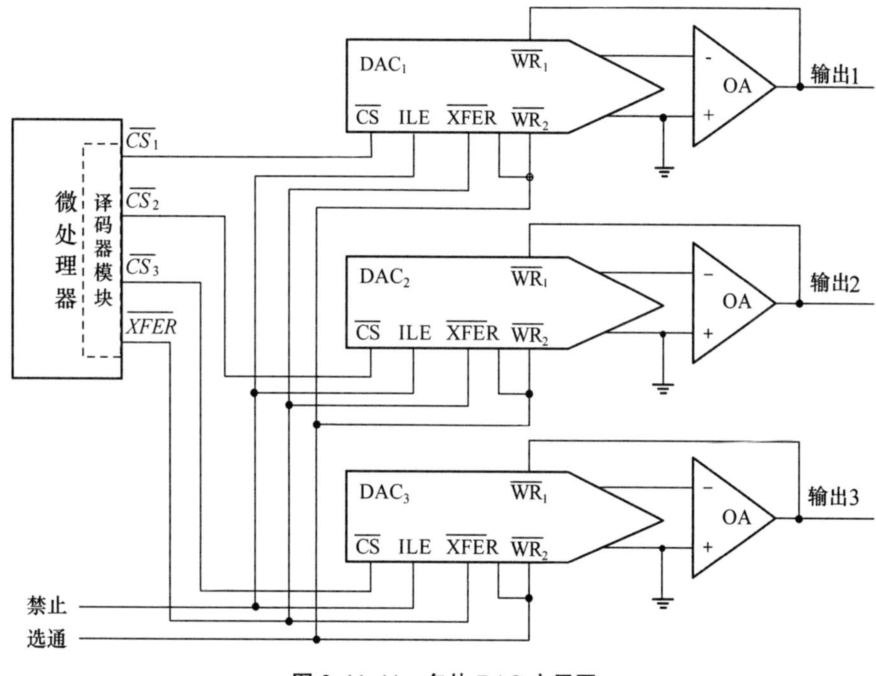

图 2.11.11 多片 DAC 应用图

② 当用 DAC0832 与任何微处理器接口连接时，有两个很重要的时序关系要处理好。一是最小的$\overline{WR}$选通脉冲宽度，一般不应小于 500 ns，但若 V_{CC}=15 V，也可小至 100 ns。二是保持数据有效时间不应小于 90 ns，否则将锁存错误数据，其关系如图 2.11.12 所示。

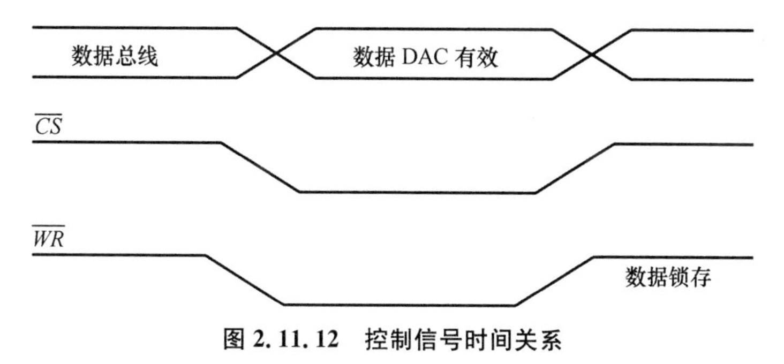

图 2.11.12 控制信号时间关系

2.11.4 实验内容

(1) A/D 转换器 ADC0809 的功能测试(题中 K_0、K_1、K_2、K_3 为逻辑开关)。

① 按图 2.11.13 接线，并检查各路电源。

② 将 K_1、K_2、K_3 置为“0”，即将 0 通道选通，将 K_0 置“0”，即输出不使能。

③ 调整电位器 W，使该通道输入电平为 0 V。

④ 按下“P_+”使其输出一个正脉冲，一方面通过 ALE 将转换通道地址锁入 ADC 芯片；另一方面发出启动信号(START)使 ADC 自动进行转换，转换结束后 EOC 输出逻辑 1。

⑤ 将 K_0 置“1”，使 OUTEN(输出允许，高电平有效)为“1”，则可在输出端读出相应转换的数码 00000000。

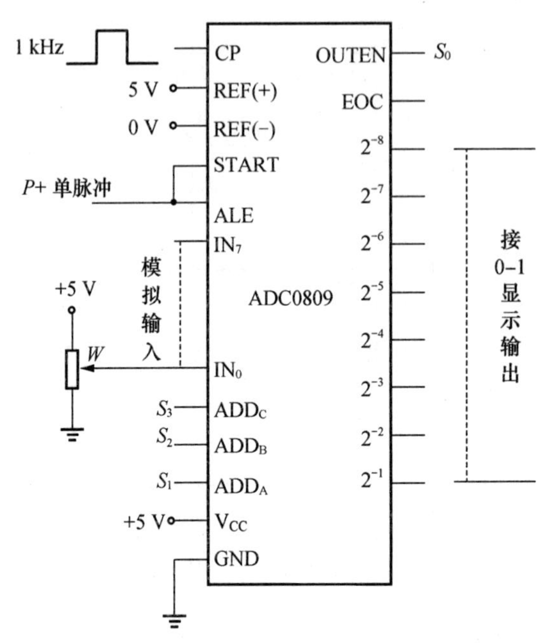

图 2.11.13　A/D 转换实验接线图

⑥ 调整 W,依次使输入电平为 1 V、2 V、3 V、4 V、5 V 重复上面步骤(4)～(5),并将输出的数码填入表 2.11.5 中。

表 2.11.5　A/D 变换结果

输入模拟电压/V	输出 8 位数码							
	DB_7	DB_6	DB_5	DB_4	DB_3	DB_2	DB_1	DB_0
0								
1								
2								
3								
4								
5								

⑦ 扳动 K_3、K_2、K_1 改变输入通道,重复步骤(3)～(6)。

(2) D/A 转换器 DAC0832 的功能测试。

① 按图 2.11.14 接线,并检查各路电源。注意:应将实验箱±5 V 和±(10～15) V 的地线连在一起。

② 按表改变输入的数字量,用万用表测量输出的模拟电压 U_o 并记入表 2.11.6 中。

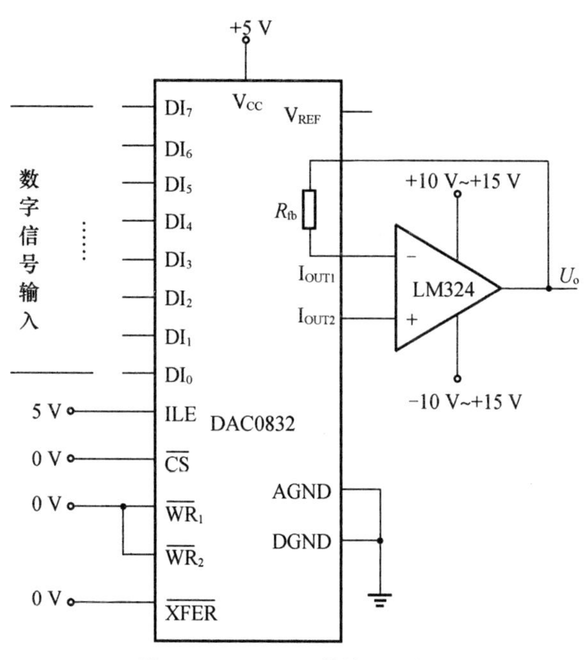

图 2.11.14　D/A 转换实验接线

表 2.11.6　D/A 变换结果

输入数字量								输出模拟电压 U_o /V
DI_7	DI_6	DI_5	DI_4	DI_3	DI_2	DI_1	DI_0	
0	0	0	0	0	0	0	0	0
0	0	0	0	0	0	0	1	
0	0	0	0	0	0	1	0	
0	0	0	0	0	1	0	0	
0	0	0	0	1	0	0	0	
0	0	0	1		0	0	0	
0	0	1	0	0	0	0	0	
0	1	0	0	0	0	0	0	
1	0	0	0	0	0	0	0	
1	1	1	1	1	1	1	1	

③ 将 D/A 转换器 DAC0832 和 A/D 转换器 ADC0809 连接起来，完成 D/A、A/D 转换功能，试画出接线图并进行实验验证。

(3) 试用 ADC0809 和适当的逻辑电路实现一个测试 0～5 V 的 3 位十进制显示的数字电压表。

(4) 试用 MSI 器件设计 4 位并行 A/D 转换器的编码器。

2.11.5　实验报告

(1) 详细描述实验内容中每个题目的设计过程，整理并分析实验数据。

（2）分析实验过程中遇到的问题，总结实验的收获和体会。

2.11.6　思考题

（1）举例说明 ADC 和 DAC 的用途。

（2）DAC 和 ADC 中常用的模拟电子开关是何含义？理想的模拟开关应具备哪些特征？实际的模拟开关有哪些电气特性？

（3）DAC 中的模拟开关和基准电压源如何实现？

（4）如何理解 A/D 转换的 4 个过程(采样、保持、量化、编码)？

（5）ADC 和 DAC 的主要技术指标有哪些？如何理解这些技术指标？为什么说转换精度和转换速度是两个最重要的技术指标。

3 综合设计实验

实验 1 可调直流稳压电路

3.1.1 实验目的

(1) 掌握可调式三端集成稳压器 LM317 的正确使用方法。

(2) 掌握 LM317(W317)基本性能及特点。

3.1.2 实验原理及电路

三端集成稳压电路只有输入端、输出端和公共端三个引端。当外加适当大小的散热片且整流器能提供足够的输入电流时,稳压器能提供稳定的输出电压。三端集成稳压器分为三端固定输出集成稳压器和三端可调输出集成稳压器,三端固定输出稳压器通用产品有 LM78××系列(正电压输出)和 LM79××系列(负电压输出);三端可调输出集成稳压器的典型产品有 LM117/LM217/LM317(正电压输出)和 LM137/LM237/LM337(负电压输出),本实验以 LM317 为例简单介绍其性能及使用方法与工作原理。

图 3.1.1 为 10 V 输出的稳压电源。R_1 接在输出端 2 与调整端 3 之间,其间电压为 1.25 V,由调整端至地端接入电阻 R_2(1.66 kΩ),其中流过的电流为 $I_{R1}+I_{AD}$,其中 I_{AD} 为 50 μA,这样就使得在 R_2 上产生的压降为 8.75 V,则输出电压为 10 V 。

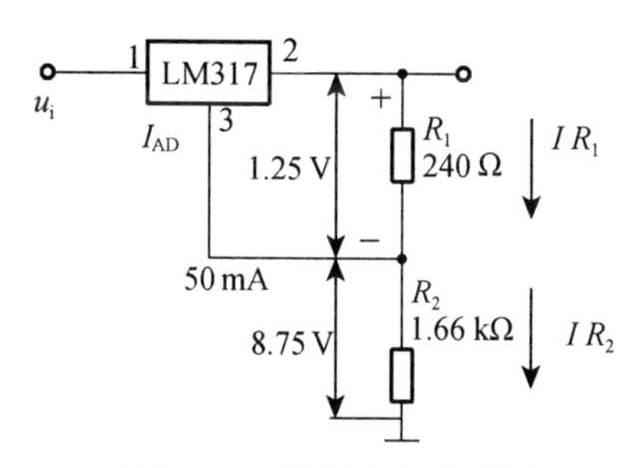

图 3.1.1 稳压电路接线图

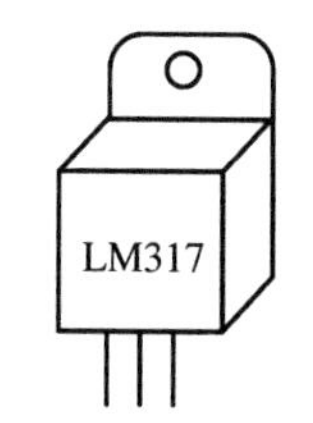

图 3.1.2 引脚功能

与固定式集成稳压器 LM7805 相比,LM317 由于 I_{AD}较小,只有几十毫安,所以由于 I_{AD}引起输出的变动就很小,因此 LM317 组成的稳压源性能相当好。R_1 的阻值一般为 120 Ω,这样能保证 LM317 的内部工作电流,输出电压为:

$$u_o=1.25\left(1+\frac{R_2}{R_1}\right)+50\times10^{-6},R_2\approx1.25\left(1+\frac{R_2}{R_1}\right)$$

图 3.1.3 中,电阻 R_1 和 R_2 构成取样电路,可变电阻 R_2 用于调整改变输出电压的大小,为了减小 R_2 上的纹波电压,在其两端并接了一个电容 C,当其容量为 10 μF 时,纹波抑制比可提高 20 dB,但若一旦输出端短路,电容 C 将通过调整端向稳压器放电而损坏稳压

器，为了防止这种情况发生，在 R_1 两端并接了一只二极管 VD_1，提供一个放电回路。电容 C_1 用抵消集成稳压器离滤波电容较远时输入线产生的电感效应，以防电路产生自激振荡。电容 C_2 用于消除输出电压中的高频噪声，还可以改善电源的瞬态响应。但若 C_2 容量较大，集成稳压器的输入端一旦发生短路，C_2 将从稳压器的输出端向稳压器放电，其放电电流可能损坏稳压器，故在稳压器的输入端与输出端之间跨接了一只二极管 VD_2，起保护作用。

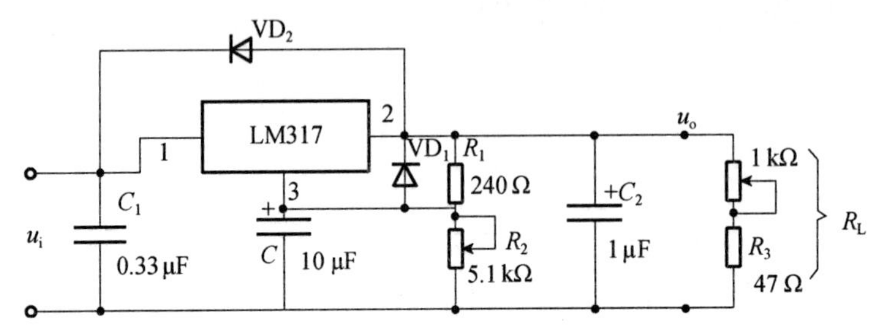

图 3.1.3　LM317 组成的 1.25～25 V 可调式稳压电源

3.1.3　实验仪器

(1) 交流毫伏表　　1 台

(2) 万用表　　1 块

(3) 直流稳压电源　　1 台

(4) 直流电流表　　1 块

(5) 通用板 1 块，三端稳压器 LM317 1 只，电阻 240 Ω，47 Ω 各 1 只，电位器 5.1 k/1 W、1 k/1 W 各 1 只，电容 0.33 μF，10 F，1 F 各 1 只。

3.1.4　实验内容及步骤

1) 测量电压调节范围

按图 3.1.3 接线，检查无误后，u_i 输入直流电压 30 V，分别调节 R_2 最大值和最小值，记录 LM317 输出电压值 u_o。

2) 测量外负载特性

外负载特性是指稳压电路带负载后，负载变化对输出电压 u_o 的影响，调定 R_2 为一固定值，改变 R_L 使电流表(串联在 C_1 和 R_L 之间)读数从 0.2 A，0.4 A，0.6 A，0.8 A，1 A 分别测出对应的输出电压 u_o。

3.1.5　实验报告

(1) 总结 LM317 基本特点及性能。

(2) 实验内容 2 中实验结果在实际使用中有何意义？

(3) 整理实验数据。

实验 2 函数发生器

3.2.1 实验目的

(1) 了解 ICL8038 的基本原理和使用方法。

(2) 掌握用集成函数发生器 ICL8038 实现方波和三角波的基本方法。

3.2.2 实验原理及电路

随着集成技术的不断发展,信号发生器已被制成专用集成电路,目前使用的较多的集成函数发生器是 ICL8038。ICL8038 波形发生器只需连接少量外部元件就可产生高精度的正弦波、方波、三角波和脉冲波。其主要技术指标为:

(1) 输出频率范围:0.001 Hz~300 kHz;

(2) 最高温度系数:$\pm 250\times 10^{-6}$/℃;

(3) 电源电压范围:单电源供电:10~30 V;双电源供电:(±5~±15) V;

(4) 正弦波失真度:1%;

(5) 三角波线性度:0.1%。

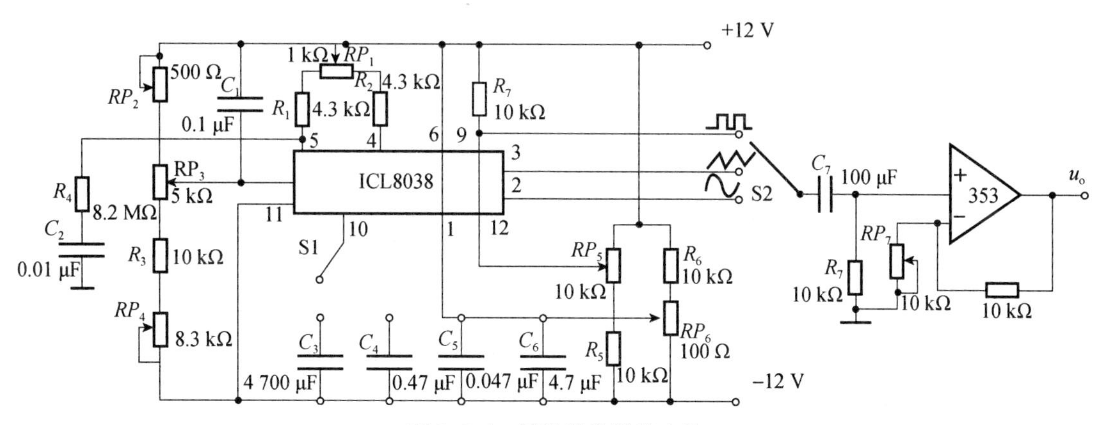

图 3.2.1 函数发生器总电路

ICL8038 芯片的内部结构及管脚图如图 3.2.2 所示。

由图 3.2.2(a)可以看出,该芯片主要由两个电流源、两个比较电路、一个双稳态触发电路、两个输出缓冲器和一个正弦波变换器等部分组成。图中电流源 I_1 始终与电路相连,电流源 I_2 是否接通受触发器 Q 的控制,I_1、I_2 的大小可外接电阻调节,但 I_2 必须大于 I_1。两比较器 A、B 的阈值分别为$\frac{2}{3}U_R$、$\frac{1}{3}U_R$($U_R=V_{CC}+V_{EE}$)。当触发器输出 Q 为低电平时,电流源 I_2 断开,此时由电流源 I_1 给 10 脚的外接电容 C 充电,C 两端的电压 U_C 逐渐线性增大。当电压大到$\frac{2}{3}U_R$ 时,触发器输出 Q 改变状态,同时驱动开关 S 换向,电流源 I_2 接入,

由于 $I_2 > I_1$，因此电容 C 开始放电，U_C 逐渐线性减小，当小到 $\frac{1}{3}U_R$ 时，触发器输出又改变状态，并切断电流源 I_2。此后，电路重新进入充电过程。如此周而复始，便可以实现振荡。

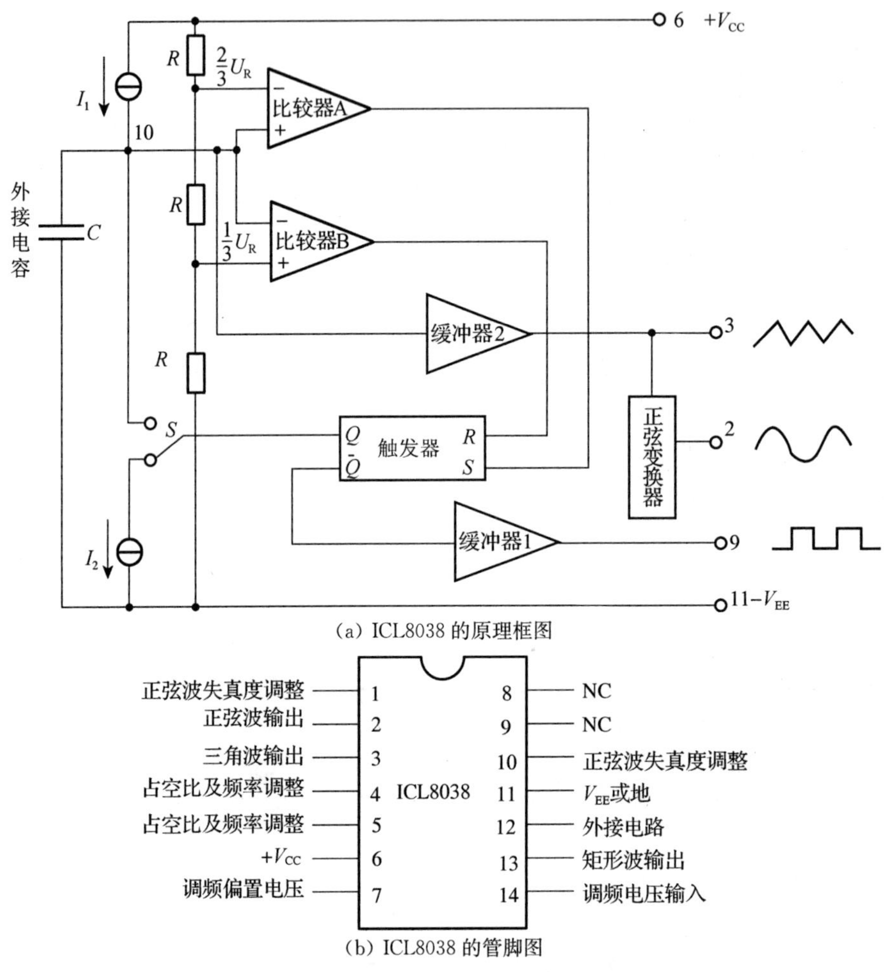

(a) ICL8038 的原理框图

(b) ICL8038 的管脚图

图 3.2.2　ICL8038 芯片的内部结构及管脚图

若 $I_2 = 2I_1$，触发器输出端 $\bar{Q}$ 的信号经缓冲器 1 缓冲后，由 9 脚输出方波信号，而电容充放电电压经缓冲器 2 缓冲后，由 3 脚输出三角波；同时该三角波经正弦波变换电路后，由 2 脚输出正弦波信号。当 $I_1 < I_2 < 2I_1$ 时，U_C 上升和下降时间不等，管脚 3 输出锯齿波。

图 3.2.3 为 ICL8038 应用电路的基本接法。其中，由于该器件的矩形波输出端为集电极开路形式，一般需在 9 管脚与正电源间接一电阻 R（10 kΩ 左右），R_A 决定电容 C 的充电速度，R_B 决定电容 C 的放电速度，电阻 R_A、R_B 的值在 1 kΩ～1 MΩ 内选取，电位器 RP 用于调节输出信号的占空比，10 脚接定值电容 C；图中 7 脚、8 脚短接，7 脚的调频偏置电压一定，所以 $f = \dfrac{3}{5R_AC\left(1+\dfrac{R_B}{2R_A - R_B}\right)}$，当 $R_A = R_B$ 时，$f = \dfrac{0.3}{R_AC}$。

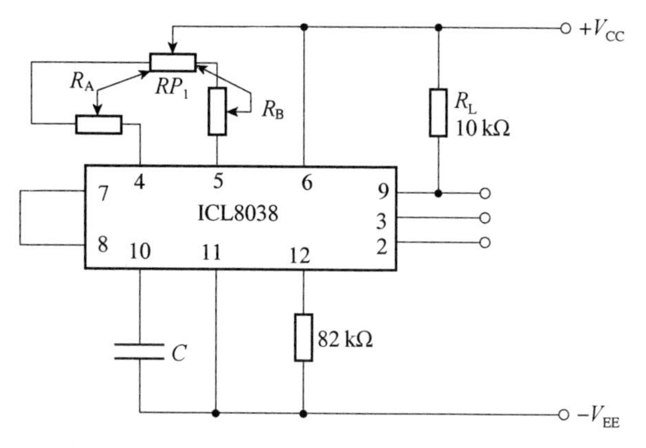

图 3.2.3　ICL8038 基本应用

若用 100 kΩ 电位器代替 82 kΩ 电阻，调节它可减小正弦波的失真度，图 3.2.4 所示的调整电路，可使正弦波失真度小于 0.8%。调频扫描信号(8 脚)易受信号噪声及交流噪声的影响，因而 8 脚与正电源间接入一容量为 0.1 μF 的去耦电容。调节 8 脚左边 10 kΩ 的电位器，即调频电压变化，振荡频率也随之变化。此电路是一个频率可调的函数发生器。其 $f=\dfrac{3(V_{CC}-U_i)}{V_{CC}-V_{EE}}\dfrac{1}{R_AC}\dfrac{1}{1+\dfrac{R_B}{2R_A-R_B}}$，当 $R_A=R_B$ 时，$f=\dfrac{3(V_{CC}-U_i)}{V_{CC}-V_{EE}}\dfrac{1}{2R_AC}$($U_i$为 8 脚的电位)。

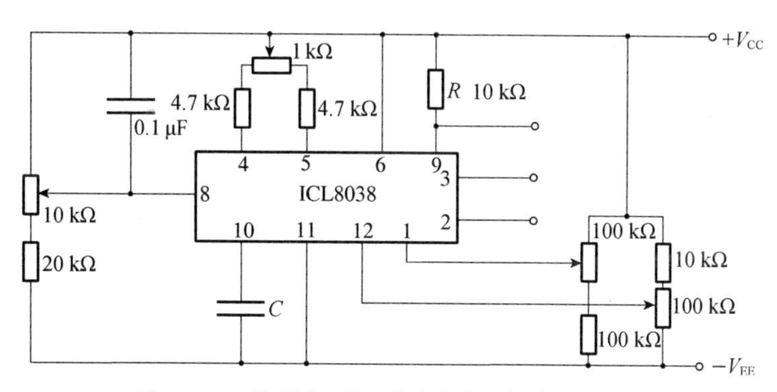

图 3.2.4　为频率可调、失真小的函数发生器电路

注意：ICL8038 既可以接 10 V～30 V 的单电源，也可接±5 V～±15 V 双电源。接单电源时，输出三角波和正弦波的平均值正好是电源电压的一半，输出方波的高电平为电源电压，低电平为地。接电压对称的双电源时，所有输出波形都以地对称摆动。

实验电路如图 3.2.1 所示，输出频率在 2 Hz～20 kHz 范围内变化(主要由 RP_2、RP_3、RP_4 和 R_3 分压得到 $V_{CC}-U_i$处于 0.722～7.22 V 范围内)，RP_1 用来调节波形的对称性，RP_5、RP_6 用来调节正弦波的失真度。开关 S_1 为频段选择开关，当 S_1 接 C_6(4.7 μF)时，频率变化范围为 2～20 Hz，S_1 接 C_5、C_4、C_3，则频率变化范围依次为 200 Hz～2 kHz、20～200 Hz、2～20 kHz，若再提高或降低频率，则可将电容值增加或减小。图中由 LF353 组成的同相比例放大电路，调节 RP_7 就可调节输出幅值。

3.2.3 实验内容

按图 3.2.1 连接电路，并根据芯片原理计算，调整元件参数使之达到下列要求：

(1) 设计能产生方波、三角波、正弦波等多种波形的函数发生器，输出波形工作频率范围为 10 Hz～100 kHz，输出波形的频率范围连续可调；

(2) 正弦波幅值±8 V，失真度小于 0.5%；

(3) 方波幅值±8 V；

(4) 三角波峰峰值为 16 V，输出波形幅值连续可调。

3.2.4 实验报告要求

(1) 调试原理电路。

(2) 调试使用器材表。

(3) 调试过程简单介绍。

实验 3 简易 8 路抢答器设计

3.3.1 实验目的

(1) 掌握编码器、十进制加/减计数器、时钟产生电路的时序电路和组合电路的综合应用的方法和技巧。

(2) 掌握数字逻辑电路设计，组装与调试方法及电路系统的控制原理。

3.3.2 设计任务与要求

(1) 抢答器同时供 8 名选手或 8 个代表比赛，分别用 8 个按钮 S_0～S_7 表示。

(2) 设置一系统清除/抢答控制开关，该开关由主持人控制。

(3) 抢答器具有数据锁存和显示功能。即抢答者按动本组按键，组号应立即在 LED 显示器上显示，并封锁其他组的按键信号，同时扬声器发出报警声提示。选手实行优先锁存，优先抢答选手组号一直保持到主持人将系统清除为止。

(4) 数字抢答器定时为 30 s。当主持人启动“开始”键后，30 s 定时器开始工作，同时扬声器发出短暂的声响。

(5) 抢答器在 30 s 内进行抢答，则抢答有效，如果 30 s 定时到时，无抢答者，则本次抢答无效，系统报警并禁止抢答，定时显示器上显示 00。

3.3.3 设计原理与参考电路

1) 数字抢答器参考设计方案

图 3.3.1 提供了一种参考设计方案。该方案中系统主要由定时电路，8 线—3 线优先编码器、RS 锁存器、译码显示和报警电路等几个部分组成。其中定时电路、锁存器和 8 线一3

线优先编码器三部分的时序配合非常重要。当主持人按下“清除”键时，锁存器清零，抢答器禁止，当主持人按下“开始”键时，定时器开始工作，选手在 30 s 内抢答，抢答器完成：优先判断、编号锁存、编号显示、扬声器提示。当一轮抢答之后，定时器停止，禁止二次抢答，定时器显示剩余时间。再次抢答必须由主持人按下“清除”和“开始”键。

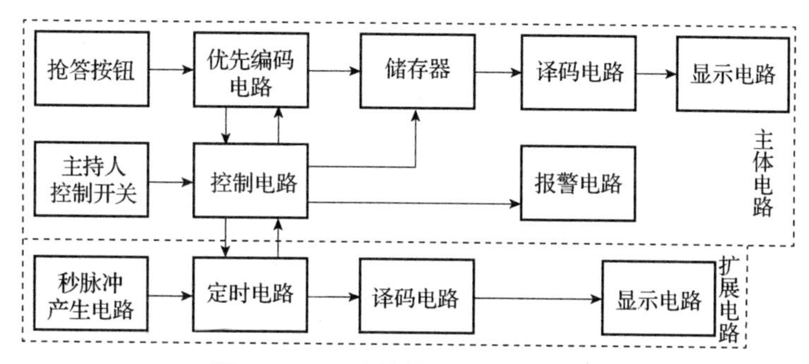

图 3.3.1　8 路抢答器参考设计方案

2）参考电路设计

(1) 抢答器电路

参考电路如图 3.3.2 所示，该抢答器完成两种功能：一是分辨出选手按键的先后，并锁存优先抢答者的编号，同时译码显示电路显示编号；二是禁止其他选手按键，使其操作无效。工作过程：当主持人开关 S 置于“清除”时，RS 触发器(74LS279)的 R 端均为 0，4 个触发器输出置 0，$\overline{ST}=0$，使之处于工作状态。当开关 S 置“开始”时，抢答器处于等待工作状态，当有选手按键按下时(如按下 S_5)，74LS148 的输出 $\overline{Y}_2\overline{Y}_1\overline{Y}_0=010$，$\overline{Y}_{EX}=0$，经 RS 锁存后，$1Q=1$，$\overline{BI}=1$，74LS148 处于工作状态，$4Q3Q2Q=101$，经译码显示为“5”。此外，$1Q=1$，使 74LS148 的$\overline{ST}=1$ 处于禁止状态，封锁其他按键的输入。当按键松开后，74LS148 的 $Y_{EX}=1$，此时由于 $1Q=1$，使$\overline{ST}=1$，所以 74LS148 仍处于禁止状态，确保不会出现二次按键时输入信号，保证了抢答器的优先性。如有两次抢答需由主持人将 S 开关置“清除”，然后再进行下一轮抢答(主持人开关也可采用 RS 触发器防抖动电路)。74LS148 为 8 线—3 线优先编码器，表 3.3.1 为其功能表。

表 3.3.1　　74LS148 功能真值表

输　入									输　出				
$\overline{ST}$	$\overline{I}_0$	$\overline{I}_1$	$\overline{I}_2$	$\overline{I}_3$	$\overline{I}_4$	$\overline{I}_5$	$\overline{I}_6$	$\overline{I}_7$	$\overline{Y}_2$	$\overline{Y}_1$	$\overline{Y}_0$	$\overline{Y}_{EX}$	$\overline{Y}_S$
1	×	×	×	×	×	×	×	×	1	1	1	1	1
0	1	1	1	1	1	1	1	1	1	1	1	1	0
0	×	×	×	×	×	×	×	0	0	0	0	0	1
0	×	×	×	×	×	×	0	1	0	0	1	0	1
0	×	×	×	×	×	0	1	1	0	1	0	0	1
0	×	×	×	×	0	1	1	1	0	1	1	0	1
0	×	×	×	0	1	1	1	1	1	0	0	0	1
0	×	×	0	1	1	1	1	1	1	0	1	0	1
0	×	0	1	1	1	1	1	1	1	1	0	0	1
0	0	1	1	1	1	1	1	1	1	1	1	0	1

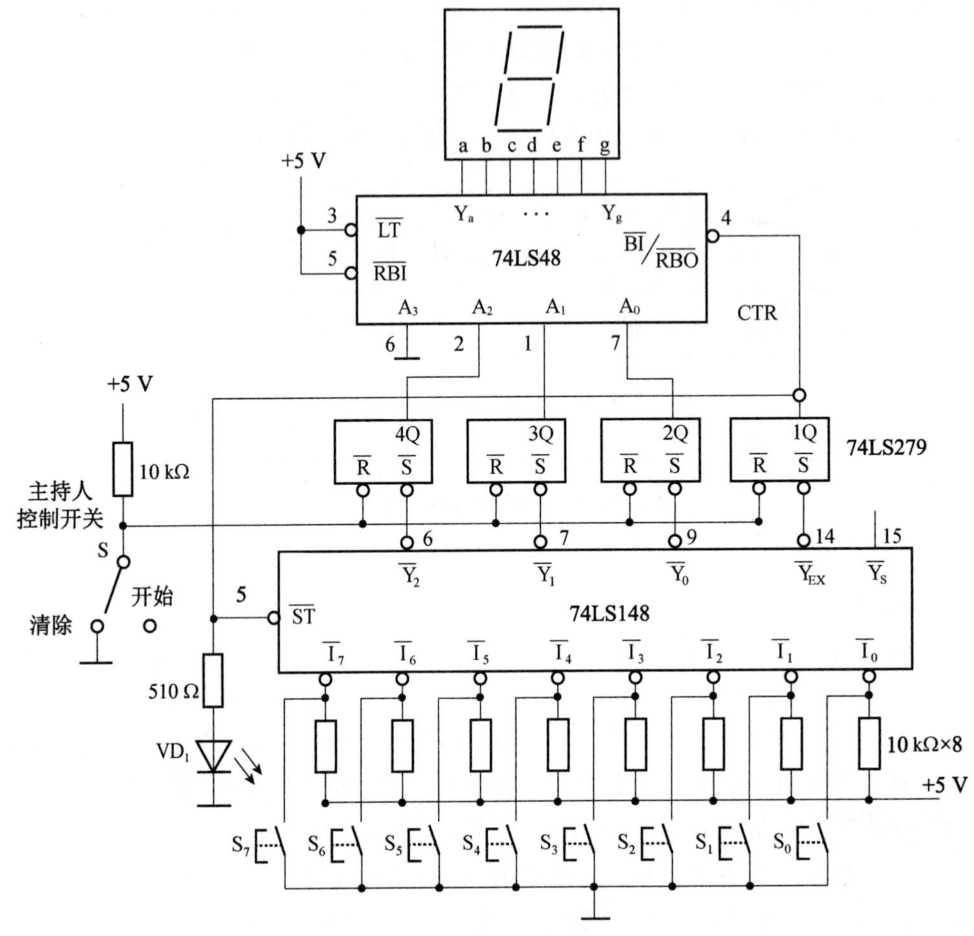

图 3.3.2　数字抢答器电路

(2) 定时电路

计数器用十进制同步加减计数器 74LS192 设计，其逻辑功能参阅相关指导书。计数器的时钟脉冲由秒脉冲电路（由 555 定时器构成多谐振荡器）提供。

(3) 报警电路

由 555 定时器和三极管构成的报警电路如图 3.3.4。其中 555 构成多谐振荡器，振荡频率 $f_0=1.44/[(R_1+2R_2)C]$，输出信号经三极管推动扬声器，74LS121 构成定时器，它的输出端 Q 接 NE555 的 4 脚，用来限制扬声器发声的时间。当主持人宣布抢答开始，或在 30 s 抢答有效或 30 s 时间到就启动 74LS121 单稳触发器，输出端 Q 输出高电平，多谐振荡器工作，反之，电路停振。

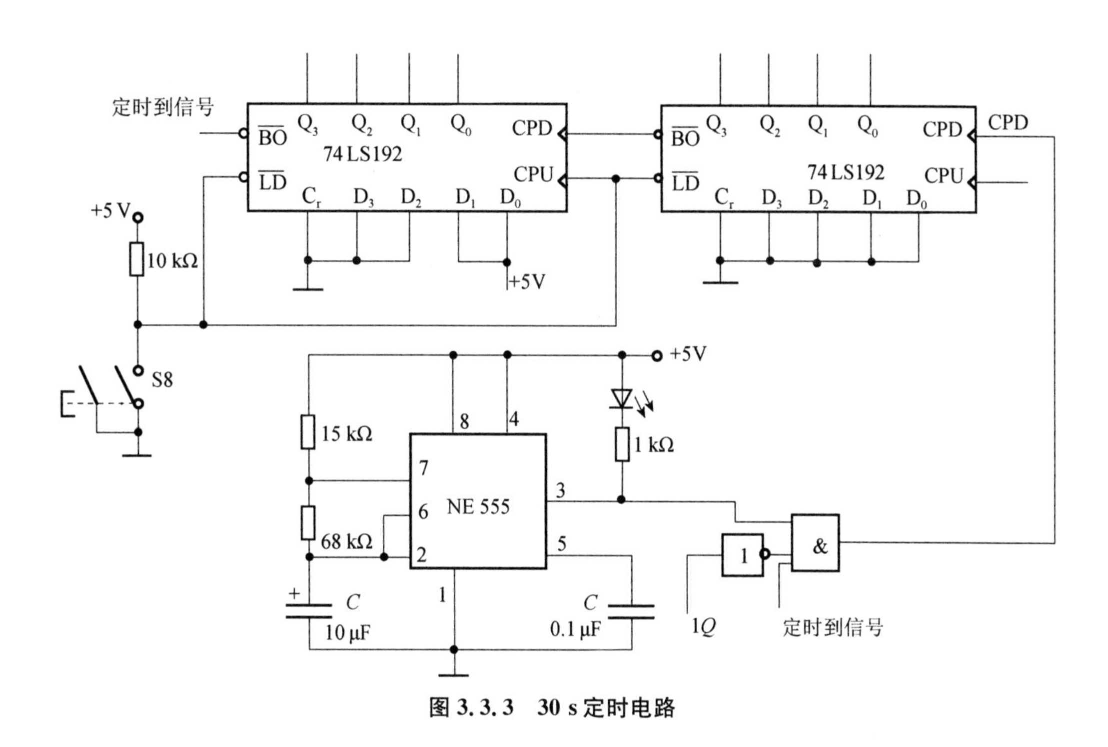

图 3.3.3 30 s 定时电路

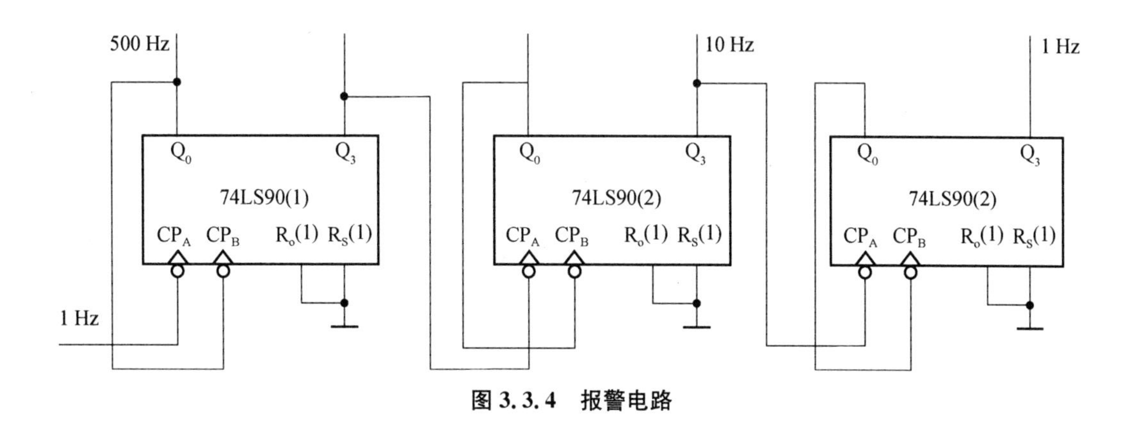

图 3.3.4 报警电路

3) 根据设计要求,设计出来的参考电路图(见图 3.3.5)

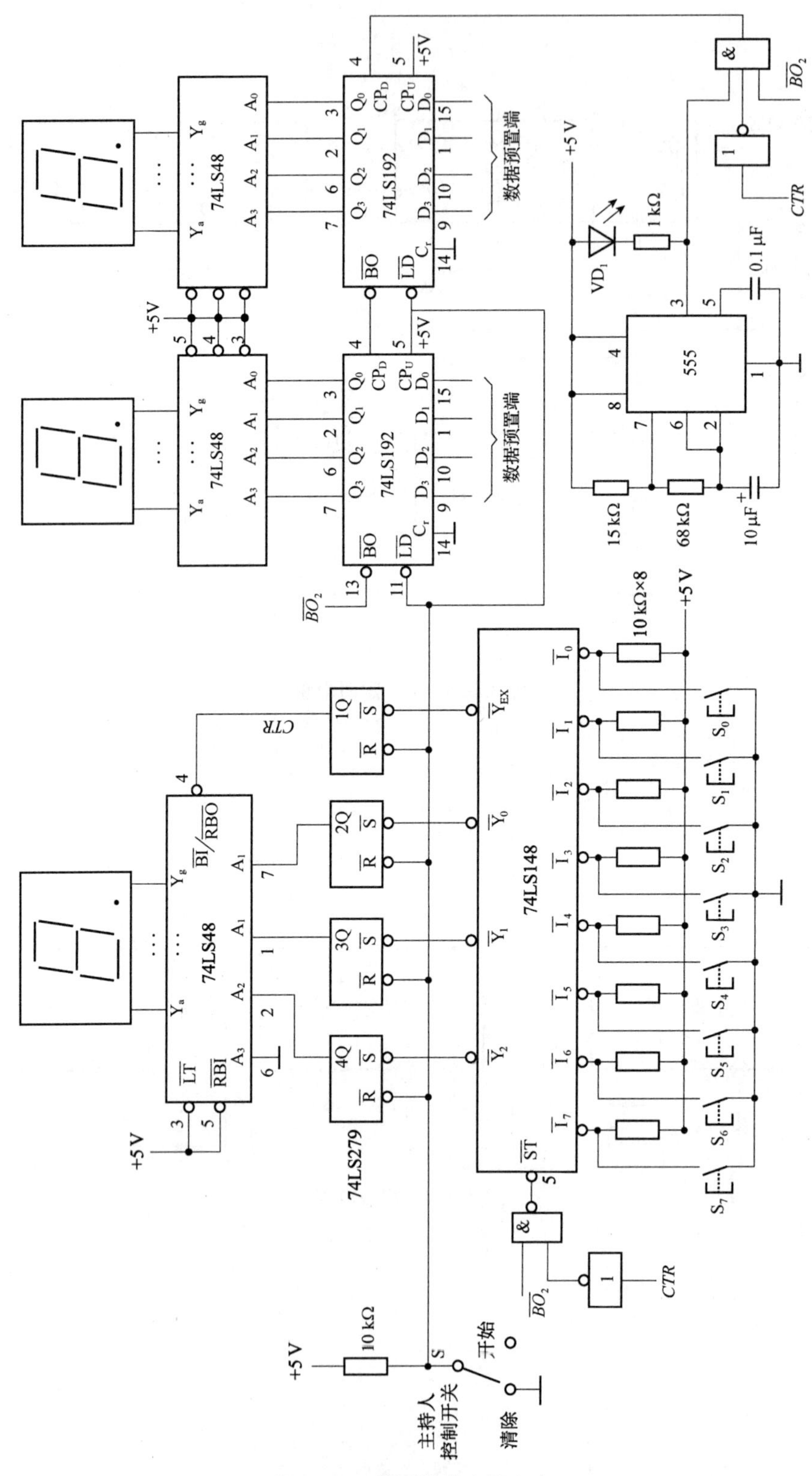

图 3.3.5　定时抢答主体电路

3.3.4　实验仪器设备

(1) 通用板一块,调试仪器一套。

(2) 集成电路 74LS148 1 片,74LS279 1 片,74LS48 3 片,74LS00 1 片,74LS121 1 片。

(3) 电阻 510 Ω 1 只,1 kΩ 4 只,10 kΩ 9 只,15 kΩ 1 只,68 kΩ 1 只。

(4) 电容 0.1 μF 1 只,10 μF 2 只,100 μF 1 只。

(5) 三极管 3DG12 1 只。

(6) 发光二极 2 只,共阴极显示管 3 只。

3.3.5　实验内容

(1) 按电路作用原理在实验板上完成各单元的组装与调试。

(2) 各单元电路联调使其达到基本抢答部分功能要求。

(3) 30 s 信号发生器及 30 s 计数电路提示电路按其在电路中的功能进行组装联调,使其达到设计功能要求。

(4) 组装 30 s 控制电路并与上面电路联调实现 30 s 时控。

(5) 基本抢答部分与扩展部分联调使之实现完整抢答器的全部功能。

3.3.6　实验报告要求

(1) 画出抢答器的逻辑电路图,说明其工作原理和工作过程。

(2) 说明实验中产生的故障现象及其解决方法,该设计电路还有哪些不完善之处?

(3) 说说心得体会和收获。

实验 4　多功能数字钟电路设计

3.4.1　实验目的

(1) 掌握综合运用数字逻辑及系统设计知识。

(2) 提高选择器件及解决实际问题的能力。

3.4.2　设计要求

(1) 能准确计时,分别由 6 个数码管显示“小时”(12 h)、“分”(60 min)、“秒”(60 s)。

(2) 校正时间。校时:时计数器以秒速度递增,并接 12 小时循环,计满 11 后再回 00。校分:分计数器以秒速度递增,并按 60 计数循环,计满 59 后再回 00。

(3) 扩展功能。① 仿广播电台正点报时,在 59′51″、59′53″、59′55″、59′57″鸣声频率为 500 Hz,到达 59′59″时为最后一声整点报时,频率为 1 kHz。

② 报整点时数,每当数字钟计时到整点时发出声响,且几点响几声。

3.4.3 设计原理与参考电路

1) 数字钟电路参考设计方案

根据设计要求，数字电子系统由振荡器、分频器、“时”“分”“秒”对应的计数器、译码显示器、校时电路和整点报时电路等，原理框图如图 3.4.1 所示。该系统工作原理是：振荡器产生稳定的高频脉冲信号，作为数字钟的时间基准，再经分频器输出标准秒脉冲。秒计数满 60 后向分计数进位，分计数满 60 后向小时进位，小时计数器设置成“12 翻 1”规律计数，计数器的输出经译码器送显示器。计时出现误差可以校时、校分。扩展电路必须在完成数字钟的基本功能情况下进行功能扩展。

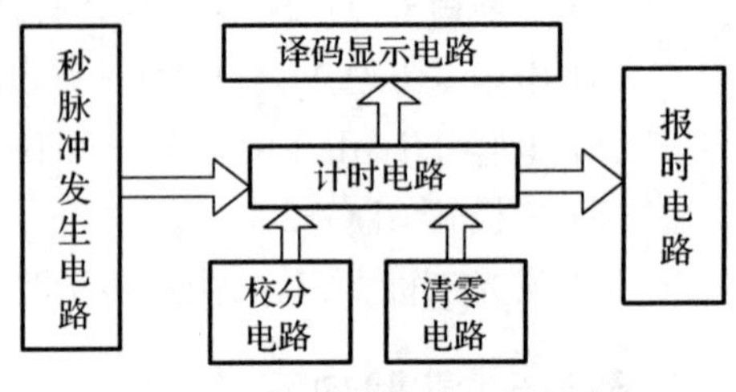

图 3.4.1 数字钟电路系统的组成框图

2) 主体电路的设计与装调

主体电路是由功能部件或单元电路组成的。在设计这些电路或选择部件时，尽量选用同类型的器件，如所有功能部件都采用 TTL 集成电路或都采用 CMOS 集成电路。整个系统所用元器件应尽量少。

(1) 振荡器

振荡器是数字钟走时精度的关键，为保证精度应采用晶体振荡器。如图 3.4.2 为电子表集成电路中的晶体振荡电路，常取晶振的频率为 32 768(2^{15})Hz，再经分频器后得到电路所需的各种频率的信号。振荡器也可采用由集成电路定时器 555 与 RC 组成的多谐振荡器，这里设振荡频率 $f_0=10^3$ Hz，电路参数如图 3.4.3 所示。

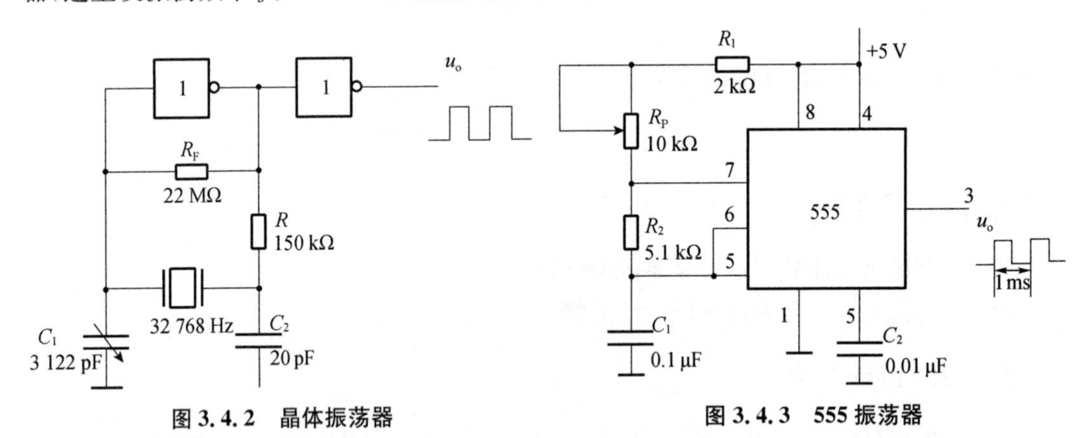

图 3.4.2 晶体振荡器　　图 3.4.3 555 振荡器

(2) 分频器

分频器的功能有两个：一是产生标准秒脉冲信号；二是提供扩展电路所需的信号，如仿电台报时用的 1 kHz 的高音频信号和 500 Hz 的低音频信号等。因为 74LS90 是二—五—十进制计数器，所以选用 3 片 74LS90 级联即可完成上述功能，如图 3.4.4 所示，第 1 片的 Q_0 输出为 500 Hz，第 2 片的 Q_3 输出为 10 Hz，第 3 片的 Q_3 输出为 1 Hz。

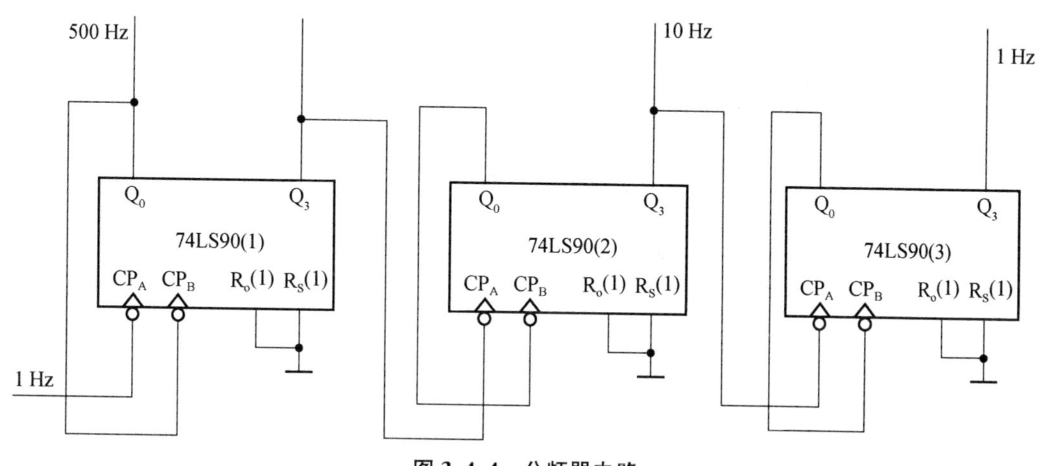

图 3.4.4 分频器电路

(3) 时分秒计数器

分、秒计数器都是 $M=60$ 的计数器，计数规律为 00—01—…—58—59—00…选用 74LS90 作个位计数，74LS92 作十位计数器，它们级联可以构成 $M=60$ 的计数器。

时计数器是“12 翻 1”的特殊进制计数器，当数字钟运行到 12 时 59 分 59 秒时，再来一个秒脉钟，数字钟显示 01 时 00 分 00 秒。由此可见，时计数器个位有 0～9 十个状态，十位只有 0 和 1 两种状态。故十位可采用仅有两状态的集成触发器 74LS74，个位可采用集成触发器 74LS191，再将两片触发器通过适当的控制门进行级联，组成“12 翻 1”的时计数器。

(4) 校时电路

当数字钟接通电源或计时出现误差时，需要校正时间。校时是数字钟应具备的基本功能，一般电子手表都具有时、分、秒等校时功能。为使电路简单，这里只进行分和小时校时。参考电路如图 3.4.5。

S_1 为校“分”控制开关，S_2 为校“时”控制开关，校时脉冲采用分频器输出的 1 Hz 脉冲，S_1、S_2 同时为“0”进行快校时。校时电路是与非门构成的组合逻辑电路，开关 S_1 或 S_2 为“0”或“1”时，可能会产生抖动，接电路 C_1、C_2 可以缓解抖动。

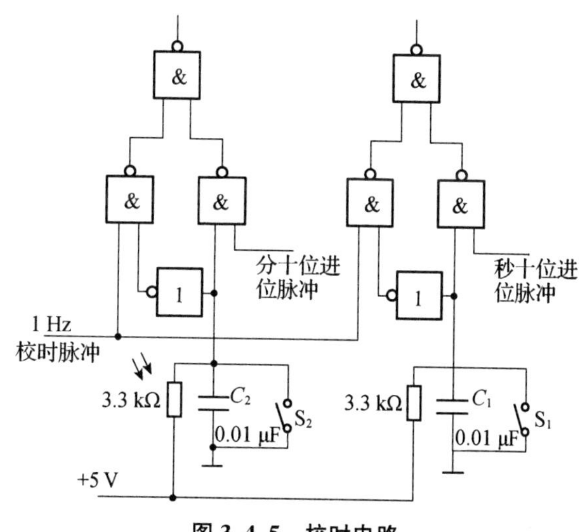

图 3.4.5 校时电路

3) 扩展电路

(1) 仿广播电台整点时发出声响，设 4 声低音(500 Hz)发生在 59′51″、59′53″、59′55″及 59′57″，最后一声高音在 59′59″，持续时间为 1 s，设计参考电路如图 3.4.6 所示。

(2) 报整点时数电路

该电路功能可分三阶段进行：① 分进位脉冲来到时小时计数器加 1；② 报时计数器应记录下此时小时数；③ 报时计数器开始作减法运算，每减一个脉冲，音响电路呼叫一声，直至计数器的值为零。根据上述要求自行设计电路。

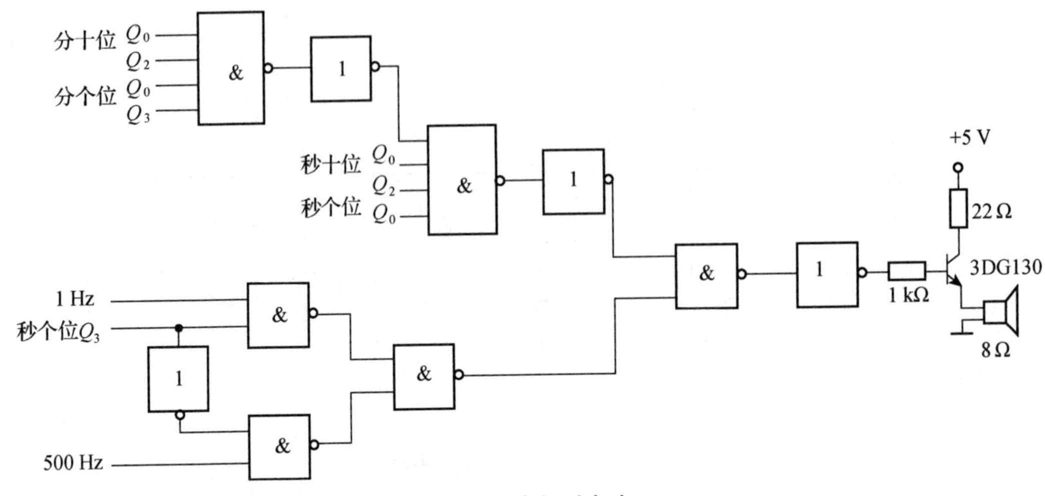

图 3.4.6　整点报时电路

4）数字钟总体电路

设计参考电路如图 3.4.7 所示。

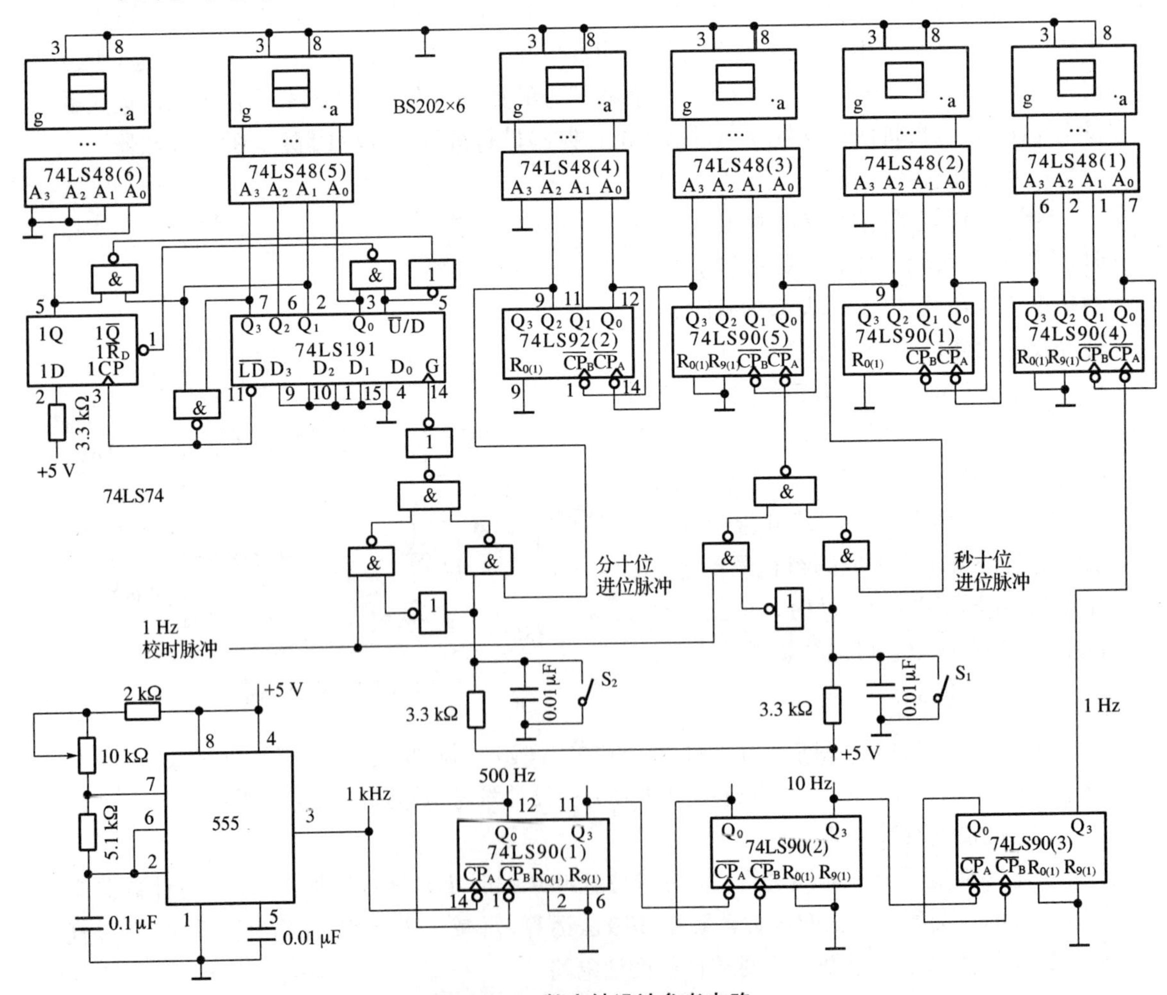

图 3.4.7　数字钟设计参考电路

3.4.4 实验器件参考

(1) 实验通用板一块,调试仪器一套。

(2) 集成电路 NE555、74LS74、74LS2Q、74LS191、74LS90 等芯片。

(3) 电容:0.01 μF、0.1 μF 等。

(4) 电阻:3.3 kΩ、2 kΩ、5.1 kΩ 等。

3.4.5 实验内容

(1) 设计电路,确定元件参数。

(2) 分级安装调试电路,最后联机统调。

(3) 测试主体电路的性能指标,使之达到设计总体要求。

3.4.6 实验思考

(1) 如果小时计数器为 24 进制计数器,电路该如何设计?

(2) 校时电路在校时开关合上和断开时,是否出现干扰脉冲? 应如何消除? 电路调试中,是否出现"竞争与冒险"现象? 若有,是如何采取措施消除的?

实验 5 集成电路功率放大器

3.5.1 实验目的

(1) 了解集成功率放大电路的工作原理及使用方法,熟悉集成功率放大电路的特点。

(2) 掌握功率放大电路主要性能指标的测试方法。

3.5.2 实验原理

1) TDA2030A 集成功放介绍

集成功率放大器的种类很多,TDA2030A 由于价廉质优、使用方便,越来越广泛地应用于各种款式收录机和高保真立体声设备中。

TDA2030A 功放与其他功放相比,它的引脚和外部元件都很少。TDA2030A 的内部集成了过载和热切断保护电路,能适应长时间工作,由于其金属外壳与负电源引脚相连,因此金属外壳可直接固定在散热片上并与地(金属机箱)相连,无需绝缘,使用方便。

TDA2030A 的内部主要由差动输入级、中间放大级、互补输出级和偏置电路组成。TDA2030A 典型应用性能参数如表 3.5.1 所示。

TDA2030A 的引脚排列如图 3.5.1 所示。各引脚功能如表 3.5.2 所示。

表 3.5.1　TDA2030A 主要参数

参数名称		符　号	测试条件	最小值	典型值	最大值	单　位
静态电流		I_{cq}			50	80	mA
电源电压		V_{CC}		±6		±22	V
电压增益	开环	G_{VO}	开环		80		dB
	闭环	G_{VC}	闭环	25.5	26	26.5	dB
输出功率		P_o	$THD=0.5\%$ $f=40\sim15\ 000$ Hz	15	18		W
谐波失真		TDH	$P_o=0.1\sim14$ W			0.08	%

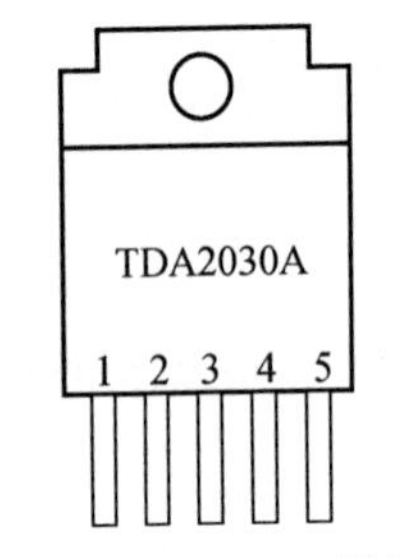

图 3.5.1　TDA2030A 引脚排列

表 3.5.2　TDA2030A 功能表

管　脚	功　能
1	同相输入端
2	反相输入端
3	负电源输入端
4	输出端
5	正电源输入端

2) TDA 2030 集成功放的应用

(1) 单电源(OTL)应用电路

对仅有一组电源的中小型收音机的音响系统,可采用单电源连接方式。典型电路如图 3.5.2 所示,由于采用单电源供电,所以同相输入端 R_1、R_2(两阻值相同)组成分压电路,使 K 点电位为$\frac{V_{CC}}{2}$。经 R_3 加入到同相输入端。静态时,同相、反相输入端和输出端都为$\frac{V_{CC}}{2}$。其他元件作用与双电源电路相同。

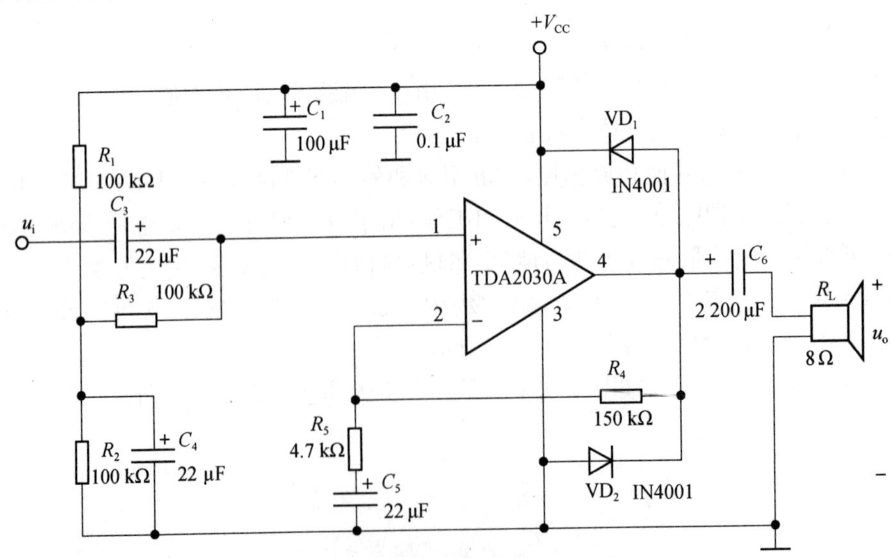

图 3.5.2　TDA2030A 构成的单电源功放电路

(2) 双电源(OCL)应用电路

如图 3.5.3 所示,输入信号 u_i 由同相端输入,R_1、R_2、C_2 构成交流电压串联负反馈,由图可知,闭环电压增益为:$A_{uf}=1+\frac{R_1}{R_2}=33$。

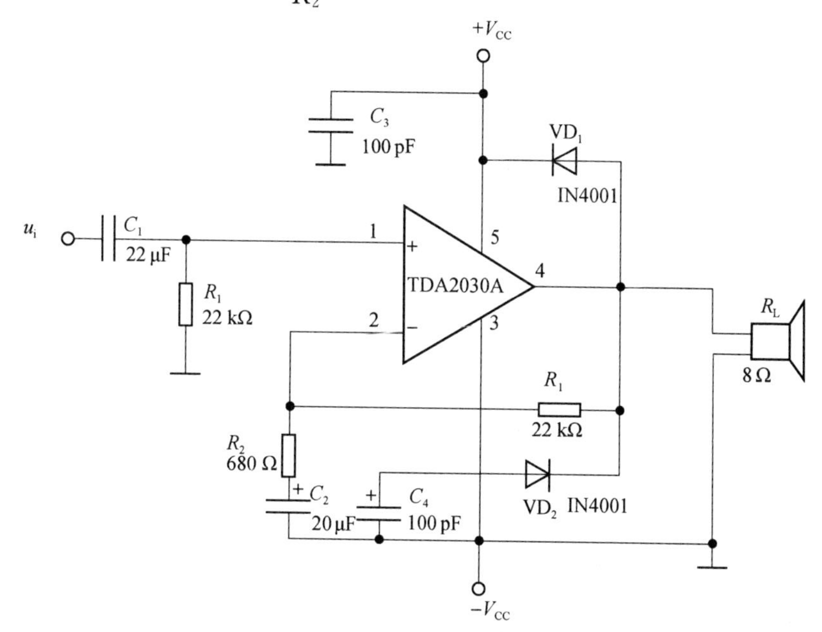

图 3.5.3 TDA2030A 构成的双电源功放电路

为了保持两输入端直流电阻平衡,使输入级偏置电流相等,选择 $R_3=R_1$,VD_1、VD_2 起保护作用,用来释放 R_L 产生的感生电压,使输出端的最大电压钳位在($V_{CC}+0.7$ V)和($-V_{CC}-0.7$ V)上。C_3、C_4 为去耦电容,用于减少电源内阻对交流信号的影响,C_1 为耦合电容。

3.5.3 设计要求

根据以上对 TDA2030A 集成块的简介和应用,设计一款额定输出功率为 10~20 W 的低失真集成电路功率放大器,要求电路简洁、制作方便、性能可靠。技术指标为:

① 输出功率:10~20 W(额外功率);

② 频率响应:20 Hz~100 kHz(<3 dB);

③ 谐波失真:≤1%(10 W,30 Hz~20 kHz);

④ 输出阻抗:≤0.16 Ω;

⑤ 输入灵敏度:600 mV(1 000 Hz,额定输出时)。

3.5.4 功放电路测试内容

1) 测量输出电压放大倍数 A_u

测试条件:直流电源电压 14 V,输入信号 1 kHz,70 mV,输出负载电阻分别为 4 Ω 和 8 Ω。

2）测量允许的最大输入信号和最大不失真输出功率

测试条件：

① 直流电源电压 14 V，负载电阻分别为 4 Ω、8 Ω。

② 直流电源电压 10 V，负载电阻为 8 Ω。

③ f_i=1 kHz。

3）测量上、下限截止频率（f_H 和 f_L）

测试条件：直流电源电压 14 V，输入信号 70 mV，改变输入信号频率，负载电阻为 8 Ω。

3.5.5　实验报告要求

（1）画出设计电路图。

（2）简述工作过程。

实验 6　汽车尾灯控制电路的设计

3.6.1　设计要求

假设汽车尾部左右两侧各有 3 个指示灯，可用实验箱上的电平指示二极管模拟。

（1）汽车正常运转时，指示灯全灭。

（2）汽车右转弯时，右侧 3 个指示灯按右循环顺序点亮。

（3）汽车左转弯时，左侧 3 个指示灯按左循环顺序点亮。

（4）汽车临时刹车时，所有指示灯同时闪烁。

3.6.2　设计过程

1）列出尾灯与汽车运行状态表（见表 3.6.1）

表 3.6.1　尾灯与汽车运行状态表

开关控制		运行状态	左尾灯	右尾灯
S_1	S_2		D_4、D_5、D_6	D_1、D_2、D_3
0	0	正常运行	灯灭	灯灭
0	1	右转弯	灯灭	按 D_1、D_2、D_3 顺序循环点亮
1	0	左转弯	按 D_4、D_5、D_6 顺序循环点亮	灯灭
1	1	临时刹车	所有的尾灯随时钟 CP 同时闪烁	

2）设计总体框图

由于汽车左、右转弯时，3 个指示灯循环点亮，所以用三进制计数器控制译码器。电路顺序输出低电平，从而控制尾灯按要求点亮。由此得出在每种运行状态下，各个指示灯与各给定条件（S_1，S_0，CP，Q_1，Q_0）的关系，即逻辑功能表，如表 3.6.2 所示（表中，0 表示灯灭状态，1 表示灯亮状态），由表 3.6.2 可得出总体框图，如图 3.6.1 所示。

表 3.6.2　逻辑功能表

开关控制		三进制计数器		6 个指示灯					
S_1	S_0	Q_1	Q_0	D_6	D_5	D_4	D_1	D_2	D_3
0	0	×	×	0	0	0	0	0	0
0	1	0	0	0	0	0	1	0	0
		0	1	0	0	0	0	1	0
		1	0	0	0	0	0	0	1
1	0	0	0	0	0	1	0	0	0
		0	1	0	1	0	0	0	0
		1	0	1	0	0	0	0	0
1	1	×	×	CP	CP	CP	CP	CP	CP

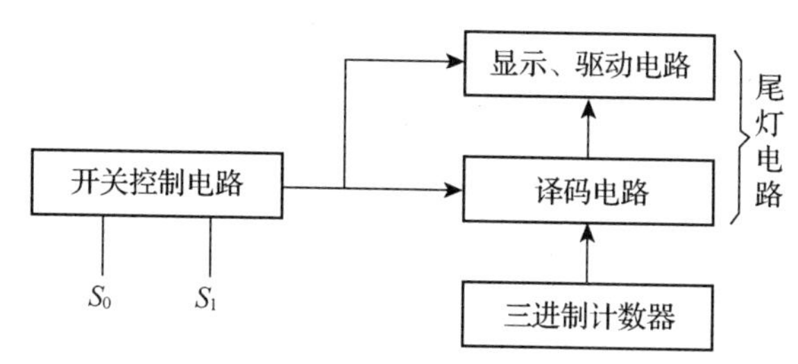

图 3.6.1　汽车尾灯控制电路设计总框图

3）设计单元电路

三进制计数器电路：由双 JK 触发器 74LS76 构成，可根据表 3.6.2 进行设计。

汽车尾灯控制电路：其显示驱动电路由 6 个发光二极管和 6 个反相器构成。译码电路由 3 线—8 线译码器 74LS138 和 6 个与非门组成。74LS138 的 3 个输入端 A_2、A_1、A_0 分别接 S_1、Q_1、Q_0，而 Q_1、Q_0 是三进制计数器的输出端。A_2、A_1、A_0 分别接 S_1、Q_1、Q_0，而 Q_1Q_0 是三进制计数器的输出端。当 $S_1=0$，使能信号 $A=G=1$，计数器的状态为 00，01，10 时，74LS138 对应的输出端 $\bar{Y}_0$、$\bar{Y}_1$、$\bar{Y}_2$ 依次为 0 有效（$\bar{Y}_3$、$\bar{Y}_4$、$\bar{Y}_5$ 信号为 1 无效），即反相器 $GATE_1$ 至 $GATE_3$ 的输出端也依次为 0，故指示灯 $D_1 \to D_2 \to D_3$ 按顺序点亮，示意汽车右转弯。若上述条件不变而 $S_1=1$，则 74LS138 对应的输出端 $\bar{Y}_4$、$\bar{Y}_5$、$\bar{Y}_6$ 依次为 0，有效，即反相器 $GATE_4$ 至 $GATE_6$ 的输出端依次为 0，故指示灯 $D_4 \to D_5 \to D_6$ 按顺序点亮，示意汽车左转弯。当 $G=0$，$A=1$ 时，74LS138 的输出端全为 1，$GATE_6$ 至 $GATE_1$ 的输出端也全为 1，指示灯全灭；当 $G=0$，$A=CP$ 时，指示灯随 CP 的频率闪烁。

开关控制电路：设 74LS138 和显示驱动电路的使能端信号分别为 G 和 A，根据总体逻辑功能表分析及组合得 G，A 与给定条件（S_1，S_0，CP）的真值表如表 3.6.3 所示，由此表经过整理得逻辑表达式为：

$$G=S_1 \oplus S_0$$

$$A=\overline{S_1 S_0}+S_1 S_0 CP=\overline{\overline{S_1 S_0} \cdot \overline{S_1 S_0 CP}}$$

表 3.6.3　真值表

开关控制		CP	使能信号	
S_1	S_0		G	A
0	0	×	0	1
0	1	×	1	1
1	0	×	1	1
1	1	CP	0	CP

4）设计汽车尾灯总体参考电路

由步骤 3 可得出汽车尾灯总体电路(参考)，如图 3.6.2 所示。

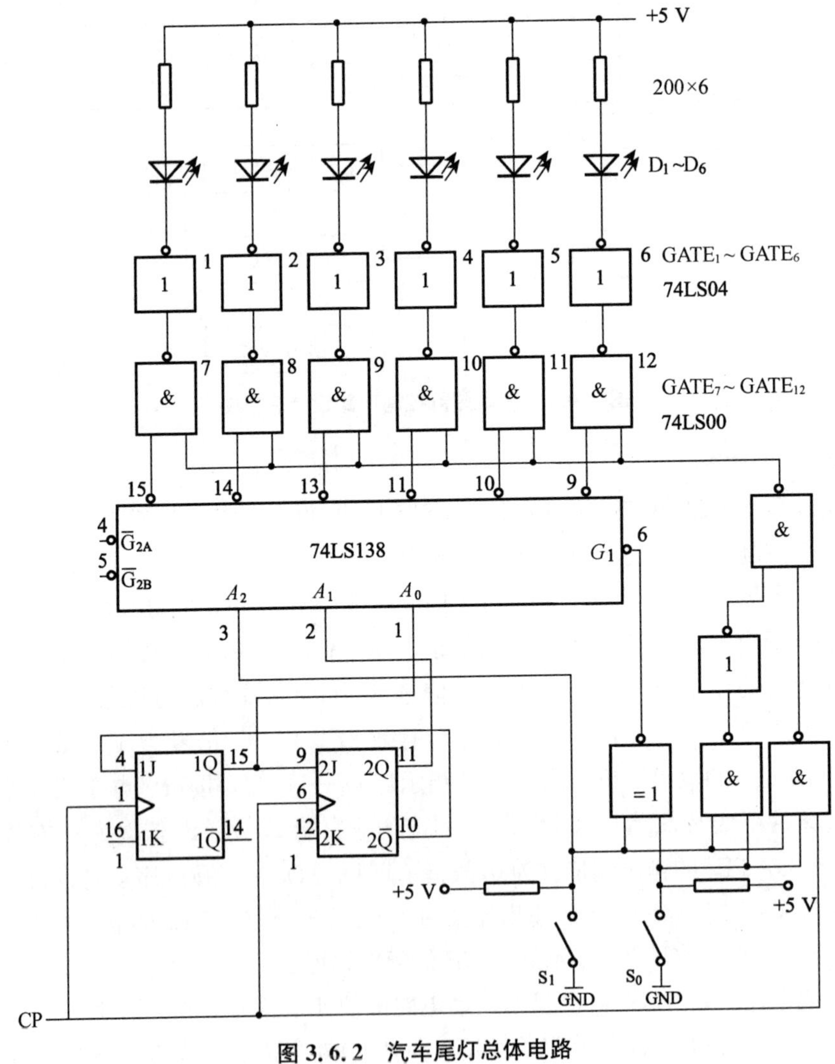

图 3.6.2　汽车尾灯总体电路

3.6.3　实验器件参考

(1) 1 片 74LS138，2 片 74LS04，1 片 74LS10，1 片 74LS76，1 片 74LS86。

(2) 电阻若干。

3.6.4 实验内容与步骤

(1) 设计组装调试汽车尾灯控制电路。
(2) 检查电路各部分的功能,使其满足设计要求。

3.6.5 实验报告要求

(1) 画出汽车尾灯控制电路的逻辑电路图,并说明其工作原理和工作过程。
(2) 说明实验中产生的故障及解决方法。

实验 7 动态扫描显示电路的设计

3.7.1 设计任务与要求

设计一个电路能用一片译码驱动器 74LS47 驱动 4 个七段数码管,轮流显示 4 位十进制数。

3.7.2 设计原理

1) 动态扫描显示工作原理

显示方式分为静态显示和动态显示两种。动态显示就是让各位显示元件分时工作,若刷新的速度太高,显示元件的开关速度不够高,以致在前一个字符尚未完全熄灭的情况下,后续的字符就点亮。若刷新的速度太慢,将发生闪烁。因此刷新频率不要低于 100 Hz,肉眼观察到的数码显示情况将是连续的。利用动态显示法可以降低功耗,减少成本。图 3.7.1 为动态扫描显示电路系统框图。

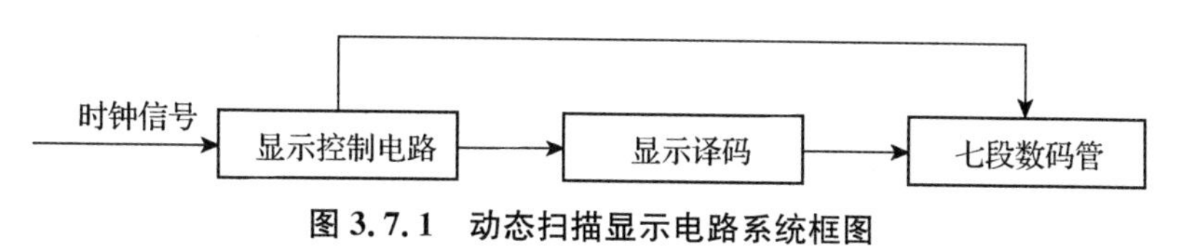

图 3.7.1 动态扫描显示电路系统框图

2) 动态扫描显示原理框图

动态扫描显示原理框图如图 3.7.2 所示。

3) 实验设备

面包板,双踪示波器,万用表,74LS00,74LS04,74LS90,74LS138,74LS153,三极管,七段数码管,电阻和电容若干。

4) 实验内容与步骤

(1) 设计、组装调试动态扫描显示电路。
(2) 调节扫描频率,观察显示效果。

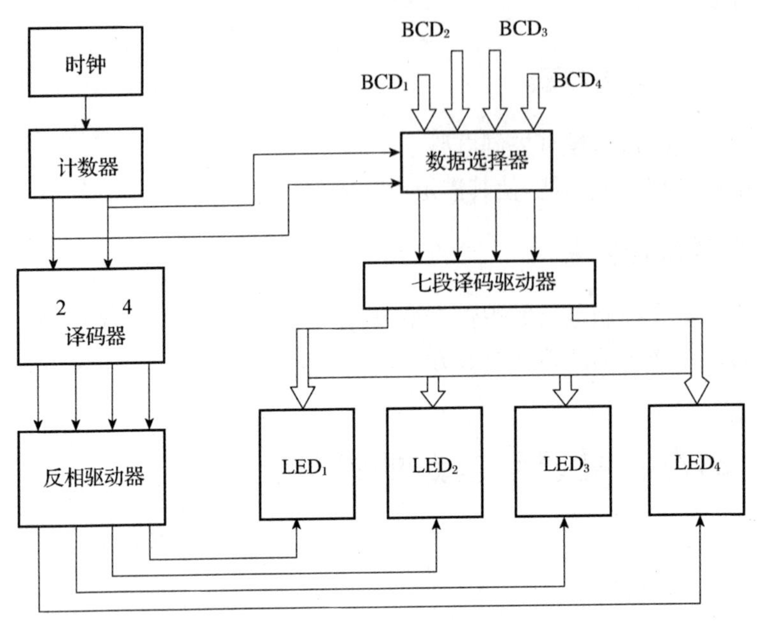

图 3.7.2　动态扫描显示原理框图

3.7.5　实验报告要求

(1) 画出完整电路图,并简单说明设计思想。

(2) 说明实验中产生的故障及排除的方法。

实验 8　阶梯波产生器的设计

3.8.1　设计任务和要求

要求用集成运算放大器等电子器件设计一个阶梯波产生器。设计要求如下:

(1) 方波发生器、积分器、比较器采用运算放大器设计。

(2) 限幅电路、振荡电路采用二极管设计。

(3) 电子开关采用场效应管设计。

(4) 在示波器上可观察 5 个以上的阶梯波。

(5) 方波的周期为 2～4 ms。

3.8.2　设计原理

阶梯波发生器常用在扫描电路中,如在三极管特性曲线测试中使用的图示仪的扫描电路就是阶梯波发生器。用运算放大器构成阶梯波发生器十分方便。图 3.8.1 就是采用集成运放等器件构成的阶梯波发生器原理图。

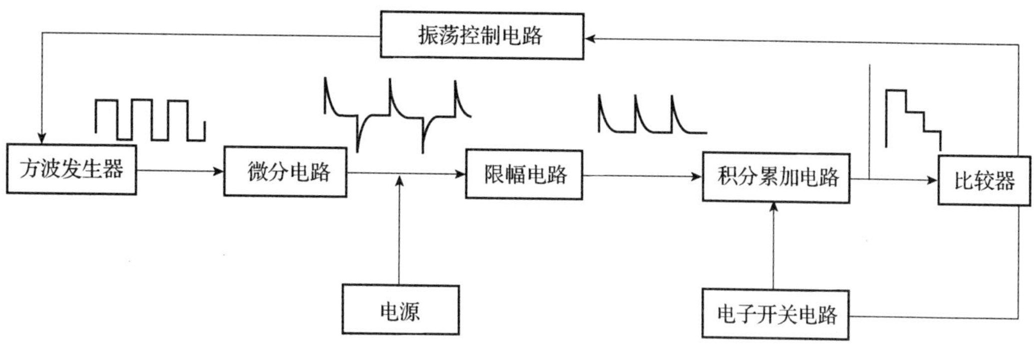

图 3.8.1　阶梯波发生器原理图

方波产生器电路产生的方波经过微分电路得到上、下都有的尖脉冲，然后经过限幅电路，只留下所需的正脉冲，再送到积分电路的输入端。因为脉冲作用时间很短，所以积分器积分时间也很短，从而使积分器的输出有个负跳变，在 2 个尖脉冲之间积分器的输入端电平为 0，因此积分器的输出不变，即对应一个尖脉冲就是一个阶梯，在没有尖脉冲时，积分器的输出不变，在下一个尖脉冲到来时，积分器在原来的基础上进行积分，因此，积分器就起到了积分和累加的作用，形成了阶梯波。

当积分器的输出端电压达到比较器的比较电压时，比较器翻转，使比较器输出正值电压，振荡控制电路起作用，方波停振。同时，正值电压使电子开关导通，使积分电容器放电，积分器输出对地短路，恢复到起始状态，完成一次阶梯波输出。积分器输出由负值向 0 跳变的过程，又使比较器发生翻转，比较器输出变为负值，这样振荡控制电路不起作用，方波输出，同时使电子开关截止，积分器进行积分累加，如此循环，就形成了一系列阶梯波。

3.8.3　实验内容与步骤

(1) 根据设计要求，自行设计电路。

(2) 电路连接正确后，由前往后，逐级分别调整测试每级的输出波形，并记录观察波形图。

(3) 测出方波的振荡周期，并调整使其处于 2～4 ms，读测方波的幅值、周期，并画波形图。

(4) 测出阶梯波的阶梯高度、阶梯个数，并画出波形图。

3.8.4　实验报告要求

(1) 画出自行设计的阶梯波产生器的实验电路图。

(2) 详述自行设计的阶梯波发生器各部分的工作原理及整机的工作原理。

(3) 绘出实验中实际观察到的每级电路的输出波形图。

(4) 说明实验中出现的问题以及处理措施和处理结果。

实验 9　水温控制系统

3.9.1　设计任务

设计一个水温自动控制系统。

3.9.2　设计要求

(1) 控制电路能够对室温 22 ℃～26 ℃有比较敏感的反应。

(2) 有温度设定功能。

(3) 温度超过设定温度值时有报警功能。

3.9.3　设计原理

水温控制系统的基本组成框图如图 3.9.1 所示。电路由温度传感器、K－℃变换器、温度设置、比较器和执行单元等组成。温度传感器的作用是把温度信息转换成电流或电压信号。K—℃变换器将绝对温度转换成摄氏温度。信号经过放大和刻度定标(0.1 V/℃)后送入比较器，与预先设定的固定电压进行比较，由比较器输出来控制执行单元和 LED 指示灯工作，实现温度的自动调节和报警。

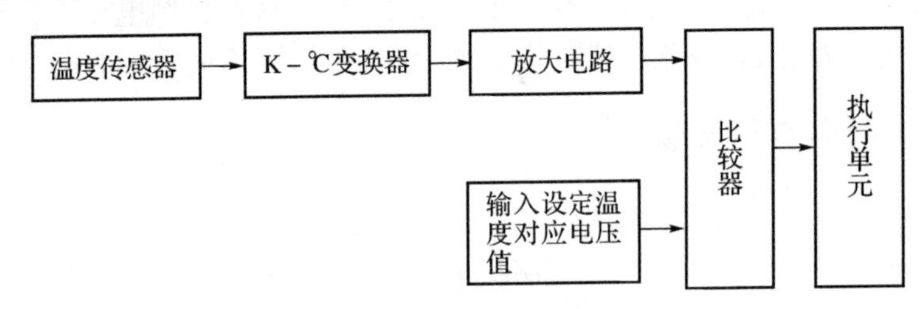

图 3.9.1　水温控制系统的基本组成框图

1) 电路设计

水温控制系统的电路原理图如图 3.9.2 所示。

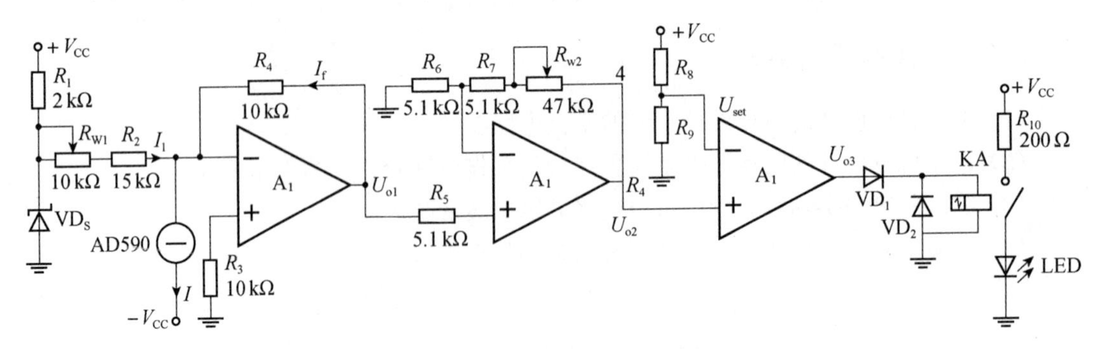

图 3.9.2　水温控制系统的电路原理图

2）参数计算

（1）温度传感器和 K-℃变换器

集成温度传感器 AD590 是一种电流型二端器件，有“+”“−”两个有效引脚，在其引脚施加一定电压后，通过 AD590 的电流与其温度成正比。AD590 的原理图和封装图如图 3.9.3 所示，引脚 3 为传感器外壳，可悬空或接地（起屏蔽作用）。

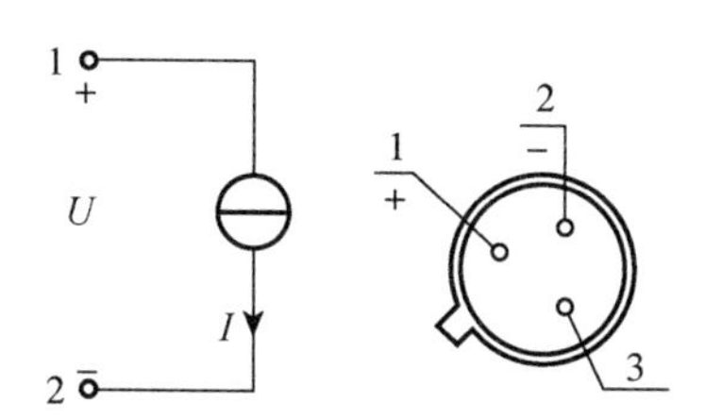

图 3.9.3　AD590 的原理图和封装图

AD590 的基本参数如表 3.9.1 所示，其测温范围为 −55 ℃～+155 ℃，测温精度为 ±0.5 ℃，具有良好的互换性和线性，有消除电源波动的特性，输出阻抗达 10 MΩ。通过 AD590 的电流 I 与温度成线性关系，温度每增加 1 ℃，电流 I 随之增加 1 μA。在制造时按照热力学温度标定，即在 0 ℃时 AD590 的电流 $I=273$ μA。其关系式为：

$$I=273+t$$

表 3.9.1　AD590 的基本参数

型　号	测温关系	25 ℃标定误差 /℃	非线性误差 /℃	测量范围 /℃	电源电压 /V	25 ℃输出 /μA
AD590J	1 μA/℃	±5.0	±1.5	−55～+155	4～30	298.2
AD590K	1 μA/℃	±2.5	±0.8	−55～+155	4～30	298.2
AD590L	1 μA/℃	±1.0	±0.4	−55～+155	4～30	298.2
AD590M	1 μA/℃	±0.5	±0.3	−55～+155	4～30	298.2

为了将 AD590 的电流信号转换为电压信号，应给 AD590 串联电阻，比如串联 10 kΩ 的电阻，则在 0 ℃时电阻上的压降为 2.73 V，温度每增加 1 ℃。电阻上压降增加 10 mV。为了使温度为 0 ℃时对应输出为 0 V。AD590 实际使用时应加入偏移量，以抵消此时 AD590 的输出。如图 3.9.2 所示，I_1 就是用来抵消 273 μA 的偏移量的，运放 A_1 的反相输入端虚地，其输出为：

$$U_{O1}=I_f R_4=(I-I_1)R_4$$

为了使运放 A_1 的输出与摄氏温度成正比，选择 $R_4=10$ kΩ，即温度每增加 1 ℃，U_{O1} 增加 10 mV。稳压二极管 VD_s 的稳定电压为 6 V，R_1 为限流电阻。为保证流过稳压二极管的电流 I_z 远大于 I_1，选择 $R_1=2$ kΩ。同样由于运放 A_1 的反相输入端虚地，有：

$$I_1=\frac{U_z}{R_2+R_{w1}}=273\ \mu\text{A}$$

所以 $R_2+R_{w1}\approx 21.9$ kΩ，可选择 $R_2=15$ kΩ，R_{w1} 为 10 kΩ 的电位器。

(2) 放大电路

本级为同相比例运算电路,其输入/输出关系为:

$$U_{O2}=\left(1+\frac{R_7+R_{W2}}{R_6}\right)U_{O1}$$

要求温度电压转换当量为 100 mV/℃,可通过调节 R_{W2},使得放大电路放大倍数为 10。因此取 R_6、R_7 为 5.1 kΩ,R_{W2}为 47 kΩ,平衡电阻 $R_5=5.1$ kΩ。

(3) 温度设定与比较器

温度设定由电阻 R_8、R_9 完成,设定值的选取可参考如下公式:

$$U_{set}=\frac{R_8}{R_8+R_9}\times U_{cc}$$

运放 A_2 的输出 U_{O2}与 U_{set}进行比较,当超过设定值时,A_3 输出高电平,驱动继电器,报警电路工作。如设定温度为 40 ℃,对应 $U_{set}=4$ V,可选取 $R_8=150$ kΩ,$R_9=75$ kΩ。

(3) 执行电路

继电器 KA 为常开触点。当温度超过预设的温度值后,A_3 输出正的电源电压,继电器动作,发光二极管电路中的 KA 闭合,指示灯点亮,实现报警。温度低于预设的温度值时,KA 常闭触点接通,通过加热器对水加热,实现水温的自动控制。

3.9.4 安装与调试

按照原理图连接线路后,进行整机调试,其流程为:

(1) 不接入 AD590 时,测出 U_{O1}应为-2.73 V,通过调节 R_{W1}以平衡掉 273 μA 电流,此时流过运放 A_1 的电流方向与 I_1 方向相反。

(2) 接入 AD590,此时 A_1 输出应与室温对应,如 24 ℃对应输出 240 mV。

(3) 调节 R_{W2}使运放 A_2 的电压放大倍数为 10。

3.9.5 性能测试

用手或热水杯触及 AD590 外壳,观察继电器是否动作,发光二极管是否发光。

3.9.6 设计报告要求

(1) 设计任务

写明设计题目、设计任务。

(2) 设计条件

写明设计环境、实验室提供的实验条件和设备元器件等。

(3) 设计具体要求

写明设计电路的具体要求,以及设计电路所具有的功能等。

(4) 设计内容

① 绘制经过测试验证、完善的原理电路图。

② 设计步骤和调试过程。

③ 列出元器件目录表。

④ 列出主要参考文献。

⑤ 写出设计小结以及实验的体会、收获和建议。

实验 10 十字路口交通灯

3.10.1 设计任务

设计一个十字路口的交通灯，它有两个方向，每个方向有红灯、绿灯和黄灯 3 种。

3.10.2 设计要求

1）基本功能

(1) 十字路口包含东西、南北两个方向的车道。东西方向放行 30 s(绿灯 25 s，黄灯 5 s)，同时南北方向禁止通行 30 s(红灯 30 s)；然后南北方向放行 30 s(绿灯 25 s，黄灯 5 s)，同时东西方向禁止通行 30 s(红灯 30 s)。依此类推，循环往复。

(2) 用两组数码管显示东西、南北两个方向的倒计时过程，实现倒计时功能。

(3) 遇有特殊情况时，可按 HOLD 键，使两个方向均停止通行，并且均为红灯亮、黄灯闪烁，数码管显示当前数值，待特殊情况处理完毕，按 HOLD 键解除禁止通行功能. 恢复原来的正常通行状态。

2）拓展功能

交叉路口状况较复杂，因此交通灯的设计也多种多样。可根据实际情况，修改相应的设计，比如在每个方向加一个左转向灯。

3.10.3 设计原理

随着人们生活水平的逐步提高，私家车越来越多，道路堵塞问题已经成为一项重大的 民生问题。为了节省人力资源，很多十字路口都安装了交通灯，但是十字路口的交通灯该 如何设计，才能更好地解决道路堵塞问题呢？

根据设计要求画出的交通灯示意图如图 3.10.1 所示，其切换顺序如图 3.10.2 所示。

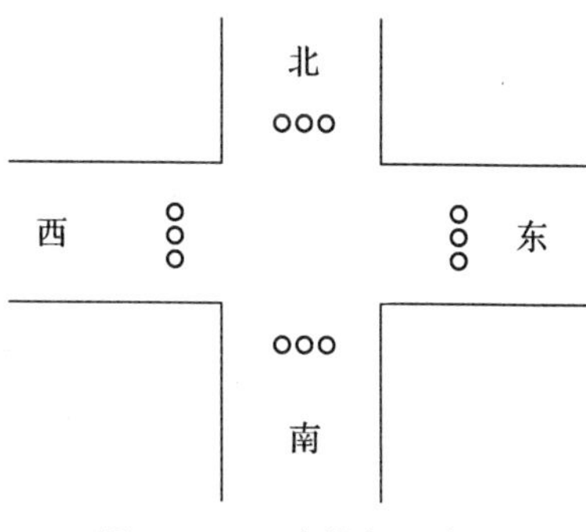

图 3.10.1 交通灯示意图

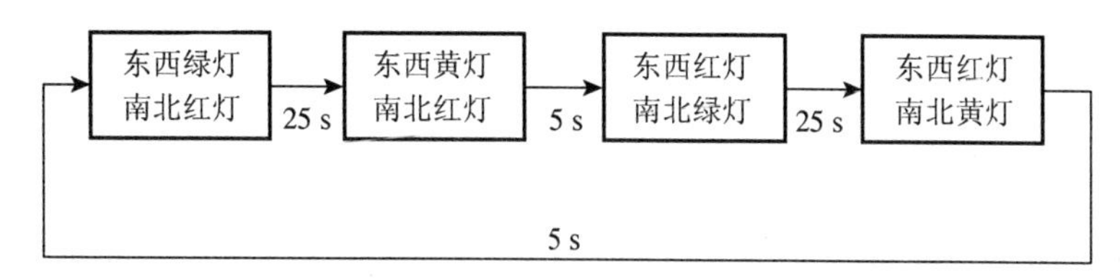

图 3.10.2 切换顺序图

可设置两个时钟源，一个作为系统时钟，一个由系统时钟分频得到，作为黄灯闪烁信号。

3.10.4　安装与调试

1) 采用常规器件实现

采用集成电路实现十字路口交通灯的指示,不需要程序设计。

根据图 3.10.2 的切换顺序,可先自行画出交通灯运行的时序图。自行设计时钟频率,可通过分频器得到系统频率。译码电路可以用组合逻辑电路实现。

参考器件:二—五—十进制异步计数器(74LS90)1 只,二进制同步计数器(74LS161)1 只,4 位双向移位寄存器(74LS194)2 只,四 2 输入与非门(74LS00)1 只,四 2 输入或非门(74LS02)1 只,六反相器(74LS04)1 只,三 3 输入与非门(74LS10)1 只。

时钟可由 555 集成电路(即多谐振荡器)组成或者由门电路组成。

2) 采用单片机编程实现

此方案可采用 AT89C52 来控制,用二极管代替交通灯,通过对单片机 I/O 口的编程来控制交通灯。其仿真电路如图 3.10.3 所示。

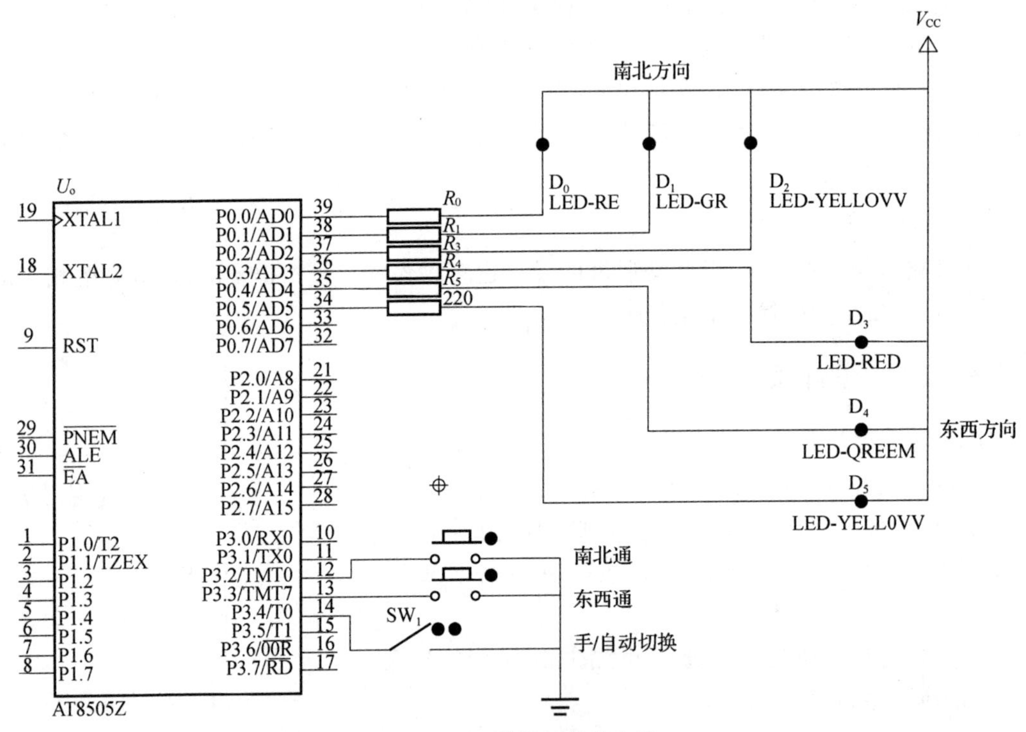

图 3.10.3　单片机仿真电路

在实际应用中,所有交通灯不会放在同一个电路板上,而是要放在不同的路口,互相协同工作,这就需要用到单片机通信技术。通过 RS-232 或 RS-485 协议将多个单片机电路板连接起来,这样才能真正实现交通灯控制的目的。

3) 采用 EDA 技术实现

采用 EDA 技术,以 Verilog HDL 来设计;在 Quartus II 工具软件环境下,采用自顶向下的设计方法。本设计可划分为三个模块:一是分频器模块;二是交通灯控制器模块;三是显示译码模块。

根据系统设计要求,系统设计采用自顶向下的设计方法,子模块利用 Verilog HDL 设计。顶层文件采用原理图的设计方法。

(1) 用 Verilog HDL 设计分频器,得到基准时钟,并编译形成模块,必要时进行时序仿真。

(2) 用 Verilog HDL 设计交通灯控制器电路,并编译形成模块,必要时进行时序仿真。

(3) 用 Verilog HDL 设计 BCD—七段数码管译码显示程序,并编译形成模块。

(4) 新建一个原理图文件(*.bdf)。

(5) 编译,分配引脚,再编译,下载。

(6) 在硬件电路中进行系统功能验证。

3.10.5 设计报告要求

(1) 设计任务

写明设计题目、设计任务。

(2) 设计条件

写明设计环境、实验室提供的实验条件和设备元器件等。

(3) 设计具体要求

写明设计电路的具体要求,以及设计电路所具有的功能等。

(4) 设计内容

① 绘制经过测试验证、完善的原理电路图。

② 设计步骤和调试过程。

③ 列出元器件目录表。

④ 列出主要参考文献。

⑤ 写出设计小结以及实验的体会、收获和建议。

附录Ⅰ

附录1 测量方法和测量误差的分析

一、测量方法的分类

在电子电路测量中，利用测量仪器和设备，测量各种有关电量，有各种不同的测量方法，可以把这些测量方法分为直接法和间接法两大类。

1）直接法

直接对被测M进行测量而得到数值的方法，称为直接法。例如用安培表测量电流和用电桥测量电阻，都属于这类测量，结果可以由一次测量的数据得到。

2）间接法

不直接测量被测之量，而是测量与被测量有一定函数关系的其他一些量，然后根据测得的这些量的数值通过函数关系（公式）计算出被测量的数值的方法，叫间接法。例如，用伏安法测电阻（用电流表测量被测电阻中通过的电流，用电压表测量被测电阻两端的电压，然后根据欧姆定律计算出电阻）就属于这类测量。

可见，直接法是间接法的基础，因为对与被测量有函数关系的其他各量的测量，仍然是用直接法。间接法是当被测量不可能或不便于直接测量，或者通过间接法可以得到比直接法更准确的结果时才采用。

二、测量误差产生的原因和分类

测量任一物理量，不管采用什么方法，由于测量仪器、测量程序、环境条件和测量人员的能力，都不是绝对完善的，因此不可避免地使测量值与该被测量的真实值（简称真值）有所差异，这个差异就是误差。根据误差产生的原因把误差分为三类。

1）系统误差

这种误差是由于仪器的不完善，使用得不恰当，或测量方法采用了近似公式以及外界因素（如温度、电场、磁场等）所引起的。这类误差在进行反复测量时，其大小保持不变或遵循一般规律变化，由于它有规律性，就有可能通过试验和研究来发现并找出其产生的原因，从而设法防止和消除；有的可以计算出来加以改正。

2）偶然误差

偶然误差是指那些由于偶然而杂乱出现的不带任何规律性的误差。产生这种误差的原因一般不详，因而也就无法控制，即使在同一条件下对同一被测量进行多次重复测量，所得结果也往往互不相同，但是只要测量次数足够多，就可以发现偶然误差完全服从统计定律，误差的大小及正负完全由概率决定。因此，随着测量次数的增加，偶然误差的算术平均值逐渐接近于零,所以,多次测量结果的算术平均值将更接近于真值。

3）疏失误差

疏失误差是由于测量人员的偶然疏忽而造成的过大错误。例如测量时,由于粗枝大叶、过度疲劳或操作不正确,从而读错刻度,记错数字,或计算误差等。这类误差一般很容易看出,对于显然包含有疏失误差的观测结果,应该舍去不计。

三、误差的各种表示方法

1）绝对误差

如用 X 表示被测量的真值,A 表示被测量的测量值,则 $A-X=\Delta$,Δ 表示测量值与真值之间的差数,称为绝对误差。当 A 比 X 大时,Δ 为正值,即为正误差;当 A 小于 X 时,Δ 为负值,即为负误差。但是被测量的真值实际上是不知道的(因为任何测量都难免有误差,真值是无法得出的),所以我们在实际工作中,是用标准仪器对被测量的测量值来代表它的真值,为了和真值区别开,称它为实际值 A_S。

例如,为了检定出某台仪表的测量误差,必须使用标准仪表来对比。在检定时,将一被测量同时输送给被检表和标准表,标准表的指示值为 A_S,被检表的指示值为 A,则 $A-A_S=\Delta$ 为被检表在这一点上的绝对误差。

2）相对误差

相对误差为绝对误差值与被测量的比值,一般用百分数表示。在这里,被测量的真值仍用实际值 A_S 代替,所以又称为实际相对误差,用符号 δ 表示,计算式为:

$$\delta=\frac{\Delta}{A_S}\times 100\%$$

例如,用标准晶体振荡器来校准频率计,标准晶体振荡器的频率 $f_1=100$ kHz,用被检频率计去测量为 $f_2=101$ kHz,求实际相对误差 δ。

f_1 为被测量的实际值,$A_S=100$ kHz;f_2 为被测频率计的测量值,$A=101$ kHz。

则
$$\delta=\frac{\Delta}{A_S}\times 100\%=\frac{101-100}{100}\times 100\%=1\%$$

绝对误差不便于比较两个以上测量值的准确度。例如:测量两个信号频率,信号“1”的频率 $f_1=500$ MHz,测量的绝对误差 $f_1=500$ Hz;信号“2”的频率 $f_2=500$ Hz,测量的绝对误差 $\Delta f_2=0.5$ Hz。从绝对误差角度来看,$\Delta f_2\ll\Delta f_1$,但因 $f_1\gg f_2$,不能认为对 f_1 测量准确度就比 f_2 的测量准确度差,可见不能用绝对误差进行这样的比较。

相对误差能够确切反映出测量的准确度。

上述对两个频率的测量,各自的相对误差 δ_1、δ_2 为:

$$\delta_1=\frac{\Delta f_1}{f_1}\times 100\%=\frac{500}{500\times 10^6}\times 100\%=1\times 10^{-4}\%$$

$$\delta_2=\frac{\Delta f_2}{f_2}\times 100\%=\frac{0.5}{500}\times 100\%=0.1\%$$

显然,$\delta_1\ll\delta_2$,即 f_1 的测量准确度比 f_2 的测量准确度要高很多。

3）最大误差(容许误差)

一般测量仪器的准确度指示经常使用最大误差的形式来表示。其含义是:给定一个误差范围，在各次测量中所产生的误差都不应超出这个范围的最大数值。这个最大误差数值界限可以表示为最大绝对误差或最大相对误差。

4）基本误差和附加误差

（1）基本误差：仪器在规定条件下工作时，在它测量范围内可能出现的最大误差，称为基本误差。

仪器所给出的各项允许误差值，一般都是指规定条件下的最大误差值，即基本误差。

（2）附加误差：当仪器工作在定标条件的一项或几项变化了的情况下（但仪器仍在允许工作范围内），这时仪器所产生的误差称为附加误差。附加误差都要指明是由哪一个因素所产生的，如频率附加误差、温度附加误差等。

四、误差消除法

在测量中，总是希望得到较准确的结果，误差虽然是难免的，但是在可能的条件下，应使它减到最小。

偶然误差较小，在实践中一般不考虑，如果加以考虑时，可采用重复测量多次取平均值的方法来减少偶然误差对测量结果的影响。

至于疏失误差，在测量中一定要认真仔细。严格要求，防止犯这样的错误。

系统误差虽然具有一定的规律性，但需要通过试验研究分析来找出它们，然后加以防止和消除。系统误差的危险性就在其没有被发觉的时候最大。所以在进行测量之前，必须预先研究系统误差的所有可能来源，并采取措施消除之，或确定其大小。系统误差的种类很多，并没有千篇一律的消除方法，原则上可以根据发生的原因设法防止。有时也可以按它出现的性质采用适当的方法消除。

1）根据发生原因的不同，系统误差分为四类

（1）工具误差

该误差是指由于测量设备的构造上的缺点所引起的误差，如仪器本身校准不好，定义不准确等。这类误差的消除方法是预先校准好量具和仪器，纠正存在的毛病，防止误差的产生或确定其本身的误差值，然后在测量值中引入适当的补值来消除它。

（2）装置误差

该误差是由于测量仪器和其他设备的放置和安排不当，或使用得不正确所造成的误差，以及由于外界环境条件（如温度、湿度、气压、电磁场等）的改变所引起误差。对这类误差的消除方法是：测量仪器、设备的安放必须遵守使用规定（如水平或垂直放置，电表之间应适当远离，并注意避开过强的外部电磁场）。但是，外界条件对于仪器、设备的影响由于其变化规律颇为复杂，通常都须进行专门的试验、研究，才能求出适当的校正公式或曲线，然后加以修正。

（3）人身误差

该误差是由于测量者个人特点所引起的误差。如有些人对时间或信号的记录习惯于超前或滞后，读指示刻度时，有人习惯于超过或欠少。又如采用谐振法进行的测量，有时由于视觉的缺陷或手腕运动不够灵活，总不能调到回路的真正谐振点，从而产生一定的测量误差等。对于这类误差的消除方法应从测量者本身提高测量技巧、工作细心严格等主观方

面去解决。

(4) 方法误差或理论误差

该误差是由于所采用的测量方法本身而带来的误差。如测量方法所依据的理论不够严格，对所用方法探讨不够，对某些伴随测量所发生的情况不够了解，采用了不适当的简化后近似的公式等，都会引起测量结果的不正确。总之，这类误差是由于方法和理论上的不完善造成的，对这类误差要靠细致的分析研究，加以消除。如用伏安法测电阻时，若直接以伏特计的示数对安培计的示数之比作为测量结果，而不计及电表本身电阻的影响，则这个方法本身便包含有理论误差。

2) 根据表现特性的不同，系统误差又可分为固定的和变化的两种

固定的系统误差在测量过程中重复出现时，其大小和方向都不变对于测量结果的影响只有一个固定值。变化的系统误差随测量过程发生变化，但是这些变化具有一定的规律，如周期性的变化，或其他规律的变化等。对于固定性的系统误差，如不能用简单的方法确定或消除，还有可能用下列几种特殊测量方法来加以抵消。

(1) 替代法

在测量时，先对被测量进行测量，然后用一已知标准量替代被测量.并改变已知标准量的数值，使测量装置恢复到原来(测量被测量时的)状态，则这已知标准量的数值，就是被测量的数值。采用这种方法来测量，如替代后确能保证测量装置恢复到原来状态，则由于仪器内部结构及各种外界因素所引起的误差对测量结果将不起作用，但此可以消除由于仪表不准确和装置不妥善所引起的系统误差。

(2) 正负误差抵消法

即在不同情况下进行两次测量，使两次所发生的误差等值而异号，然后取两次结果的平均值，便可将误差抵消。例如在有外磁场的影响，可以将电流表转动 180°再测量一次，取这两次结果的平均值，就可以消除由磁场引起的误差。

附录 2 有效数字

一、有效数字的概念

在测量和数值计算中，确定该用几位数字来表示测量或计算的结果，是一件很重要的事情。以为在一个数值中小数点后面的位数越多，这个数值就越准确，或在计算的结果中保留的位数越多，准确度便越大，这两种想法都是错误的。第一种想法的错误在于没有弄清楚小数点的位置不是决定准确度的标准，而仅与所用单位大小有关。例如，记电压为 12.5 mV 与 0.012 5 V，准确度完全相同。第二种想法的错误在于不了解所有的测量由于仪器和我们感官的缺陷，只能做到一定的准确度。因此在计算结果中，无论写多少位数，也不可能把准确度增加到超过测量所能允许的范围，花费大量的时间用在这些过多位数上的计算完全是不必要的。当然，反过来，表示一个测量数字时记的位数过少，低于测量所能达到的精确度，同样也是错误的。

怎样才是正确的呢？例如，用 50 V 的电压表测量电压，若指针的读数为 34.4 V，很显然，最末一位数字“4”是估计读出的，它有可能被读为 34.3 V 和 34.5 V，所以 34.4 V 的最后一位“4”是欠准的，称“欠准数字”，表示该位数可能有一个单位的误差，而在它前面的数则都是准确知道的，因此称 34.4 V 有三位有效数字。

二、有效数字的正确表示

(1) 在测量记录时，每一个数据都只应当保留一位欠准数字，即最后一位前的各位数字都必须是准确的。

(2) 关于数字“0”，要特别注意，它可能是有效数字，也可能不是有效数字。例如在测量某一电阻时，如果仪器精确度可以读出 1.000 0 Ω，则不应当省略后面的“0”，因为它们都是有效数字。同样读电流时，能够读出 0.50 A，就不应当记为 0.5 A。而在电压为 0.012 5 V 中，前面两个 0 都不是有效数字，因这些 0 只与所取的单位有关，而与测量的精确度无关，如改用 mV 为单位，则前面两个 0 全部消失，变为 12.5 mV，所以有效数字位数实际是三位。

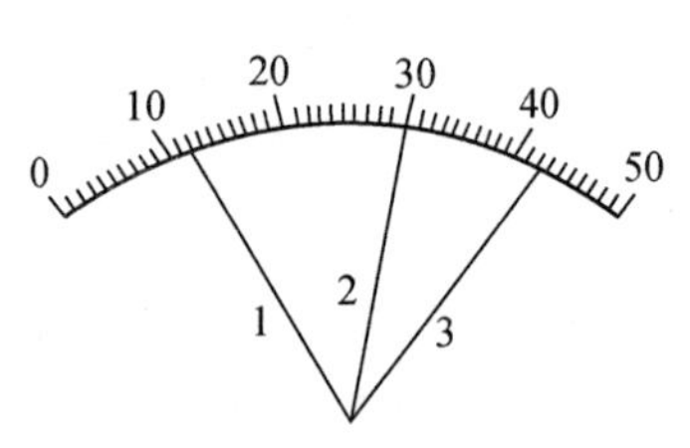

附图 2.1　有效数字

附图 2.1 表示一个 0～50 V 的电压表在三次测量中其指针指示的情况。第一次指示位置正指到 12 V 处，第二次正指到 30 V 处，第三次指示位置在 42～43 V 之间，可分别记录为 12.0 V，30.0 V，42.2 V，小数点后的 1 位是欠准的。

(3) 例如，15 000 Ω 这样的写法是含糊不清的，后面的三个 0 无法知道是不是有效数字，为了明确表示有效数字的位数，通常采用 10 的方次表示，以 10 的方次前面的数字代表有效数字，如写成 1.500×10^4 Ω，就表示有四位有效数字。

(4) 表示常数数字可以认为它的有效数字的位数为无限制，例如：X，Z 等，在计算中，需要几位就可以写几位。

三、有效数字的运算法则

1) 加减运算

首先对各项进行修约，使各数保留小数点后的位数，应与所给各数中小数点后位数最少的相同。例如将 13.65，0.008 2，1.632 三个数字相加时，其中 13.65 小数点后仅两位为最少，所以应取 0.008 2→0.01，1.632→1.63，则

$$13.65+0.01+1.63=15.29$$

2) 乘除运算

同样，首先对各项进行修约，各因子保留的位数以有效数字位数最少的为标准，所得积或商的有效数字的位数，应与有效数字位数最少的那个因子相同。例如：

$$0.012\,1\times25.64\times1.057\,82=?$$

其中 0.0121 为三位有效数字，位数最少，所以应该取 25.64→25.6，1.057 82→1.06，则

$$0.012\,1\times25.6\times1.06=0.328\,345\,6\rightarrow0.328$$

若有效数字位数最少的数据中第一位为 8 或 9，则有效数字位数可多计一位，例如，

9.13 虽有三位，但在计数有效数字时，可作四位计算。

四、有效数字的修约规则

关于有效数字的修约规则，国家科委曾做了推荐，现将 1958 年国家科委标准推荐的《编写国家标准草案暂行办法》中附录三摘录如下：

关于技术方面的各种数据，计量测定和各种计数等方面的数据，在所规定的精确度范围以外的数字，应加取舍时，按照下列规则执行。

(1) 所拟舍去的数字中，其最左面的第一个数字小于 5 时，则舍去，即所留下的数字不变。

例如：将 14.243 2 修约只留一位小数时，其舍去的数字中最左面第一个数字是 4，应舍去，则结果成为 14.2。

(2) 所拟舍去的数字中，其最左面的第一个数字大于 5 时，则进 1，即所留下来的末位数字加 1。

例如：将 26.484 3 修约只留一位小数时，其舍去的数字中最左面的第一个数字是 8，应进 1，则结果成为 26.5。

(3) 所拟舍去的数字中，其左面的第一个数字等于 5，而后面的数字并非全部为 0 时，则进 1，即所留下的末位数字加 1。

例如：将 1.050 1 修约只留一位小数时，其舍去的数字中最左面的第一个数字是 5，5 后面的数字还有 01，应进 1，其结果成为 1.1。

(4) 所拟舍去的数字中，其最左面的第一个数字等于 5，而后面的数字全部为 0 时，所保留的数字末位如为奇数则进 1，如为偶数则不进（“0”以偶数论）。

例如：将下列数字修约只留一位小数，其舍去的数字中最左面的第一个数字 5，5 后面的数字全部为 0。

0.05 因所保留的数字末位为“0”，以偶数论，故不进，成为 0.0。

0.15 因所保留的数字末位为“1”，为奇数，故进 1，成为 0.2。

0.250 因所保留的数字末位为“2”，为偶数，故不进，成为 0.2。

0.450 因所保留的数字末位为“4”，为偶数，故不进，成为 0.4。

(5) 所拟舍去的数字并非单独的一个数字时，不得对该数字进行连续的修约，应根据所拟舍去的数字中最左面的第一个数字的大小，按(1)、(2)、(3)的规定处理。

例如：将 15.454 6 修约成整数。

15.454 6→15.455→15.46→15.5→16(不对的做法)

15.454 6→15(对的做法)。

(6) 整数的修约规定应按(1)、(2)、(3)、(4)、(5)条的规定办理。

例如：将 1 234 修约百位整数，则成为 1 200，将 126 修约十位整数，则成为 130。

附录 3 常用电子元器件的识别与简易测试

一、电阻

1）常见电阻的外形及图形符号

电阻按引出线的不同可分为轴向引线、径向引线、同向引线、无帽盖结构等。常见电阻的外形及电路符号如附图 3.1 和附图 3.2 所示。

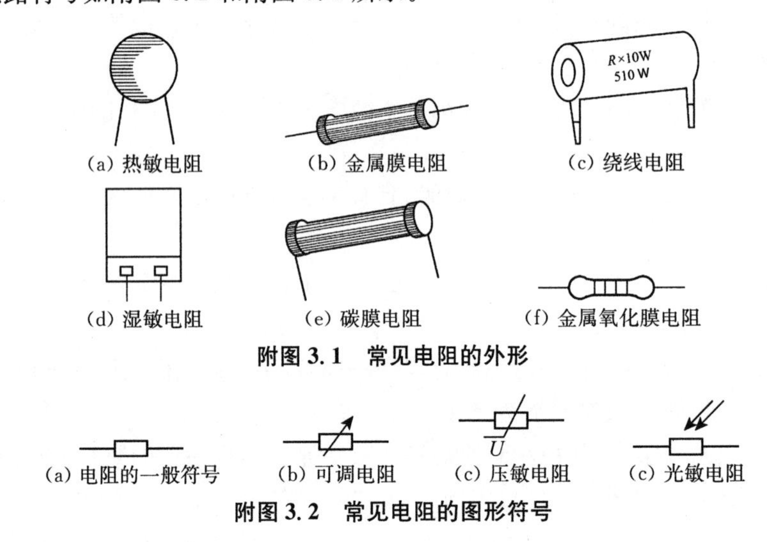

（a）热敏电阻　（b）金属膜电阻　（c）绕线电阻

（d）湿敏电阻　（e）碳膜电阻　（f）金属氧化膜电阻

附图 3.1 常见电阻的外形

（a）电阻的一般符号　（b）可调电阻　（c）压敏电阻　（c）光敏电阻

附图 3.2 常见电阻的图形符号

2）电阻的主要参数及标识

标称阻值是指电阻表面所标示的阻值。除特殊定做以外其阻值范围应符合国标规定的阻值系列。目前电阻标称阻值有 E_6、E_{12}、E_{24} 三大系列，其中 E_{24} 系列最全，现将其列于附表 3.1 中。标称阻值往往与其实际阻值有一定偏差，这个偏差与标称阻值的百分比为电阻的误差。误差越小，电阻精度越高。

附表 3.1 电阻标称阻值系列

标称阻值系列	精度(%)	标称阻值(×10^n)
E_{24}	±5	1.0,1.1,1.2,1.3,1.5.1.6,1.8,2.0,2.2.2.4,2.7,3.0,3.3,3.6,3.9,4.3,4.7,5.1,5.6,6.2,6.8,7.5,8.2,9.1
E_{12}	±10	1.0,1.2,1.5,1.8,2.2,2.7,3.3,3.9,4.7,5.6,6.8,8.2
E_6	±20	1.0.1.5.2.2,3.3,4.7,6.8

电阻阻值的表示方法有下列几种：

（1）直标法：直接用数字表示电阻的阻值和误差，例如电阻上印有 68 kΩ±3.4 kΩ，则阻值为 68 kΩ，误差为±68 kΩ×5%。

（2）文字符号法：用数字和文字符号或两者有规律的组合来表示电阻的阻值。文字符号 C、K、M 前面的数字表示阻值的整数部分，文字符号后面的数字表示阻值的小数部分，例如，2k7 其阻值为 2.7 kΩ。

(3) 色标法：用不同颜色的色环表示电阻的阻值和误差。常见的色环电阻有四环电阻和五环电阻两种，其中五环电阻属于精密电阻，如附表 3.2 和附表 3.3 所列。

附表 3.2 四环电阻色标颜色与数值对照表

色环颜色	第一色环第 1 位数	第二色环第 2 位数	第三色环倍字	第四色环误差(%)
棕	1	1	$\times10^1$	±1
红	2	2	$\times10^2$	±2
橙	3	3	$\times10^3$	
黄	4	4	$\times10^4$	
绿	5	5	$\times10^5$	±0.5
蓝	6	6	$\times10^6$	±0.25
紫	7	7	$\times10^7$	±0.1
灰	8	8	$\times10^8$	±0.05
白	9	9	$\times10^9$	
黑		0	$\times10^0$	
金			$\times10^{-1}$	±5
银			$\times10^{-2}$	±10

附表 3.3 五环电阻色标颜色与数值对照表

色环颜色	第一色环第 1 位数	第二色环第 2 位数	第三色环第 3 位数	第四色环倍率	第五色环误差(%)
棕	1	1	1	$\times10^1$	±1
红	2	2	2	$\times10^2$	±2
橙	3	3	3	$\times10^3$	
黄	4	4	4	$\times10^4$	
绿	5	5	5	$\times10^5$	±0.5
蓝	6	6	6	$\times10^6$	±0.25
紫	7	7	7	$\times10^7$	±0.1
灰	8	8	8	$\times10^8$	±0.05
白	9	9	9	$\times10^9$	
黑	0	0	0	$\times10^0$	
金				$\times10^{-1}$	
银				$\times10^{-2}$	

附图 3.3 给出了色标法的两个示例。

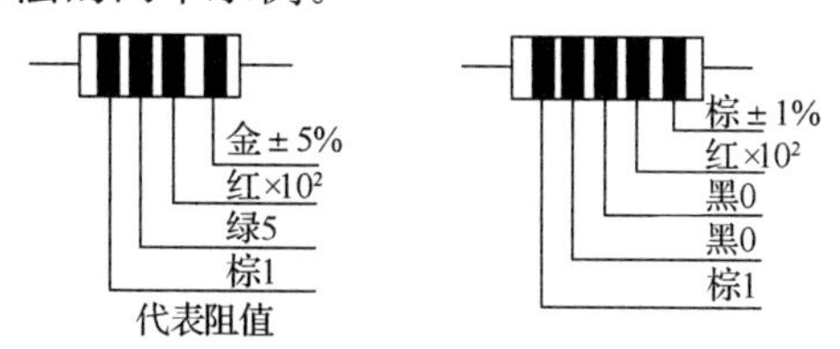

附图 3.3 电阻阻值色标法

在实际中，读取色环电阻的阻值时应注意以下几点。

(1) 熟记附表 3.2 和附表 3.3 中色数对应关系。

(2) 找出色环电阻的第一环，其方法有：色环靠近引出端最近的一环为第一环，四环电阻多以金色作为误差环，五环电阻多以棕色作为误差环。

(3) 色环电阻标记不清或个人辨色能力差时，只能用万用表测量。

(4) 数码法：数码法是用三位数码表示电阻的标称阻值。数码从左到右，前两位为有效值，第三位是指零的个数，即表示在前两位有效值后所加零的个数，单位为“Ω”，例如：152 表示在 15 后面加 2 个“0”，即 1 500 Ω=1.5 kΩ，此种方法在贴片电阻中使用较多。

3) 电阻的额定功率

额定功率是指电阻在规定环境条件下，长期连续工作所允许消耗的最大功率。电路中电阻的实际功率必须小于其额定功率，否则，电阻的阻值及其他性能将会发生改变，甚至烧毁。常用电阻额定功率系列如附表 3.4 所列。

附表 3.4　电阻额定功率

名　称	额定功率/W
线绕电阻	0.05,0.125,0.25,0.5,1,2,4,8,10,16,25,40,50,75,100,150,250,500
非线绕电阻	0.05.0.125.0.25.0.5,1,2,5,10,16,25,50,100

电阻的额定功率与体积大小有关。电阻的体积越大，额定功率数值也越大。2 W 以下的电阻以自身体积大小表示功率值。电阻体积与功率的关系如附表 3.5 所列。

附表 3.5　电阻的体积与功率关系

额定功率/W	RT 碳膜电阻		RJ 金属膜电阻	
	长度/mm	直径/mm	长度/mm	直径/mm
0.125	11	3.9	0～8	2～2.5
0.25	18.5	5.5	7～8.3	2.5～2.9
0.5	28.0	5.5	10.8	4.2
1	30.5	7.2	13.0	6.6
2	48.5	9.5	18.5	8.6

4) 电阻的选用

(1) 按用途选择电阻的种类。

(2) 在一般档次的电子产品中，选用碳膜电阻就可满足要求。对于环境较恶劣的地方或精密仪器中，应选用金属膜电阻。

(3) 正确选取阻值和允许误差。对于一般电路，选用误差为±5%的电阻即可，对于精密仪器应选用高精度的电阻。

(4) 为保证电阻可靠耐用，其额定功率应是实际功率的 2～3 倍。

(5) 电阻安装前，应将引线进行处理，保证焊接可靠。高频电路中电阻引线不宜长，以减少分布参数的影响；小型电阻的引线不宜短，一般为 5 mm 左右。

(6) 使用电阻，应注意电阻两端所承受的最高工作电压。

(7) 电阻绝缘性能要良好，不能有脱漆现象等。

二、电容器

1) 电容器的种类

电容器按结构可分为固定电容器、可变电容器和微调电容器；按介质可分为空气介质电容器、固体介质（云母、陶瓷、涤纶等）电容器及电解电容器；按有无极性可分为有极性电容器和无极性电容器。常见电容器的外形及图形符号如附图 3.4 所示。

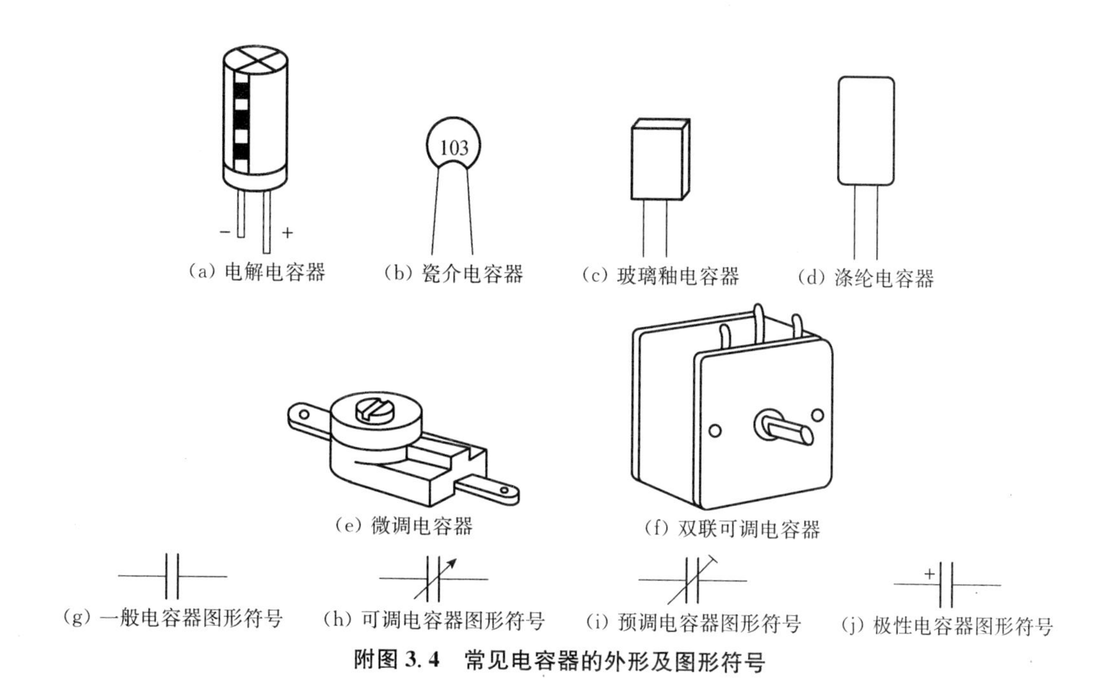

附图 3.4 常见电容器的外形及图形符号

2) 电容器的主要参数及标识

(1) 电容器容量的单位。电容器的容量是指其加上电压后储存电荷能力的大小。它的国际单位是 F(法)，由于 F 这个单位太大，因而常用的单位有 μF(微法)、nF(纳法)和 pF(皮法)。其中：

$$1\ \mu F=10^{-6}\ F,1\ nF=10^{-9}\ F,1\ pF=10^{-12}\ F$$

(2) 额定工作电压。额定工作电压又称为耐压，是指在允许的环境温度范围内，电容上可连续长期施加的最大电压有效值。它一般直接标注在电容器的表面，使用时绝不允许电路的工作电压超过电容器的耐压，否则电容器就会击穿。

(3) 电容器容量的识别方法。电容器容量的标识方法主要有直标法、数码法和色标法三种。

① 直标法。将电容器的容量、耐压及误差直接标注在电容器的外壳上，其中误差一般用字母来表示。常见的表示误差的字母有 J(±5%)和 K(±10%)等。例如：47nJ100 表示容量为 47 nF 或 0.047 μF，误差为±47 nF×5%，耐压为 100 V。

当电容器所标容量没有单位时，在读其容量时可按如下原则：

容量在 1～10^4 之间时，读作 pF，例如：470 读作 470 pF。

容量>10^4 时，读作 μF。例如：22 000 读作 0.022 μF。

② 数码法。用三位数字来表示容量的大小，单位为 pF。前两位为有效数字，第三位表示倍率，即乘以 10^I，I 的范围是 1～9，其中 9 表示 10^{-1}。例如：333 表示 33 000 pF 或 0.033 μF，229 表示 2.2 pF。

③ 色标法。这种表示方法与电阻的色环表示方法类似，其颜色所代表的数字与电阻色环完全一致，单位为 pF。

3）电容器的简易测试

电容器在使用前应对其漏电情况进行检测。容量在 1～100 μF 内的电容用万用表的"R×10 k"挡检测，容量大于 100 μF 的电容用"R×1 k"挡检测。具体方法：将万用表两表笔分别接在电容器的两端，指针应先向右摆动，然后回到"∞"位置附近。表笔对调重复上述过程，若指针距"∞"处很近或指在"∞"位置上，说明漏电电阻大，电容性能好；若指针距"∞"处较远，说明漏电电阻小，电容性能差；若指针在"0"处始终不动，说明电容内部短路。对于 4 700 pF 以下的小容量电容器，由于容量小、充电时间快、充电电流小，用万用表的高阻值挡也看不出指针摆动，可借助电容表直接测量其容量。

4）电容器的选用

电容器的种类繁多，性能指标各异，合理选用电容器对产品设计十分重要。

(1) 不同的电路应选用不同种类的电容器。在电源滤波、去耦电路中，要选用电解电容器；在高频、高压电路中，应选用瓷介电容器、云母电容器；在谐振电路中，可选用云母、陶瓷电容器和有机薄膜电容器等；用作隔直流时，可选用纸介、涤纶、云母、电解电容器等；用在调谐回路时，可选用空气介质或小型密封可变电容器。

(2) 电容器耐压的选择。电容器的额定电压应高于实际工作电压 10%～20%，对工作稳定性较差的电路，可留有更大的余量，以确保电容器不被损坏和击穿。

(3) 容量的选择。对业余的小制作一般不必考虑电容器的误差。对于振荡、延时电路，电容器容量误差应尽可能小，选择误差应小于 5%；对于低频耦合电路的电容器，其误差可大一些，一般 10%～20%就能满足要求。

(4) 注意电容器的引线形式。可根据实际需要选择焊片引出、接线引出和螺丝引出等，以适应线路的插孔要求。

(5) 应考虑的其他因素。电容器在选用时不仅要注意以上几点，有时还要考虑其体积、价格和电容器所处的工作环境(温度、湿度)等情况。

(6) 电容器的代用。在选购电容器的时候可能买不到所需要的型号或所需容量的电容器，或在维修时手头有的与所需的不相符合时，可考虑代用。代用的原则是：电容器的容量基本相同；电容器的耐压值不低于原电容器的耐压值；对于旁路电容、耦合电容，可选用比原电容容量大的代用；在高频电路中，代换时一定要考虑频率特性应满足电路的要求。

(7) 电容器使用注意事项。

① 使用电容器时应测量其绝缘电阻，其值应该符合使用要求。

② 电容器外形应该完整，引线不应松动。

③ 电解电容器极性不能接反。

④ 电容器耐压应符合要求，如果耐压不够可采用串联的方法。

⑤ 某些电容器，其外壳有黑点或黑圈的一端，在接入电路时应将该端接低电位或低阻抗的一端(接地)。作电源去耦以及旁路用的电容器，通常应使用两只电容器并联工作，一只先用较大容量的电解电容器，作为低频通路，另选一只小容量的云母或瓷介电容器作为高频通路。

⑥ 温度对电解电容器的漏电流、容量及寿命都有影响，一般的电解电容器只能在 50 ℃以下环境中使用。

⑦ 用于脉冲电路中的电容器应选用频率特性和耐温性能较好的电容器，一般为涤纶、云母、聚苯乙烯电容器等。

⑧ 可变电容器的动片应良好接地。

⑨ 可变电容器使用日久，动片间会有灰尘，应定期清洁处理。

三、电感器

常见的电感器如附图 3.5 所示。

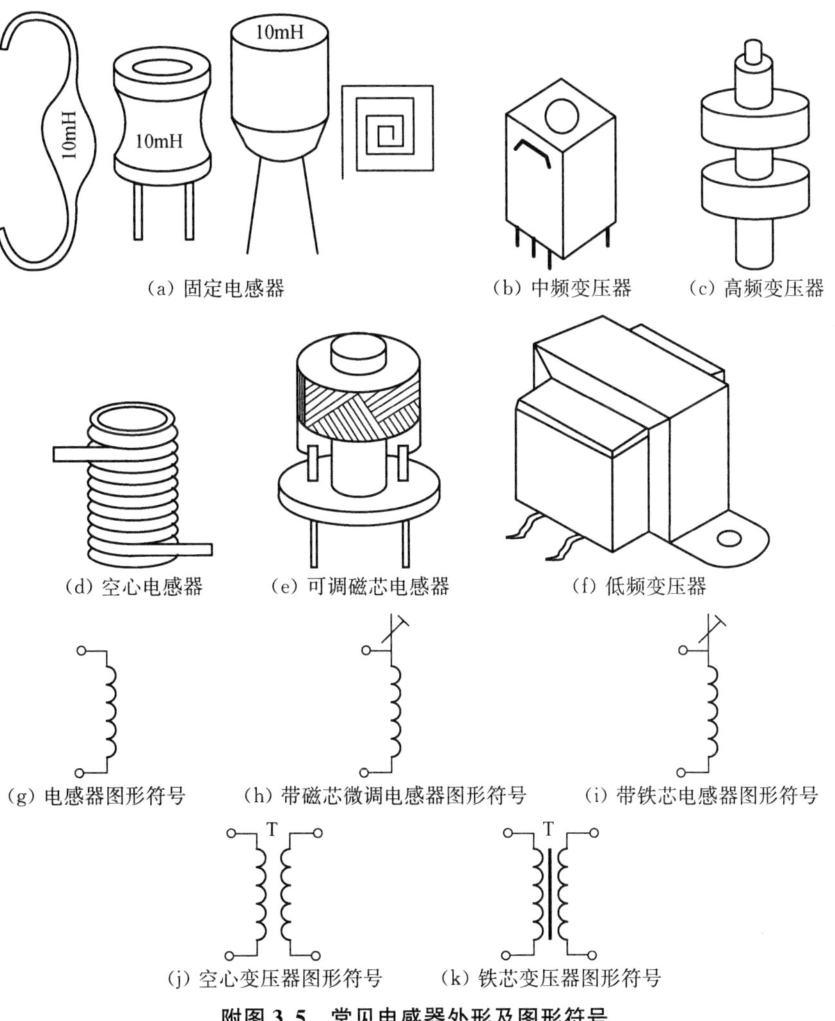

附图 3.5　常见电感器外形及图形符号

为了表明各种电感器的不同参数，便于在生产、维修时识别和应用，常在小型固定电感器的外壳上涂上标识，其标志方法有直标法、色标法和电感值数码表示方法三种。

(1) 直标法。直标法是指在小型固定电感器的外壳上直接用文字标出电感器的主要参数，如电感量、误差值、最大工作电流等。其中，最大工作电流常用字母 A、B、C、D、E 等标注，字母和电流的对应关系如附表 3.6 所列。

例如：电感器外壳上标有 3.9 mH、A、II 等字样，则表示其电感量为 3.9 mH，误差为 II%(±10%)，最大工作电流为 A 挡(50 mA)。

(2) 色标法。色标法是指在电感器的外壳涂上各种不同颜色的环，用来标注其主要参数。

第一条色环表示电感量的第一位有效数字，第二条色环表示第二位有效数字，第三条色环表示倍乘数(即"10")，第四条表示允许偏差。数字与颜色的对应关系和电阻色标法相同。

例如，某电感器的色环标志分别为：

红红银黑：表示其电感量为 0.22+20% μH；

黄紫金银：表示其电感量为 4.7±10% μH。

(3) 数码法。标称电感值采用 3 位数字表示，前 2 位数字表示电感值的有效数字，第 3 位数字表示 0 的个数，小数点用 R 表示，单位为 μH。

例如，222 表示 2 200 μH，151 表示 150 μH，100 表示 10 μH，R68 表示 0.68 μH。

附表 3.6　小型固定电感器的工作电流和字母的关系

字　母	A	B	C	D	E
最大工作电流/mA	50	150	300	700	1 600

四、二极管

常用二极管的外形图如附图 3.6 所示。常用二极管的外壳上均印有型号和标记，标记箭头所指的方向为阴极。有的二极管只有一个色点，有色的一端为阴极，有的带定位标志。判别极性时，观察者面对管底，由定位标志起，按顺时针方向，引出线依次为正极和负极，如附图 3.7 所示。

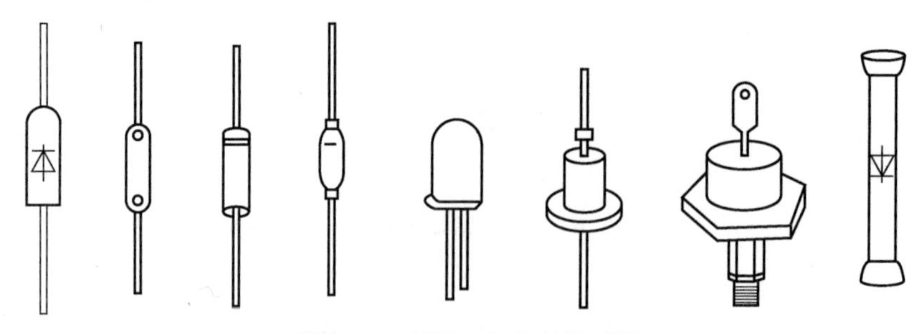

附图 3.6　常用二极管的外形图

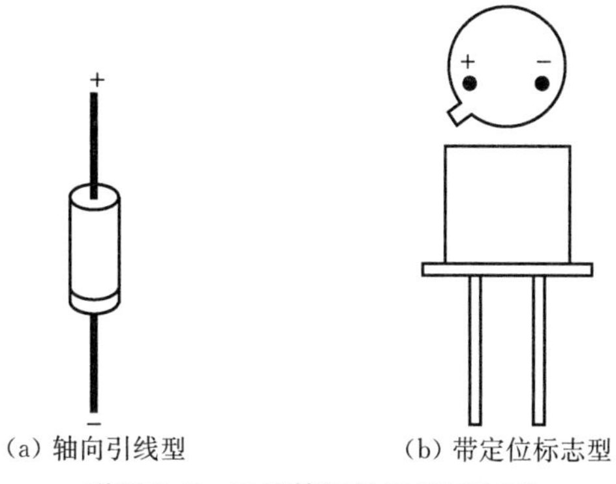

(a) 轴向引线型　(b) 带定位标志型

附图 3.7　二极管极性识别示意图

五、三极管

一般情况下可以根据命名规则从三极管管壳上的符号辨别出它的型号和类型，同时还可以从管壳上的色点的颜色来判断出管子的放大系数值的大致范围，常用色点对 β 值分档，如附表 3.7 所列。

附表 3.7　常用色点对 β 值的分档

β	5～15	15～25	25～40	40～55	55～80	80～120	120～180	180～270	270～400	400 以上
色标	棕	红	橙	黄	绿	蓝	紫	灰	白	黑

例如，色标为橙色表明该管的 β 值在 25～40 之间。但有的厂家并非按此规定，使用时要注意。当从管壳上知道它们的类型、型号以及 β 值后，还应进一步判别它们的三个极。

小功率三极管有金属外壳和塑料外壳封装两种。金属外壳封装的三极管如果管壳上带有定位销，那么，将管底朝上，从定位销起，按顺时针方向，三根电极依次为 e、b、c，如果 管壳上无定位销，且三根电极在半圆内，将有三根电极的半侧置于上方，按顺时针方向三根电极依次为 e、b、c，如附图 3.8(a)所示。

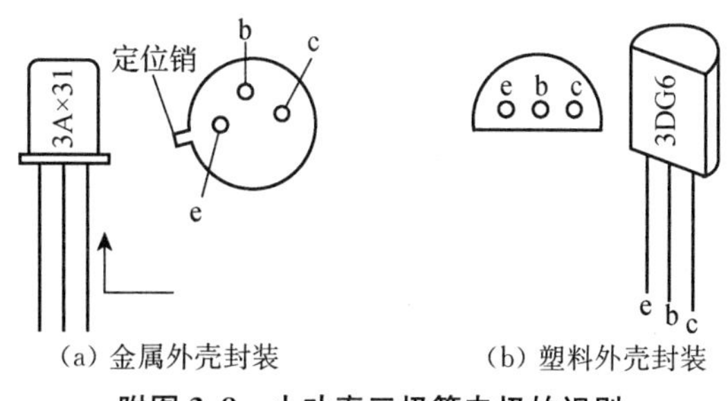

(a) 金属外壳封装　(b) 塑料外壳封装

附图 3.8　小功率三极管电极的识别

对于大功率三极管，外形一般分为 F 型和 G 型两种。F 型管从外形上只能看到两根电极，将管底朝上，两根电极置于左侧，则上为 e，下为 b，底座为 c，如附图 3.9(a)所示。G 型管的三个电极一般在管壳的顶部，将管底朝下，三根电极置于左侧，从最下面电极起，顺时针方向依次为 e、b、c，如附图 3.9(b)所示。

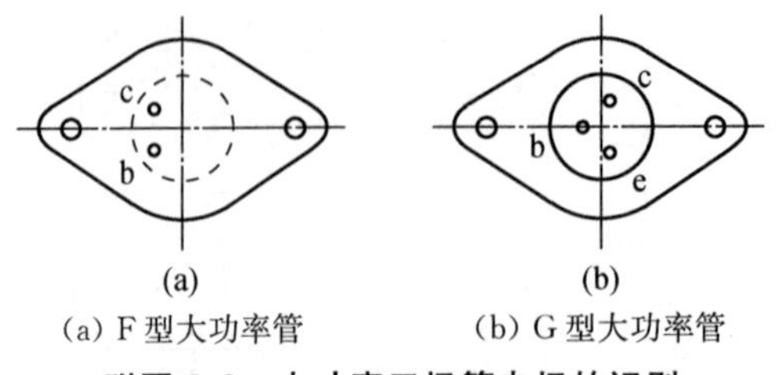

(a) F型大功率管　　(b) G型大功率管

附图 3.9　大功率三极管电极的识别

三极管的引脚必须正确确认，否则接入电路中不但不能正常工作，还可能烧坏管子。

六、集成电路

常见集成电路的封装形式如附图 3.10 所示。

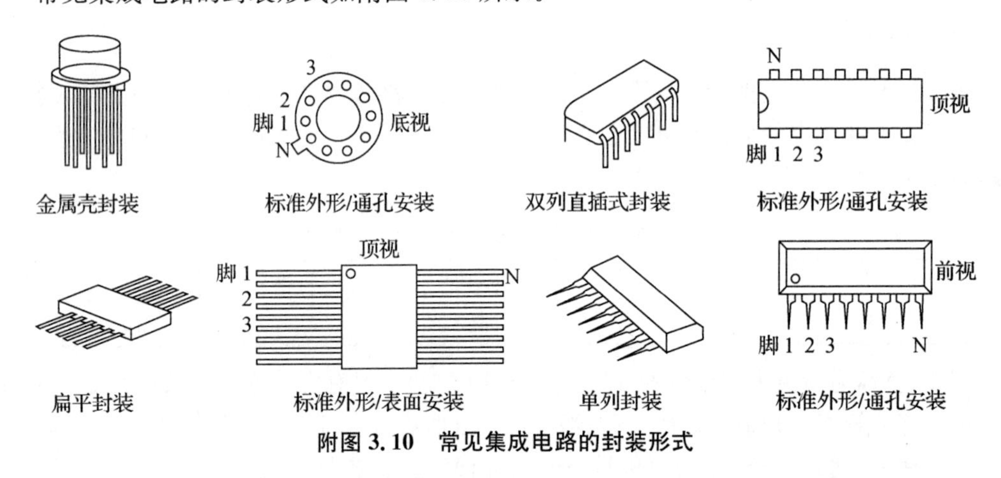

附图 3.10　常见集成电路的封装形式

集成电路的种类五花八门，各种功能的集成电路应有尽有。在选用集成电路时，应根据实际情况，查器件手册，选用功能和参数都符合要求的集成电路。集成电路在使用时，应注意以下几个问题：

(1) 集成电路在使用时，不许超过器件手册中规定的参数数值。

(2) 集成电路插装时要注意引脚序号方向，不能插错。

(3) 扁平型集成电路外引出线成形、焊接时，引脚要与印制电路板平行，不得穿引扭焊，不得从根部弯折。

(4) 集成电路焊接时，不得使用大于 45 W 的电烙铁，每次焊接的时间不得超过 10 s，以免损坏电路或影响电路性能。集成电路引脚间距较小，在焊接时各焊点间的焊锡不能相连，以免造成短路。

(5) CMOS 集成电路有由金属氧化物半导体构成的非常薄的绝缘氧化膜，可由栅极的电压控制源和漏区之间构成导电通路，若加在栅极上的电压过大，栅极的绝缘氧化膜就容易被击穿。一旦发生了绝缘击穿，就不可能再恢复集成电路的性能。

CMOS 集成电路为保护栅极的绝缘氧化膜免遭击穿，虽备有输入保护电路，但这种保护也有限，使用时如不小心，仍会引起绝缘击穿。因此使用时应注意以下几点：

① 焊接时采用漏电小的电烙铁(绝缘电阻在 10 MΩ 以上的 A 级电烙铁，或起码 1 MΩ 以上的 B 级电烙铁)，或焊接时暂时拔掉电烙铁电源。

② 电路操作者的工作服、手套等应由无静电的材料制成。工作台上要铺上导电的金属板,椅子、工夹器具和测量仪器等均应接到地电位。特别是电烙铁的外壳须有良好的接地线。

③ 当要在印制电路板上插入或拔出大规模集成电路时,一定要先切断电源。

④ 切勿用手触摸大规模集成电路的端子(引脚)。

⑤ 直流电源的接地端子一定要接地。

另外,在存储 CMOS 集成电路时,必须将集成电路放在金属盒内或用金属箱包装起来。

七、思考题

(1) 四环电阻器和五环电阻器的各环代表什么含义?

(2) 怎样判别固定电容器性能的好坏?

(3) 怎样判别电解电容器的极性?

(4) 怎样判别晶体二极管的正、负极?

(5) 使用晶体二极管时,应注意哪些问题?

(6) 如何用万用表判别晶体管是 PNP 型的?

(7) 如何用万用表判别晶体管的三个电极?

(8) 试述集成电路的使用注意事项。

附录 4　数字万用表

数字万用表是采用数字化的测量仪表,具有数字显示清晰、读数准确、测量范围宽、测量速度快、测试功能多、保护电路齐全和输入阻抗高等优点,所以广泛被用于电子测量。下面以 UT56 型数字万用表为例介绍其使用方法。

UT56 型数字万用表是一种体积小,携带方便,电池驱动的 $3\frac{1}{2}$ 数字万用表,可以进行直流和交流电压、电流、电阻、二极管、带声响的通断测试及晶体管 h_{FE} 的测试,具有数据保持、符号显示、睡眠、低电压提示等功能。

1) 仪表面板结构

UT56 型数字万用表面板如附图 4.1 所示。

2) 主要技术指标

(1) 测量范围

直流电压:分 200 mV,2 V,20 V,200 V,1 000 V 5 挡。

交流电压:分 2 V,20 V,200 V,750 V 4 挡。

直流电流:分 2 mA,20 mA,200 mA,20 A 4 挡。

交流电流:分 2 mA,20 mA,200 mA,20 A 4 挡。

电阻:分 200 Ω,2 kΩ,20 kΩ,200 kΩ,2 MΩ,20 MΩ,200 MΩ 7 挡。

附图 4.1　万用表实物图

电容：分 2 nF，20 nF，200 nF，2 mF，20 mF 5 挡。

频率：20 kHz。

二极管及声响的通断测试。

晶体管放大系数 h_{FE} 值：0～100。

(2) 工作频率

工作频率：40～400 Hz。

(3) 显示特性

显示方式：LCD 显示。

最大显示：19999。

过量显示："1"。

3) 注意事项

(1) 测试笔插孔旁边的正三角中感叹号，表示输入电压或电流不应超过指示值。

(2) 务必检查量程开关是否置于恰当的位置，并注意红表笔所在的插孔是否与量程开关所在范围一致。在测量交直流电压和电流时，若不知被测量的大约数值，可先将量程开关置于最高挡，然后根据实际情况逐渐减小，以防止因超量输入而损坏仪表。

4) 使用方法

(1) 直流电压、交流电压的测量。首先将黑表笔插入 COM 插孔，红表笔插入 V/Ω 插孔；然后将功能开关置于 DCV(直流)或 ACV(交流)量程，并将测试笔连接到被测电路两端，显示屏将显示被测电压值，在显示直流电压值的同时，将显示红表笔端的极性。如果显示屏只显示"1"，表示超量程，量程开关应置于更高的量程(下同)。若量程开关置于"200 m"显示数值以"mV"为单位；置其他各挡时，显示数值以"V"为单位。应该注意测低电压时，不能置于高量程档位，因为随着量程档位增加，误差也增大。

(2) 直流电流、交流电流的测量。首先将黑表笔插入 COM 插孔，测量最大值为 200 mA 的电流时，将红笔插入 mA 孔；测量最大值为 10 A 的电流时，将红表笔插入 10 A 插孔。将量程开关置于 DCA 或 ACA 量程，测试表笔串联接入被测电路，显示屏即显示被测电流值，在显示直流电流值的同时，将显示红表笔端的极性。

(3) 电阻的测量。首先将黑表笔插入 COM 插孔，红表笔插入 V/Ω，然后将量程开关置于电阻挡；两表笔分别接到被测电阻两端，显示屏将显示被测电阻值。应该注意如果电阻本身开路，则显示"1"。

(4) 二极管的检测。首先将黑表笔插入 COM 插孔，红表笔插入 V/Ω(数字万用表的红表笔是表内电池的正极，黑表笔是电池的负极)，然后将量程开关置于二极管挡，将两表笔接二极管的两端，显示屏将显示二极管的导通电压(以"V"为单位)；当二极管反向时，显示屏左端将显示"1"。

检查二极管的质量及鉴别硅管、锗管：

① 测量结果若在 1 V 以下时，红笔为二极管正极，黑笔为负极；

②测量显示为 0.55～0.70 V 者为硅管，0.15～0.30 V 者为锗管；

③两 个方向均显示"1"，管子开路；两个方向均显示"0"，管子击穿、短路。

(5) 带声响的通断测试。首先黑表笔插入 COM 插孔，红表笔插入 V/Ω 插孔，然后将功能开关置于通断测试挡"•))",将测试表笔连接到被测电阻,如表笔之间的阻值低于约30 Ω,蜂鸣器发声。

(6) 晶体管放大系数h_{FE}测试。首先将功能开关置于h_{FE}挡,然后确定晶体管为NPN型或PNP型,并将发射极、基极、集电极分别插入相应的插孔,此时显示器将显示出晶体管放大系数h_{FE}值。

检查三极管的质量及鉴别硅管、锗管(用表上的二极管挡或h_{FE}挡):

① 极性判别。红表笔接某极,黑表笔分别接其他两极,都出现超量程或电压都小,则红笔为基极B;若一个超量程,一个电压小,则红笔不是B极,换脚重测。

② 判别管型。上面测量结果中,都超量程者为PNP管,电压都小(0.5~0.7 V)者为NPN管。

③ 判别C、E极。用h_{FE}挡,已知NPN管,基极B插入B孔,其他两极分别插入C、E孔,若结果h_{FE}=1~10时,则管子接反了;若结果h_{FE}=10~100或更大时,则接法正确。

附录5 数字示波器的使用说明

本附录是操作UTD7072BG数字示波器必须掌握的内容,包括示波器面板和显示界面、垂直控制系统、水平控制系统、触发控制系统、常用菜单"MENU"等的介绍以及使用实例。

一、使用前准备

快速进行基本功能检查,以核实本仪器运行是否正常。请按如下步骤进行:

1) 电源接通

示波器的额定供电电压标准为市电AC 100~240 V,45~440 Hz。使用附件中的电源线或者其他符合所在国标准的电源线,将示波器电源输入连接至合乎额定标准的供电网络。打开机器后部电源插孔下方的电源开关,示波器将正式通电。此时示波器前面板左下角的电源软开关按键"■"的绿色待机状态灯将亮起。

2) 开机启动

在第一步机器完成通电操作后,按下电源软开关按键"■"。绿色的待机状态灯将熄灭,同时前面板的部分按键将发生亮灯反应。约1 s后屏幕点亮并出现LOGO画面,LOGO画面再持续约4 s后,示波器将进入正常工作界面。

3) 基本功能检查

示波器进入正常界面后,找到操作面板右下方的"■"按键。长按"■"按键至听到继电器切换声音后松开,然后按"■"按键,信号自动调整完成后屏幕上将在上下半屏分别出现两个通道一致的1 kHz,3 V_{pp}方波信号。再次按下"■"按键,则内部参考输入断开,通道才能处正常外部输入状态。

4) 10×无源探头补偿

假定示波器已开机进行过30 min的预热操作,在使用无源高阻探头(标准配件)的10×挡进行信号测量前必须对探头进行补偿操作以保证测量结果的准确。调整探头补偿，按如下步骤：

① 将探头菜单衰减系数设定为 10×，探头上的开关置于 10×，并将示波器探头与 CH1 通道连接。如使用探头钩形头，应确保与探头接触可靠。将探头探针与示波器的“探头补偿信号连接片”相连，接地夹与探头补偿连接片的“接地端”相连，打开 CH1 通道，然后按“■”按键。

② 观察显示的波形。

附图 5.1　探头补偿校正

③ 如显示波形如上图“补偿不足”或“补偿过度”，用非金属手柄的调笔调整探头上的可调卡口，直到屏幕显示的波形如上图“补偿正确”。

探头补偿信号的位置示意如附图 5.2 所示。

警告：为避免使用探头在测量高电压时被电击，请确保探头的绝缘导线完好，并且连接高压源时请不要接触探头的金属部分。

附图 5.2　探头补偿信号连接片和接地端

二、示波器面板和显示界面

UTD7072BG 数字示波器的前面板如附图 5.3 所示。前面板上装有各种旋钮和功能按键，这些旋钮和功能按键分别属于垂直控制区、水平控制区、触发控制区、常用菜单控制区、运行控制区等。旋钮的功能与其他示波器类似，用以进行基本的操作。各功能按键的功能及使用方法在下面几部分内容中进行介绍，通过它们可以进入不同的功能菜单或获得特定的功能应用。显示屏右侧的一列 5 个按键为菜单键（自上而下定义为 F1 至 F5），通过它们可以设置当前菜单的不同选项。

前面板介绍（见附图 5.3）

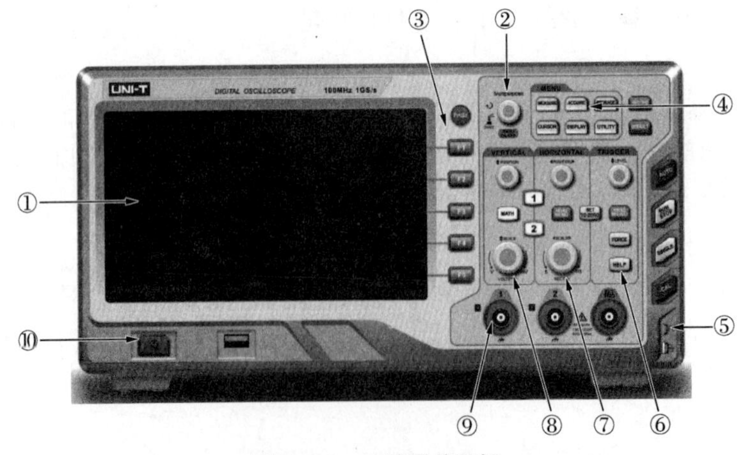

附图 5.3　示波器前面板

① 屏幕显示区域　　② 多功能旋钮(MULTIPURPOSE)
③ 控制菜单键　　④ 功能菜单软键
⑤ 探头补偿信号连接片和接地端　　⑥ 触发控制区(TRIGGER)
⑦ 水平控制区(HORIZONTAL)　　⑧ 垂直控制区(VERTICAL)
⑨ 模拟通道输入端　　⑩ 电源软开关键

后面板介绍(见附图 5.4)

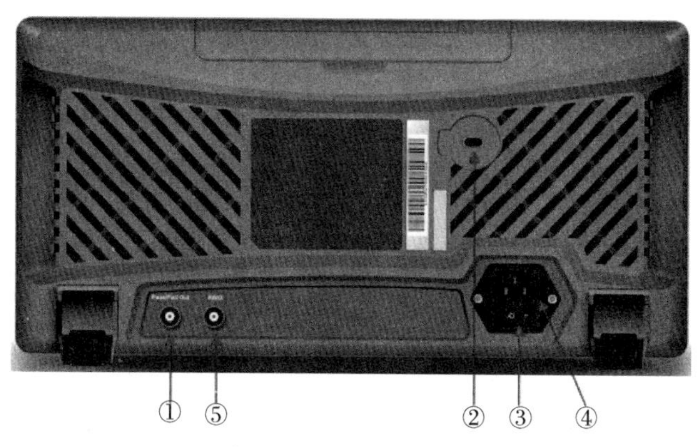

附图 5.4　示波器后面板

① Pass/Fail:通过/失败检测功能输出端,同时支持 Trig_out 输出。

② 安全锁孔:可以使用安全锁(需单独购买)将示波器锁定在固定位置。

③ 电源开关:在 AC 插座正确连接到电源后,打开此电源开关,示波器就能正常上电。此时只需按下前面板上的■按键即可开机。

④ AC 电源输入插座:AC 电源输入端。使用附件提供的电源线将示波器连接到 AC 电源中(本示波器的供电要求为 100～240 V、45～440 Hz)。

⑤ AWG(内置信号源功能)输出接口。

三、操作面板功能概述

当您拿到本系列数字示波器时,需要了解其前操作面板。本节对于本系列数字示波器的前面板的操作及功能做简单的描述和介绍,使您能在最短的时间内熟悉本系列数字示波器的使用。

1) 垂直控制

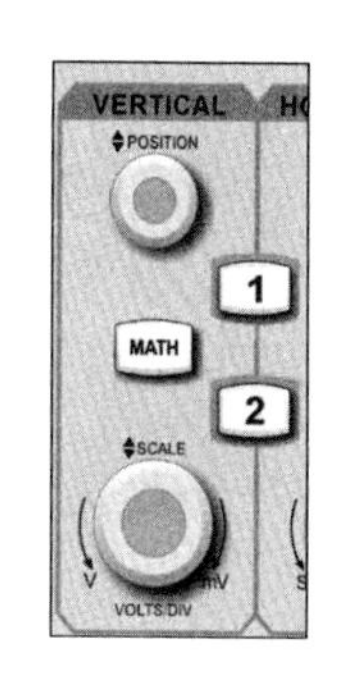

① “1”“2”显示垂直通道操作菜单,打开或关闭通道显示波形。

② “MATH”按下该键打开数学运算功能菜单,可进行加、减、乘、除运算。

③ “◎”垂直移位旋钮,可移动当前通道波形的垂直位置,屏幕下方的垂直位移值相应变化。按下该旋钮可使通道显示位置回到垂直中点。

④ “◎”垂直档位旋钮,调节当前通道的垂直档位,屏幕下方的档位标识相应变化。垂直档位步进为 1—2—5。

2）水平控制

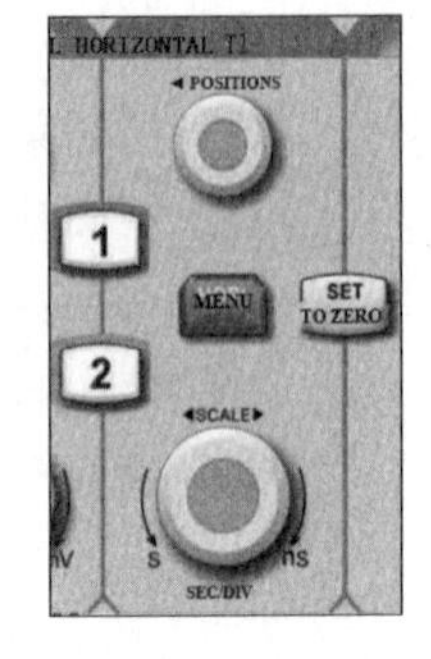

①“”水平菜单按键，显示视窗扩展和释抑时间。

②“”水平移位旋钮，可移动当前通道波形的水平位置，屏幕上方的水平位移值相应变化。按下该旋钮可使通道显示位置回到水平中点。

③“”平时基旋钮，调节当前通道的时基档位，调节时可以看到屏幕上的波形水平方向上被压缩或扩展，同时屏幕下方的时基档位标识相应变化。时基档位步进为 1—2—5。

3）触发控制

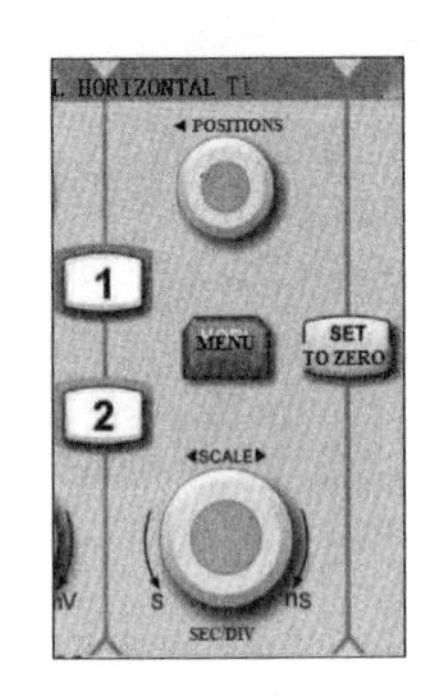

①“”触发电平调节旋钮，当前触发通道的触发电平值，屏幕右上脚的触发电平值相应变化。按下该旋钮可使触发电平回到触发信号快速回到触发信号 50%的位置。“”显示触发操作菜单内容。

②“”强制触发键，按下该键强制产生一次触发。

③“”显示示波器内置帮助系统内容。

④“”用于将触发电平、触发位置、和通道位置同时居中。

4）自动设置

“”按下该键，示波器将根据输入的信号，可自动调整垂直刻度系数、扫描时基以及触发模式直至最合适的波形显示。

5）运行/停止

“”按下该键“运行”或“停止”波形采样。运行(RUN)状态下，该键绿色背光灯点亮；停止(STOP)状态下，该键红色背光灯点亮。

6）单次触发

“”按下该键将示波器的触发模式设置为“单次”。

7）校正信号切换

“”长按该键可以切入切出校正信号到通道(注：为了防止误操作导致外部高电压反向进入烧坏校准信号电路，该功能仅在 2 mV/div～5 V/div 时有效)。

8）屏幕拷贝

“”按下该键可将屏幕波形以 BMP 位图格式快速拷贝到 USB 存储设备中。

9）多功能旋钮

“”Multipurpose：菜单操作时，按下某个菜单软键后，转动该旋钮可选择该菜单下的子菜单，然后按下旋钮(即 Select 功能)可选中当前选择的子菜单。

10）功能按键

“MEASURE”按下该键进入测量设置菜单。可设置测量信源、所有参数测量、定制参数、测量统计、测量指示器等。

“ACQUIRE”按下该键进入采样设置菜单。可设置示波器的获取方式、深存储、快采开关。

“STORAGE”按下该键进入存储界面。可存储的类型包括：设置、波形。可存储到示波器内部或外部 USB 存储设备中。

“CURSOR”按下该键进入光标测量菜单。可手动通过光标测量波形的时间或电压参数。

“DISPLAY”按下该键进入显示设置菜单。设置波形显示类型、显示格式、持续时间等。

“UTILITY”按下该键进入辅助功能设置菜单。可以进行自校正、系统信息、语言设置、菜单显示、波形录制、通过测试、方波输出、频率计、系统升级、背光亮度、输出选择等设置或操作。

“DEFAULT”按下该键使示波器进行恢复出厂设置操作。

“RECORD”按下该键直接打开波形录制菜单。

四、用户界面

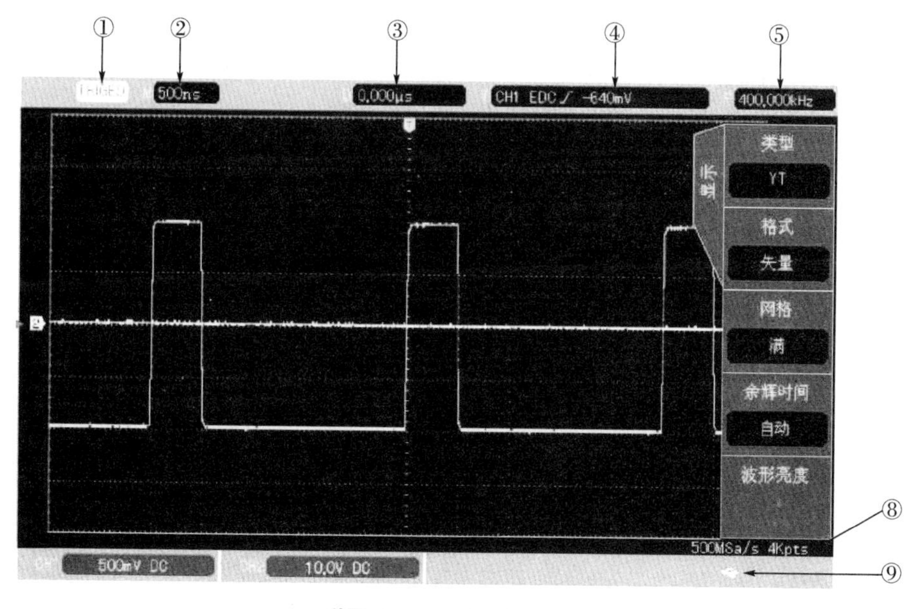

附图 5.5　示波器显示界面

① 触发状态标识：可能包括 TRIGED(已触发)、AUTO(自动)、READY(准备就绪)、STOP(停止)、ROLL(滚动)。

② 时基档位：表示屏幕波形显示区域水平轴上一格所代表的时间。使用示波器前面板水平控制区的 SCALE 旋钮可以改变此参数。

③ 水平位移：显示波形的水平位移值。调节示波器前面板水平控制区的 POSITION 旋钮可以改变此参数。

④ 触发信息：显示当前触发源、触发类型、触发斜率、触发耦合、触发电平等触发信息。

a. 触发源：有 CH1—CH2、市电、EXT 等。

b. 触发类型：边沿、脉宽、视频、斜率等。

c. 触发斜率：有上升、下降、上升下降三种。例如图中的" "标识上升沿触发。

d. 触发耦合：有直流、交流、高频抑制、低频抑制、噪声抑制五种。例如图中的"DC"标识触发耦合为直流。

⑤ 频率计：显示当前触发通道的频率信息。

⑥ USB 标识：在 USB 接口连接上 U 盘等 USB 存储设备时显示此标识。

⑦ 通道垂直状态标识：显示通道激活状态、通道耦合、带宽限制、垂直档位、探头衰减系数

⑧ 采样率/存储深度：显示示波器当前档位的采样率和存储深度。

五、设置垂直通道

1）打开/激活/关闭模拟通道

CH1—CH2 模拟通道都包含 3 种状态：打开、激活、关闭。

(1) 打开：标识示波器会将相应通道的波形显示在屏幕上。在通道关闭时按"CH1""CH2"中的任意一个，可以打开相应通道。

(2) 激活：必须为打开状态才能激活。激活状态代表调节垂直通道菜单和垂直控制区(VERTICAL)的垂直位移 POSITION、SCALE 旋钮都是改变的已激活通道的设置。任意已打开但未激活的通道，按相应通道按键可以激活该通道。

(3) 关闭：不显示相应通道的波形。任意已打开并且已激活的通道，按相应通道按键可以关闭该通道。

在任意通道被激活时，示波器显示对应的通道菜单。

附表 5.1　通道菜单

功能菜单	设　定	说　明
耦合	直流	通过输入信号的交流和直流成分
	交流	阻挡输入信号的直流成分
	接地	显示参考地电平(不断开输入信号)
带宽限制	满带宽	不打开带宽限制功能
	20 MHz	限制带宽至 20 MHz，以减少显示噪声
伏格	粗调	粗调按 1—2—5 进制设定当前通道的垂直档位
	细调	细调则在粗调设置范围之间，按当前幅度档位 1%的步进来设置当前通道的垂直档位
探头		根据探头衰减系数选取其中一个值，以保持垂直档位读数与波形实际显示一致，而不需要再去通过乘以探头衰减系数进行计算
反相	关	波形正常显示
	开	波形被反相

2）通道耦合

以 CH1 为例。将信号加入到"CH1"模拟通道输入端，按"CH1"激活"CH1"通道，然后

按“F1”键并通过“MULTIPURPOSE”旋钮选择通道耦合。也可以通过连续按“F1”键进行通道耦合的 切换。按下“MULTIPURPOSE”旋钮可以确认选择。

3）带宽限制

当带宽限制选择到开时，示波器的带宽限制在大约 20 MHz，衰减信号中 20 MHz 以上的高频信号。常用于在观察低频信号时减少信号中的高频噪声。当带宽限制功能选择到开时，垂直状态标识中会出现 BW 标识。

4）伏格

垂直伏格档位调节分为粗调和细调两种模式。

在粗调时，伏/格范围是 1 mV/div～20 V/div，以 1—2—5 方式步进。

例如：10 mV→20 mV→50 mV→100 mV。

在细调时，指在当前垂直档位范围内以 1%的步进改变垂直档位。

例如：10.00 mV→10.10 mV→10.20 mV→10.30 mV。

注意：div 指示波器波形显示区域的方格，/div 代表每格。

5）探头

为了配合探头的衰减系数设定，需要在通道操作菜单中相应设置探头衰减系数。如探头衰减系数为 10∶1，则通道菜单中探头系数相应设置成 10×，以确保电压读数正确。

探头衰减比可选择范围是 1 m×～1 000×，以 1—2—5 方式步进。

6）反相

反相打开后，波形相位翻转 180 度进行显示。同时垂直状态标识中出现反相标识。

六、设置触发系统

触发决定了示波器何时开始采集数据和显示波形。一旦触发被正确设定，它可以将不稳 定的显示转换成有意义的波形。仪器在开始采集数据时，先收集足够的数据用来在触发点的左方画出波形，并在等待触发条件发生的同时连续地采集数据。当检测到触发后，仪器连续地采集足够多的数据以在触发点的右方画出波形。

1）触发系统名词解释

(1) 触发信源

用于产生触发的信号。触发可从多种信源得到：输入通道（CHI、CH2）、外部触发 EXT、AC Line、交替触发等。

- 输入通道：选择示波器前面板上的模拟信号输入端 CH1－CH2 中的任意一个作为触发信号。

- 外部触发：选择示波器面板的 EXT 输入信号作为触发信号。例如，可利用外部时钟输到 EXT Trig 端子作为触发信源。EXT 信号触发电平范围在－3 V～＋3 V 时可设置。

- AC Line：即市电电源。可用来观察与市电相关的信号，如照明设备和动力提供设备之间的关系，从而获得稳定的同步。

- 交替触发：选择后自动打开独立时基可调模式。

(2) 触发模式

本示波器提供三种触发模式：自动、正常和单次触发。

• 自动触发：在没有触发信号输入时，系统自动运行采集数据，并显示；当有触发信号产生时，则自动转为触发扫描，从而与信号同步。

注意：在此模式下，允许 50 ms/div 或更慢的时基档位设置发生没有触发信号的 ROLL 模式。

• 正常触发：示波器在正常触发模式下只有当触发条件满足时才能采集到波形。在没有触发信号时停止数据采集，仪器处于等待触发。当有触发信号产生时，则产生触发扫描。

• 单次触发：在单次触发模式下，用户按一次"运行"按键，示波器进入等待触发，当仪器检测到一次触发时，采样并显示所采集到的波形，然后进入 STOP(停止)状态。按示波器前面板上的"SINGLE"键可以快速进入单次触发模式。

(3) 触发耦合

触发耦合决定信号的何种分量被传送到触发电路。耦合类型包括直流、交流、低频抑制、高频抑制和噪声抑制。

• 直流：让信号的所有成分通过。

• 交流：阻挡直流成分并衰减 10 Hz 以下信号。

• 高频抑制：衰减超过 1 MHz 的高频成分。

• 低频抑制：阻挡直流成分并衰减低于 680 kHz 的低频成分。

• 噪声抑制：噪声抑制可以抑制信号中的高频噪声，降低示波器被误触发的概率。

(4) 触发灵敏度

示波器能够产生正确触发的最小信号要求。例如本机输入通道(CH1～CH2)在一般情况下触发灵敏度为 1 div，即代表需要至少作为信源的输入通道，其信号至少应有 1 div。

(5) 预触发/延迟触发

触发事件之前/之后采集的数据。

触发位置通常设定在屏幕的水平中心，您可以观察到 7 格的预触发和延迟信息。您可以通过旋转水平位移"POSITION"旋钮调节波形的水平位移，查看更多的预触发信息。通过观察预触发数据，可以观察到触发前的波形情况。例如捕捉电路启动时刻产生的毛刺，通过观察和分析预触发数据，就能帮助查出毛刺产生的原因。

(6) 强制触发

按"FORCE"键强制产生一次触发信号。

在使用正常或单次触发模式时如果在屏幕上看不到波形，按"FORCE"(强制触发)按键可采集信号基线，以确认采集是否正常。

2) 边沿触发

边沿触发使用触发信号的上升沿或者下降沿来产生触发。

按触发控制区的"TRIG MENU"，进入触发菜单。按"F1"选择触发类型，通过"MULTIPURPOSE"旋钮将触发类型设置为边沿，即可进入边沿触发菜单。如附表 5.2 所示：

附表 5.2 边沿触发菜单

功能菜单	设 定	说 明
类型	边沿	
信源	CH1、CH2	设置 CH1、CH2 中的任意一个作为触发信号
	EXT	设置外触发作为信源
	AC Line	设置市电触发
	交替触发	设置为 CH1、CH2 交替触发源触发
	下降	设置在信号的下降边沿触发
	上升下降	设置在信号的上升边沿和下降边沿各产生一次触发
触发耦合	直流	阻挡触发信号的直流成分
	交流	通过触发信号的交流和直流成分
	高频抑制	抑制触发信号中的 1.23 MHz 以上的低频分量
	低频抑制	抑制触发信号中的 680 kHz 以上的高频分量
	噪声抑制	抑制触发信号中的噪声，触发灵敏度减半
触发模式	自动	没有触发信号输入时，系统自动采集波形数据，在屏幕上显示扫描基线；当有触发信号产生时，则自动转为触发扫描
	正常	无触发信号时停止数据采集，当有触发信号产生时，则产生触发扫描
	单次	每当有触发信号输入时，产生一次触发，然后停止
斜率	上升	设置在信号的上升边沿触发
	下降	设置在信号的下降边沿触发
	上升下降	设置在信号的上升边沿和下降边沿各产生一次触发

3）脉宽触发

脉宽触发是根据脉冲的宽度来确定触发时刻。您可以通过设定脉宽条件捕捉符合设定条件的脉冲。

按触发控制区的“TRIG MENU”，进入触发菜单。按“F1”选择触发类型，通过“MULTIPURPOSE”旋钮将触发类型设置为脉宽，即可进入脉宽触发菜单。如附表 5.3 所示：

附表 5.3 脉宽触发菜单

功能菜单	设 定	说 明
类型	脉宽	
信源	CH1、CH2	设置 CH1、CH2 中的任意一个作为触发信号
	EXT	设置外触发作为信源
	AC Line	设置市电触发
触发耦合	直流	阻挡触发信号的直流成分
	交流	通过触发信号的交流和直流成分
	高频抑制	抑制触发信号中的 1.23 MHz 以上的低频分量
	低频抑制	抑制触发信号中的 680 kHz 以上的高频分量
	噪声抑制	抑制触发信号中的噪声，触发灵敏度减半

续附表 5.3

功能菜单	设　定	说　明
触发模式	自动	没有触发信号输入时，系统自动采集波形数据，在屏幕上显示扫描基线；当有触发信号产生时，则自动转为触发扫描
	正常	无触发信号时停止数据采集，当有触发信号产生时，则产生触发扫描
	单次	每当有触发信号输入时，产生一次触发，然后停止
脉宽设置		进入设置页
脉宽极性	正脉宽	设置正脉宽作为触发信号
	负脉宽	设置负脉宽作为触发信号
脉宽条件	>	当触发信号脉宽大于脉宽时间设定值时触发
	<	当触发信号脉宽小于脉宽时间设定值时触发
	><	当触发信号脉宽在脉宽时间设定范围内时触发
脉宽时间	20.0 ns～10.0 s	可在 20.0 ns～10.0 s 范围内设置脉宽时间；通过"MULTIPURPOSE"旋钮设置

脉宽极性：在示波器中，触发电平与正脉冲相交的两点间时间差定义为正脉宽，触发电平与负脉冲相交的两点间时间差定义为负脉宽，如附图 5.6 所示。

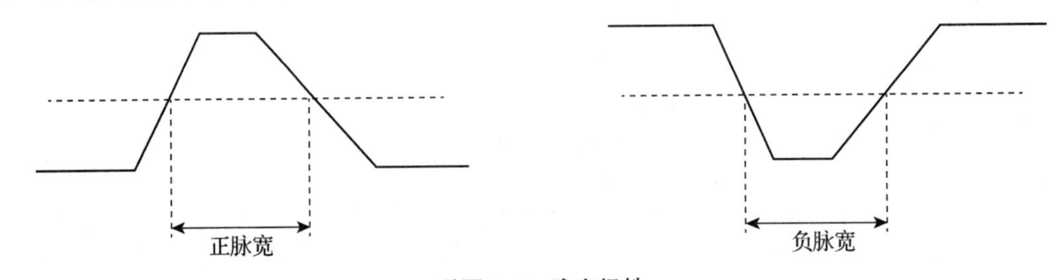

附图 5.6　脉宽极性

七、设置水平系统

1) ROLL 滚动模式

在触发模式为自动时，调节水平控制区的"SCALE"旋钮，改变示波器的水平档位到慢于 50 ms/div，示波器会进入 ROLL 模式(见附图 5.7)。此时触发系统不工作，示波器将会连续地在屏幕上绘制波形的电压—时间趋势图。最早的波形最先在屏幕上最右端出现，然后逐渐向左移动，并将最新的波形绘制在屏幕最右端。

2) 视窗扩展

视窗扩展用来放大一段波形，以便查看图像细节。视窗扩展的设定不能慢于主时基的设定。

按控制面板中的"HORI MENU"键，再按"F1"选择视窗扩展。

在扩展视窗模式下，屏幕分两个显示区域，如附图 5.8 所示。上半部分显示的是原波形，此区域可以通过转动水平移位"POSITION"旋钮左右移动，或转动水平"SCALE"旋钮扩大和减小选择区域。下半部分是水平扩展的波形。值得注意的是，扩展时基相对于主时基提高了分辨率(如附图 5.8 所示)。由于整个下半部分显示的波形对应于上半部分选定

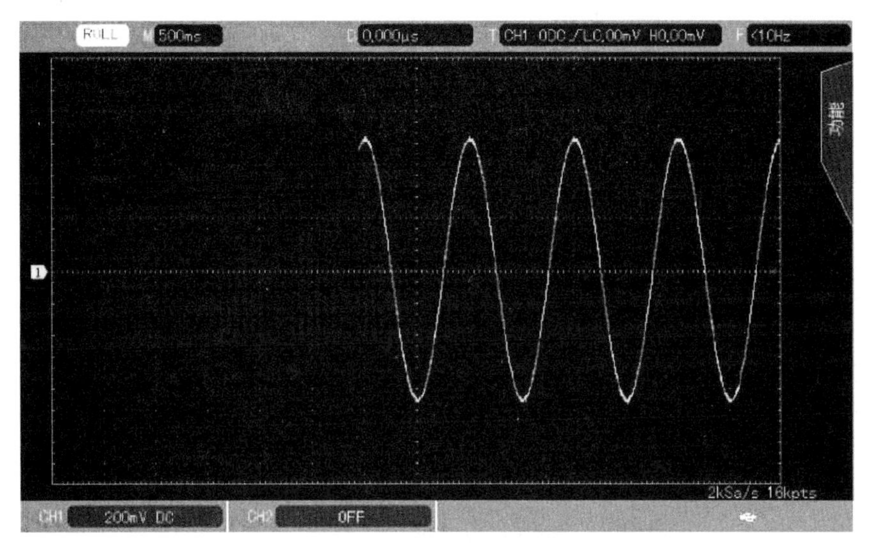

附图 5.7 ROLL 模式波形

的区域,因此转动水平“SCALE”旋钮减小选择区域可以提高扩展时基,即提高了波形的水平扩展倍数。注:最大扩展时基为 200 ns/div。

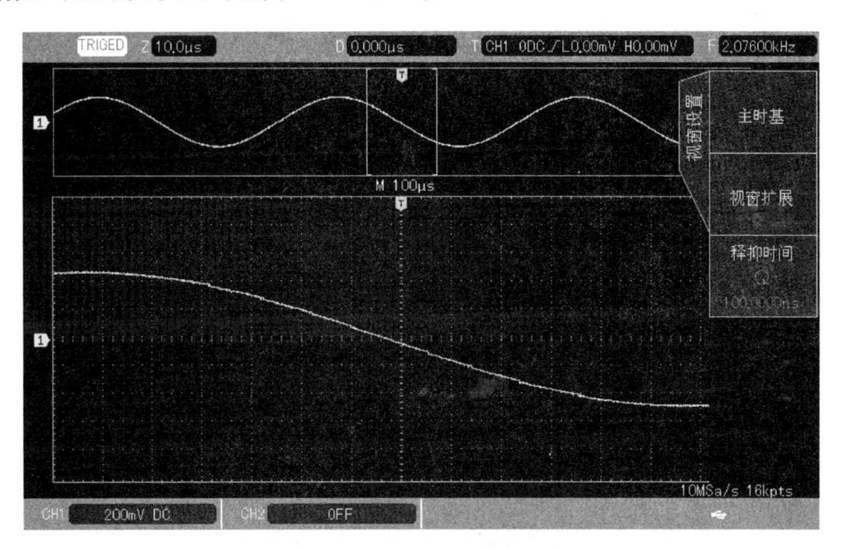

附图 5.8 视窗扩展下的屏幕显示

八、数学运算

本系列数字存储示波器可以进行多种数学运算:

- Math:信源 1+信源 2、信源 1−信源 2、信源 1 * 信源 2、信源 1/信源 2
- FFT:快速傅立叶变换。
- 数字滤波:按前面板垂直控制区(VERTICAL)中的“MATH”的,进入数学运算菜单。此时调节垂直控制区(VERTICAL)的“POSITION”和“SCALE”旋钮可以改变数学运算波形的垂直位置和垂直档位。数学运算波形无法单独调节水平时基档位,其水平时基档位会根据模拟输入通道的水平时基档位自动进行变化。

1）数学功能

按“MATH”按键，然后按“F1”选择类型为数学，进入如下数学(MATH)菜单。

附表 5.4 数学(MATH)菜单

功能菜单	设 定	说 明
类型	数学	
操作数 1	CH1、CH2	设置 CH1、CH2 中任意一个为 MATH 运算的信源 1
算子	+	信号 1 与信源 2 逐点相加
	−	信号 1 与信源 2 逐点相加
	*	信号 1 与信源 2 逐点相乘
	/	信号 1 与信源 2 逐点相除
操作数 2	CH1、CH2	设置 CH1、CH2 中任意一个为 MATH 运算的信源 2

2）FFT

使用 FFT(快速傅立叶变换)数学运算，可将时域信号(YT)转换成频域信号。使用 FFT 可以方便地观察下列类型的信号：

- 测量系统中谐波含量和失真。
- 表现直流电源中的噪声特性。
- 分析振动。

按“MATH”按键，然后按“F1”选择类型为 FFT，进入如下 FFT 菜单，如附图 5.9 所示。

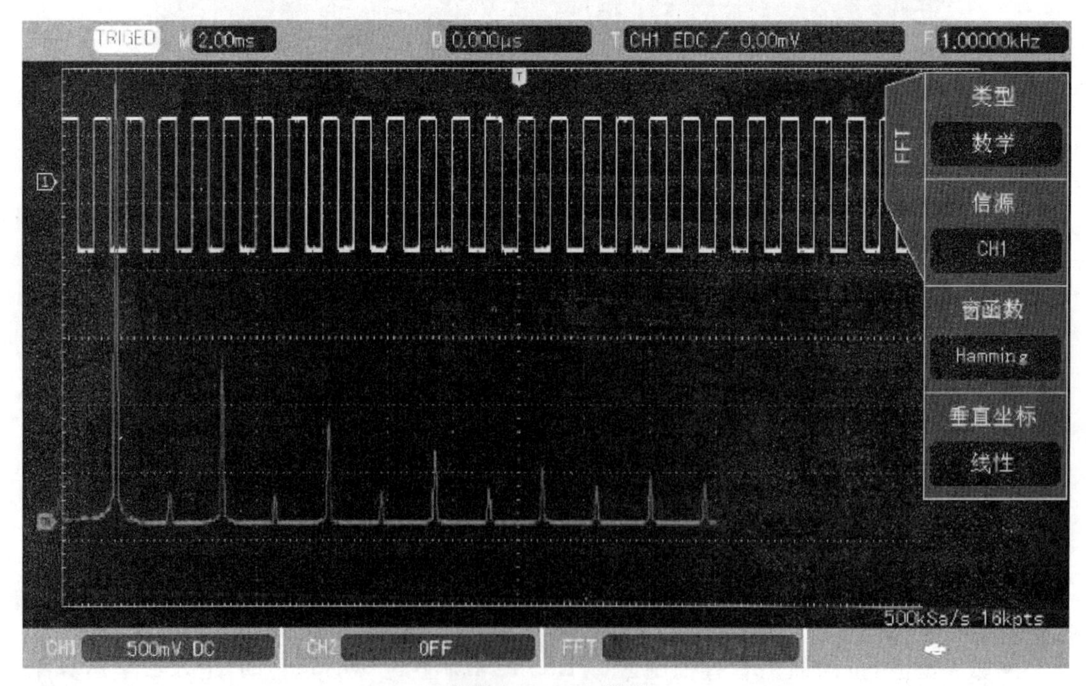

附图 5.9 FFT 频谱

附表 5.5 FFT 菜单

功能菜单	设　定	说　明
类型	FFT	
信源	CH1、CH2	设置 CH1、CH4 中任意一个为 FFT 运算的信源
窗	Hamming	设定 Hamming 窗函数
	Blackman	设定 Blackman 窗函数
	Rectangle	设定 Rectangle 窗函数
	Hanning	设定 Hanning 窗函数
垂直单位	线性/对数	设置垂直坐标单位为 Vrms 或 dBVrms

FFT 操作技巧：

具有直流成分或偏差的信号会导致 FFT 波形成分的错误或偏差。为了减少直流成分可以将通道设置为交流耦合方式。

为减少重复或单次脉冲事件的随机噪声以及混叠频率成分，可设置示波器的获取模式为平均获取方式。

(1) 选择窗函数

本系列数字存储示波器提供 4 种常用的窗函数。

• Rectangle(矩形)：最好的频率分辨率最差的幅度分辨率与不加窗的状况基本类似，适用于测量以下波形：

暂态或短脉冲，信号电平在此前后大致相等。

频率非常相近的等幅正弦波。

具有变化比较缓慢波谱的宽带随机噪声。

• Hanning(汉宁)：与矩形窗比，具有较好的频率分辨率和较差的幅度分辨率，适用于测量正弦、周期和窄带随机噪声的波形。

• Hamming(汉明)：稍好于汉宁窗的频率分辨率，适用于测量暂态或短脉冲，信号电平在此前后相差很大的波形。

• Blackman(布莱克曼)：最好的幅度分辨率和最差的频率分辨率；适用于测量单频信号，寻找更高次谐波。

(2) 设置垂直单位

垂直单位可以选择 Vrms 或 dBVrms，按“F4”可选择所需单位。Vrms 和 dBVrms 分别运用对数方式和线性方式显示垂直幅度大小。如需在较大的动态范围内显示 FFT 频谱，建议使用 dBVrms。

3) 数字滤波

按“MATH”按键，然后按“F1”选择类型为数字滤波，进入如下数字滤波菜单(见附表 5.6)。

附表 5.6 数字滤波菜单

功能菜单	设　定	说　明
类型	数字滤波	
滤波类型	低通	设定滤波器为低通滤波
	高通	设定滤波器为高通滤波
	带通	设定滤波器为带通滤波
	带阻	设定滤波器为带阻滤波
频率下限		只在高通或带通、带阻滤波时有效；通过调节“MULTIPURPOSE”旋钮，改变 滤波下限的频率值
频率上限		只在低通或带通、带阻滤波时有效；通过调节“MULTIPURPOSE”旋钮，改变 滤波上限的频率值
信源	CH1、CH2	设置 CH1、CH2 中任意一个为数字滤波的信源
垂直位移		独立调整滤波后波形的位置
水平位移		独立调整滤波后波形的位置

数字滤波波形如附图 5.10 所示。

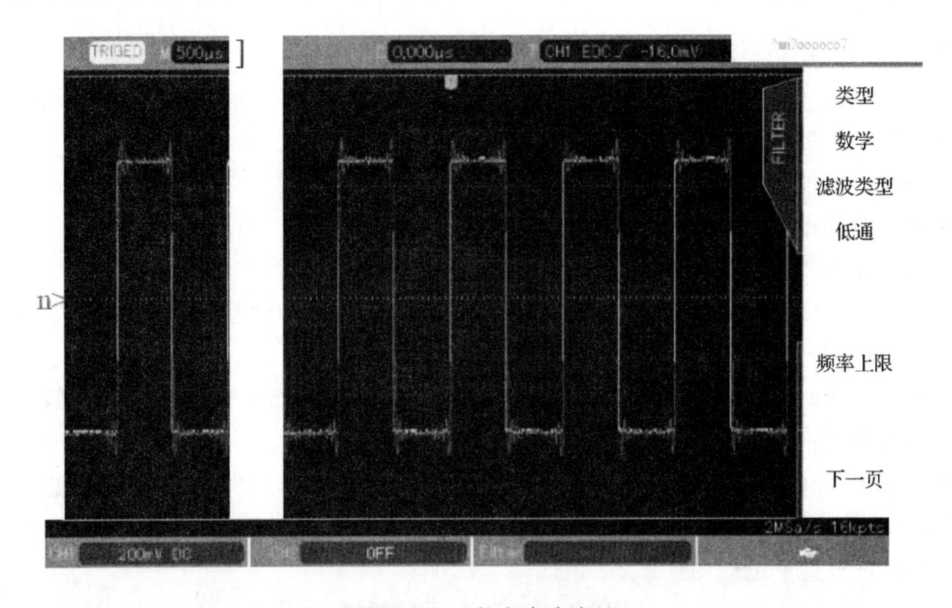

附图 5.10 数字滤波波形

九、设置采样系统

采样是指将模拟输入通道的信号通过模数转换器(ADC)，将输入信号转换成离散的点。按示波器前面板功能菜单键中的“Acquire”键进入采样菜单，见附表 5.7。

附表 5.7 采样菜单

功能菜单	设定	说明
获取方式	正常采样	以正常方式进行采样
	峰值采样	以峰值检测方式进行采样
	高分辨率	以高分辨率方式进行采样
	平均	以平均方式进行采样
平均	2～512	在平均获取方式时，可通过“MULTIPURPOSE”旋钮设置平均次数，平均次数 可以设置为 2^n，n 为 1～13 的整数
采样方式	等效	
	实时	
存储深度	自动	设置存储深度为自动，即为普通存储深度
快速采集	关	关闭快速采集
	开	打开快速采集，提高捕获率

1）采样率

（1）采样和采样率

示波器对输入的模拟信号进行取样，再将取样转换为数字数据，然后将数字数据集合为波形记录，最后将波形记录存储在采集存储器中。模拟输入信号波形和采样点的波形分别如附图 5.11 和附图 5.12 所示。

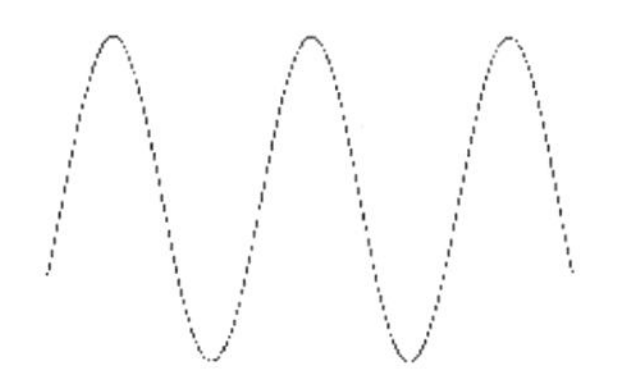

附图 5.11 模拟输入信号波形

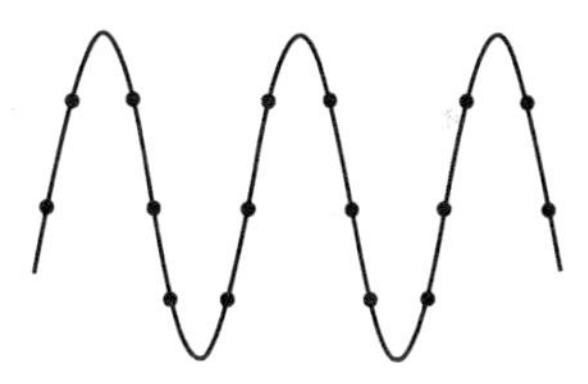

附图 5.12 采样点的波形

采样率指示波器两个采样点之间的时间间隔。本系列数字存储示波器的最高采样率为 1 GS/s。

采样率会受时基档位、存储深度变化而产生变化。本示波器将采样率实时显示在屏幕上方状态栏中，可通过水平“SCALE”调节水平时基，或修改“存储深度”来改变。

（2）采样率过低的影响

① 波形失真：由于采样率低造成某些波形细节缺失，使示波器采样显示的波形与实际信号存在较大差异。

② 波形混叠：由于采样率低于实际信号频率的 2 倍（Nyquist Frequency，奈奎斯特频率），对采样数据进行重建时的波形频率小于实际信号的频率。

③ 波形漏失：由于采样率过低，对采样数据进行重建时的波形没有反映全部实际信号。

2）获取方式

获取方式用于控制示波器如何将采样点产生出波形。按示波器前面板功能菜单键中的“ACQUIRE”键进入采样菜单，按“F1”键可以切换获取方式。

(1) 正常采样

在这种获取方式下,示波器按相等的时间间隔对信号采样并重建波形。对于大多数波形来说,使用该模式均可以产生最佳的显示效果。

(2) 峰值采样

在这种获取方式下,示波器在每个采样间隔中找到输入信号的最大值和最小值并使用这些值显示波形。这样,示波器就可以获取并显示窄脉冲,否则这些窄脉冲在正常采样方式下可能被漏掉。在这种方式下,噪声看起来也会更大。

(3) 高分辨率

在这种获取方式下,示波器对采样波形的邻近点进行平均,可减小输入信号上的随机噪声,并在屏幕上产生更加平滑的波形如附图 5.13 所示。

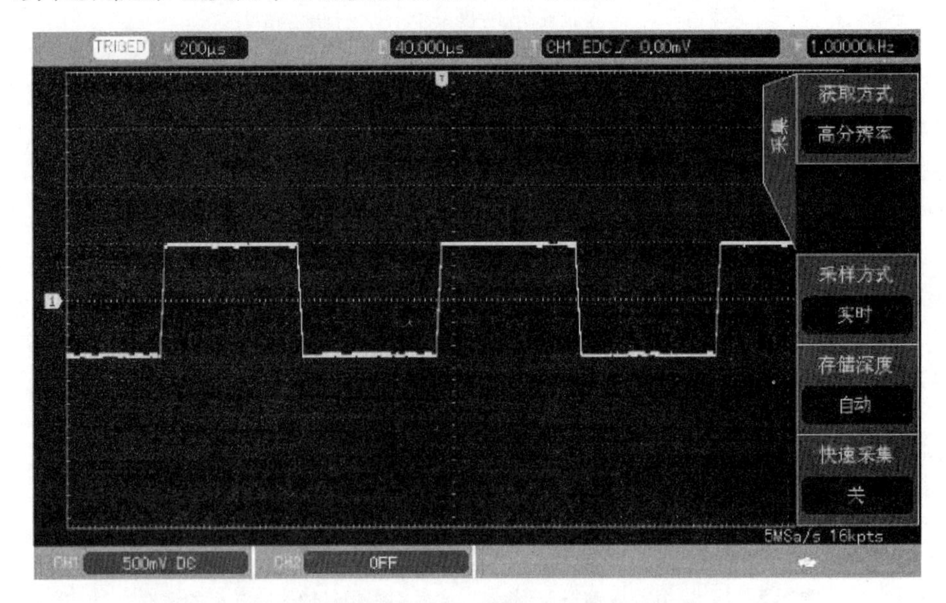

附图 5.13 使用高分辨率较小信号上的随机噪声

(4) 平均

在这种获取方式下,示波器获取几个波形,求其平均值,然后显示最终波形。可以使用此方式来减少随机噪声。

通过改变获取方式的设置,观察因此造成的波形显示变化。如果信号中包含较大的噪声,当未采用平均方式和采用 32 次平均方式时,采样的波形显示见附图 5.14 及附图 5.15。

注意:平均和高分辨率获取使用的平均方式不一样,前者为“多次采样平均”,后者为“单次采样平均”。

3) 存储深度

存储深度是指示波器在一次触发采集中所能存储的波形点数,它反映了采集存储器的存储能力。本系列示波器有 32 K 存储深度(每通道)和 32 Mbps 存储深度(单通道)两种产品可选择。

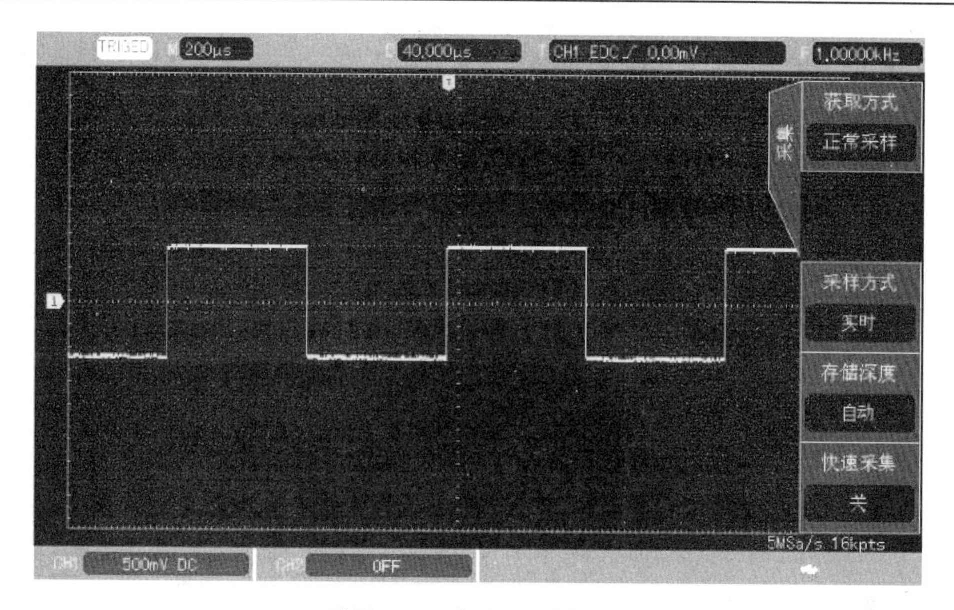

附图 5.14　未采用平均的波形

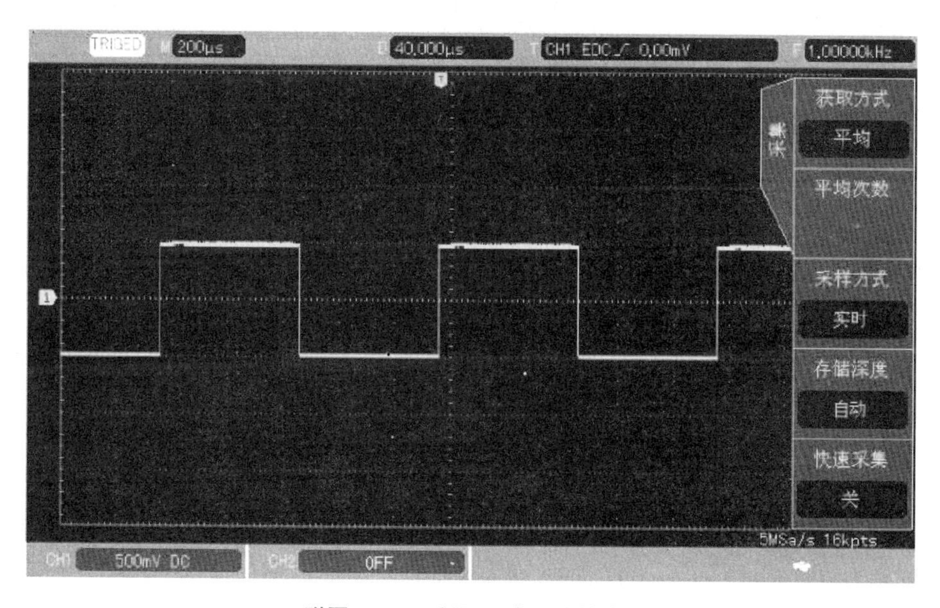

附图 5.15　采用 32 次平均的波形

十、设置显示系统

您可以设置波形的显示类型、显示格式、持续时间、栅格亮度、波形亮度。按示波器前面板功能菜单键中的“DISPLAY”键进入显示菜单，如附表 5.8。

附表 5.8 显示菜单

功能菜单	设 定	说 明
类型	YT	显示时间(水平刻度)上的电压值
	XY	显示 CH1、CH2 波形的李沙育图形
格式	矢量	采样点之间通过连线显示
	点	直接显示采样点
网格	满	
	栅格	
	十字准线	
	框架	
余辉时间	自动	屏幕波形以正常刷新率更新
	短余辉 长余辉	屏幕上的波形数据保持选择的持续时间后更新
	无限持续	屏幕上的波形数据一直保持，如果有新的数据将不断加入显示，直至该功能被关闭
波形亮度	1%～100%	设置 CH1～CH4 波形的亮度，通过调节“MULTIPURPOSE”旋钮改变波形亮度的设置值

1) XY 模式

XY 模式显示的波形也称为李沙育(Lissajous)图形。

当选择 XY，水平轴(X 轴)上输入 CH1 的信号，垂直轴(Y 轴)上输入 CH2 的信号；在 X - Y 方式下，CH1 激活时使用水平控制区(HORIZONTAL)的“POSITION”旋钮在水平方向移动 XY 图形，当 CH2 激活时使用水平控制区(HORIZONTAL)的“POSITION”旋钮在垂直方向移动 XY 图形。

调节垂直控制区(VERTICAL)的“SCALE”旋钮来改变各个通道的幅度档位，调节水平控制区(HORIZONTAL)的“SCALE”旋钮来改变时基档位，可以获得较好显示效果的李沙育图形。

2) XY 模式的应用

根据 $\sin\theta = A/B$ 或 C/D，其中 θ 为通道间的相差角，A、B、C、D 的定义见附图 5.16。因此可得出相差角即 $\theta = \pm \arcsin(A/B)$ 或者 $\theta = \pm \arcsin(C/D)$。如果椭圆的主轴在Ⅰ、Ⅲ象限内，那么所求得的相位差角应在Ⅰ、Ⅳ象限内，即在$(0 \sim \pi/2)$或$(3\pi/2 \sim 2\pi)$内。如果椭圆的主轴在Ⅱ、Ⅳ象限内，那么所求得的$(\pi/2 \sim \pi)$或$(\pi \sim 3\pi/2)$内。

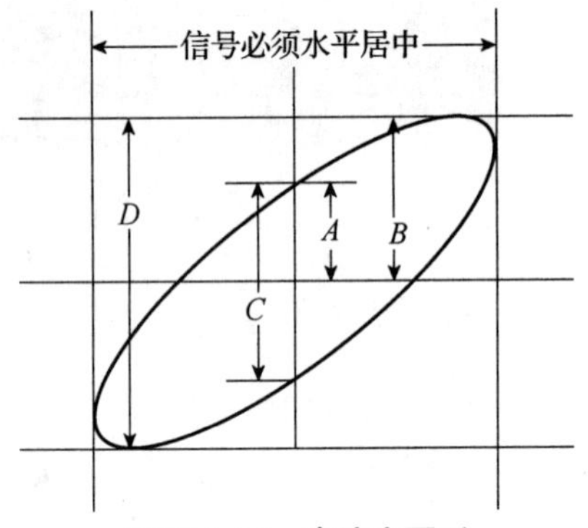

附图 5.16 李沙育图形

另外，如果两个被测信号的频率或相位差为整数倍时，根据图形可以推算出两信号之间频率及相位关系。

十一、自动测量

本系列数字存储示波器可以自动测量 34 种参数。按示波器前面板功能菜单键中的“MEASURE”键进入自动测量菜单，见附表 5.9。

附表 5.9　自动测量菜单

功能菜单	设　定	说　明
所有参数	关	关闭所有测量参数的显示框
	开	在波形显示区域弹出一个所有测量参数的显示框
定制参数	关	波形显示区域弹出一个定制参数选择界面，通过调节“MULTIPURPOSE”旋钮选 择，按下“MULTIPURPOSE”旋钮进行确定，并将这个参数显示在屏幕上。 再次按定制参数键可以关闭定制参数选择框
	开	
指示器	关	在网格中实际动态标示测量参数
	参数 1～5	
高级测量		进入高级测量项
测量统计	关	关闭测量统计功能
	开	自动统计并显示当前定制参数的平均值、最大值、最小值； 只有屏幕上有定制参数的参数时才能打开测量统计功能
重置统计		重新开始统计
清除测量		清除所有测量配置

附表 5.10　高级测量菜单

功能菜单	设　定	说　明
测量参数	Delay	延迟类型测量
	Phase	相位类型测量
通道	CH1—CH1、CH1—CH2、CH2—CH1、CH2—CH2	
边沿	FRR	信源 1 的第一个上升沿到信源 2 的第一个上升沿之间的时间
	FRF	信源 1 的第一个上升沿到信源 2 的第一个下降沿之间的时间
	FFR	信源 1 的第一个下降沿到信源 2 的第一个上升沿之间的时间
	FFF	信源 1 的第一个下降沿到信源 2 的第一个下降沿之间的时间
	LRF	信源 1 的最后一个上升沿到信源 2 的最后一个下降沿之间的时间
	LRR	信源 1 的最后一个上升沿到信源 2 的最后一个上升沿之间的时间
	LFR	信源 1 的最后一个下降沿到信源 2 的最后一个上升沿之间的时间
	LFF	信源 1 的最后一个下降沿到信源 2 的最后一个下降沿之间的时间
确定		将当前定制的 Delay 或者 Phase 参数显示在屏幕下方
返回		

1）所有参数测量

按示波器前面板功能菜单键中的“MEASURE”键进入自动测量菜单。然后按“F1”键选择好需要测量的信源。此时按“F2”可以弹出所有参数显示界面，从而一键测量 34 种参数，如附图 5.17 所示。

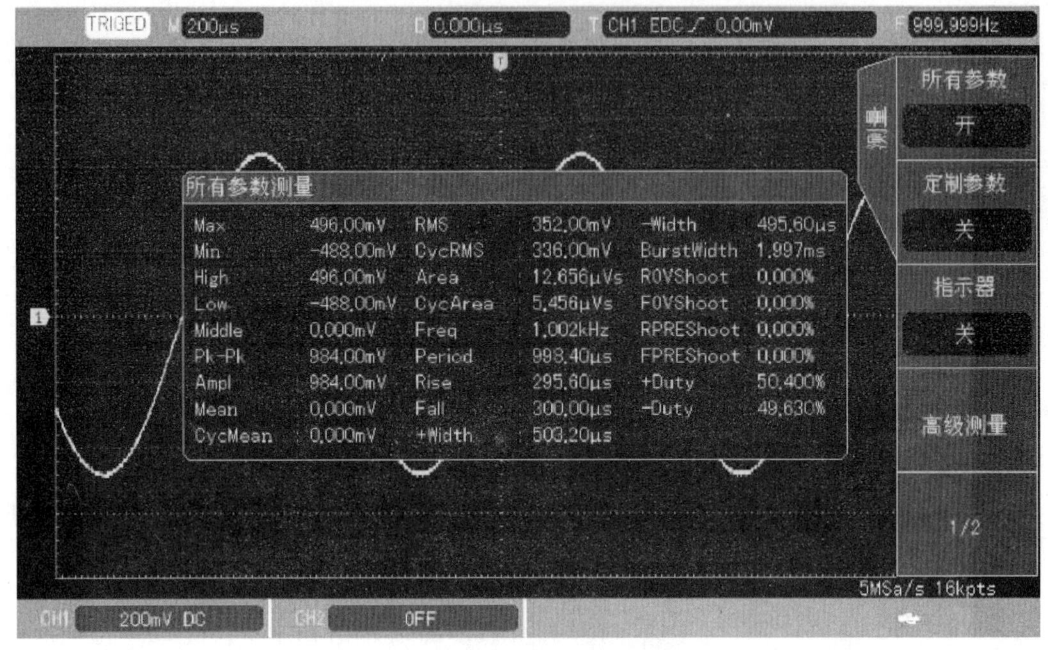

附图 5.17　所有参数显示界面

所有测量参数，总是使用与当前测量通道（信源）一致的颜色标记。若显示为“———”时，表明当前测量源没有信号输入，或测量结果不在有效范围（过大或过小）。

2）电压参数

本系列数字存储示波器可以自动测量以下电压参数。

最大值（Max）：波形最高点至 GND（地）的电压值。

最小值（Min）：波形最低点至 GND（地）的电压值。

顶端值（High）：波形平顶至 GND（地）的电压值。

底端值（Low）：波形底端至 GND（地）的电压值。

中间值（Middle）：波形顶端与底端电压值和的一半。

峰峰值（Pk-Pk）：波形最高点至最低点的电压值。

幅度（Amp）：波形顶端至底端的电压值。

平均值（Mean）：屏幕内波形的平均幅值。

周期平均值（CycMean）：波形一个周期内的平均幅值。

均方根值（RMS）：即有效值。依据交流信号在所换算产生的能量，对应于产生等值能量的直流电压。

周期均方根值（CycRMS）：依据交流信号在一个周期内所换算产生的能量，对应于产生等值能量的直流电压。

过冲（OverSht）：波形最大值与顶端值之差与幅值的比值。

预冲（PreSht）：波形最小值与底端值之差与幅值的比值。

面积（Area）：屏幕上所有点电压与时间乘积的代数和。

周期面积（CycArea）：波形一个周期上所有点电压与时间乘积的代数和。

相关电压参数如附图 5.18 所示。

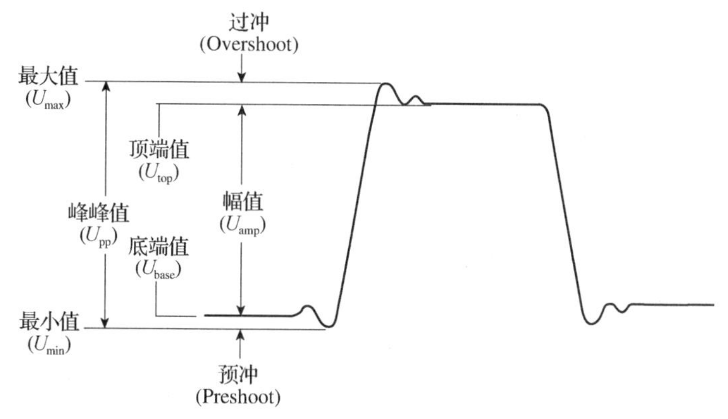

附图 5.18　电压参数示意图

3）时间参数

周期(Period)：重复性波形的两个连续、同极性边沿之间的时间。

频率(Freq)：周期的倒数。

上升时间(Rise)：波形幅度从 10%上升至 90%所经历的时间。

下降时间(Fall)：波形幅度从 90%下降至 10%所经历的时间。

正脉宽(＋Width)：正脉冲在 50%幅度时的脉冲宽度。

负脉宽(－Width)：负脉冲在 50%幅度时的脉冲宽度。

正占空比(＋Duty)：正脉宽与周期的比值。

负占空比(－Duty)：负脉宽与周期的比值。

相关时间参数示意图如附图 5.19 所示。

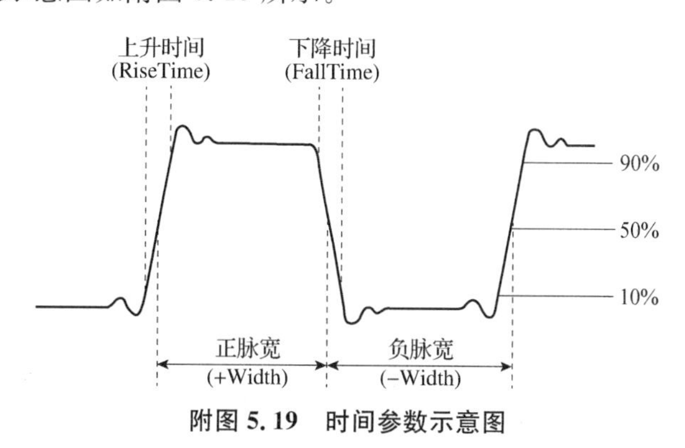

附图 5.19　时间参数示意图

4）延迟参数

FRR：信源 1 的第一个上升沿到信源 2 的第一个上升沿之间的时间。

FRF：信源 1 的第一个上升沿到信源 2 的第一个下降沿之间的时间。

FFR：信源 1 的第一个下降沿到信源 2 的第一个上升沿之间的时间。

FFF：信源 1 的第一个下降沿到信源 2 的第一个下降沿之间的时间。

LRF：信源 1 的最后一个上升沿到信源 2 的最后一个下降沿之间的时间。

LRR：信源 1 的最后一个上升沿到信源 2 的最后一个上升沿之间的时间。

LFR:信源 1 的最后一个下降沿到信源 2 的最后一个上升沿之间的时间。

LFF:信源 1 的最后一个下降沿到信源 2 的最后一个下降沿之间的时间。

5) 定制参数

按示波器前面板功能菜单键中的“MEASURE”键进入自动测量菜单。然后根据当前激活通道作为需要测量的信源。此时按“F2”可以弹出定制参数参数选择界面,如附图 5.20 所示。

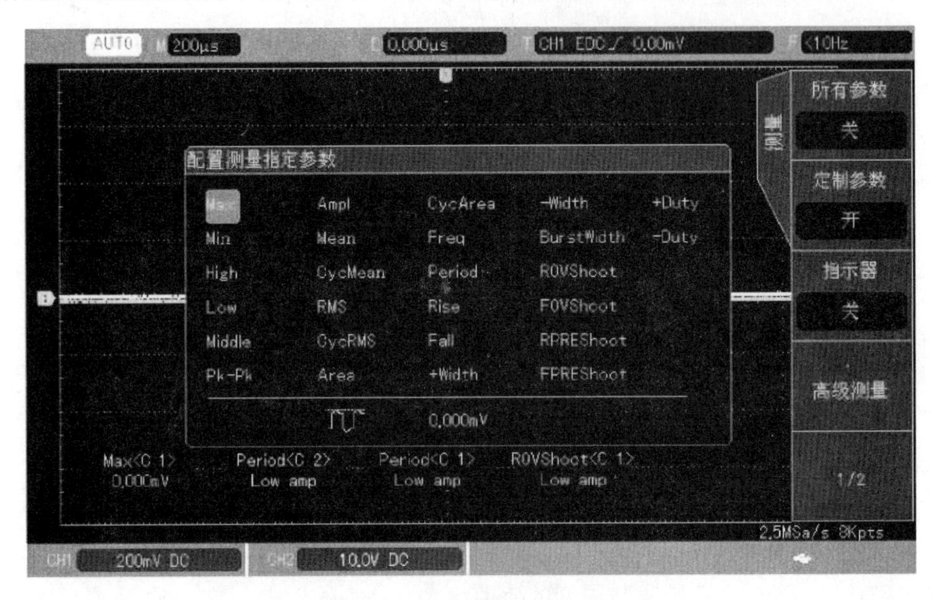

附图 5.20　定制参数参数选择界面

通过“MULTIPURPOSE”旋钮调节需要的参数,并按下“MULTIPURPOSE”旋钮进行确定。每个被选择了的参数,前面会出现一个“ * ”符号。

在此情况下再次按定制参数(“F2”)可以关闭定制参数参数选择界面之前定义好的参数则会显示在屏幕底端,方便即时查看这些参数的自动测量结果。最多可以同时定义 5 个参数。

用户还可以通过选择打开、关闭测量统计功能(见附图 5.21)。

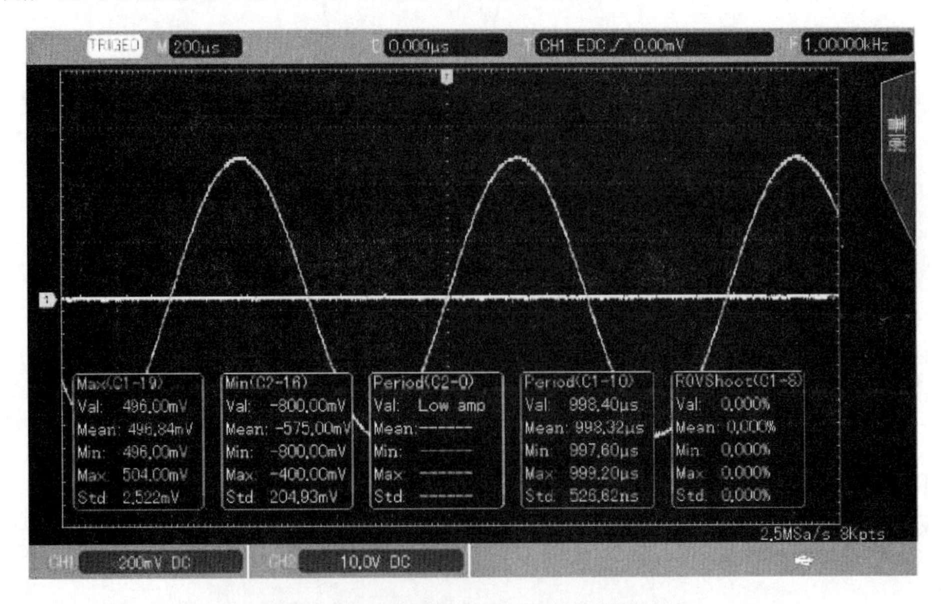

附图 5.21　定制参数后打开差值测量统计

十二、存储与回调

通过存储功能,您可将示波器的设置、波形、屏幕图像保存到示波器内部或外部USB存储设备上,并可以在需要时重新调出已保存的设置或波形。按示波器前面板功能菜单键中的“STORAGE”键进入存储功能设置界面。

本系列数字存储示波器仅支持FAT格式的U盘等外部USB存储设备。无法兼容NTF S格式的U盘。

1) 设置存储和回调

按“STORAGE”按键,然后按“F1”选择类型为设置,进入设置存储菜单。

附表5.11 设置存储菜单

功能菜单	设定	说明
类型	波形	
	设置	
信源	CH1、CH2	
磁盘	内部	按保存时,设置会被存储到示波器内部
	USB	按保存时,设置会被存储到外部USB存储设备
保存		弹出保存记录列表,选择保存位置后, 执行设置保存操作,将设置保存到指定的存储位置
调出		弹出保存记录列表,选择保存位置后,执行调出保存操作,将设置恢复出来

备注:(1) 只有示波器接入U盘等外部USB存储设备时,才能将磁盘选择为USB,然后将设置存储到USB存储设备中。未接入USB存储设备时,会提示“USB device is not inserted”。

(2) 回调时,磁盘和文件名必须设置成与之前保存的一致,如果回调时所选择的位置之前没有保存过设置,会提示“Load Failed”。

2) 波形存储和回调

按“STORAGE”按键,然后按“F1”选择类型为波形,进入波形存储菜单,如附表5.12所示。

附表5.12 波形存储菜单

功能菜单	设定	说明
类型	波形	
	设置	
信源	CH1、CH2	
磁盘	内部	按保存时,波形会被存储到示波器内部
	USB	按保存时,波形会被存储到外部USB存储设备
保存		弹出保存记录列表,选择保存位置后,执行波形保存操作,将波形保存到指定的存储位置 执行波形保存操作,将波形保存到指定的存储位置
调出		进入REF菜单

波形存储后,可以通过示波器前面板垂直控制区(VERTICAL)中的“REF”按键进行回

调。按"REF"按键进入如下参考波形回调菜单(见附表 5.13)。

附表 5.13 REF 菜单

功能菜单	设 定	说 明
类型	REF A	
	REF B	
磁盘	内部	按保存时,设置会被存储到示波器内部
	USB	按保存时,设置会被存储到外部 USB 存储设备
回调		弹出记录列表,选择位置后,执行回调保存操作
清除		清除当前 REF 波形

波形回调后,会在左下角显示 Ref 波形的状态,包括时基档位、幅度档位。此时可以通过示波器前面板垂直控制区(VERTICAL)和水平控制区(HORIZONTAL)的旋钮来改变 Ref 波形在屏幕上的位置及时基档位、幅度档位。

3) 屏幕拷贝

按示波器前面板上的屏幕拷贝"PrtSC"键,可以将当前屏幕以 bmp 位图的格式存储到外部 USB 存储设备中。该位图可以直接在 PC 上打开。该功能只有在接入外部 USB 存储设备时才能使用。

附录 6 函数信号发生器/计数器

EE1641B 型函数信号发生器是一种多功能宽频带信号发生器,它不仅具有正弦波、三角波、方波等基本波形,更具有锯齿波、脉冲波等多种非对称波形的输出,同时对各种波形均可实现扫描功能。其中的频率计可用于测试本机产生和外接信号的频率,所有输出波形和外测信号的频率与电压均由六位数码管 LED 直接显示,由于这些功能,使得它使用灵活、方便,在模数电实验中主要用作信号源和测频。

1) 主要性能

(1) 供电系统

电压范围(220±22) V,频率(50±2.5) Hz,功耗≤30 V·A。

(2) 输出量

① 波形:正弦波、三角波、方波(对称或非对称输出),TTL/CMOS 电平脉冲波其中方波上升时间≤100 ns;TTL 方波:"0"电平≤0.8 V,"1"电平≥1.8 V,CMOS 电平:$3V_{p\text{-}p}$~$15V_{p\text{-}p}$。

② 阻抗:函数输出 50 Ω,TTL 同步输出 600 Ω。

③ 幅度:函数输出:(1~10)$V_{p\text{-}p}$,±10%连续可调;TTL/CMOS 同步输出:(3~15)$V_{p\text{-}p}$。

④ 衰减:20 dB、40 dB、60 dB(叠加)。

⑤ 频率范围:0.3 Hz~3 MHz,共分七挡,并连续可调,数字 LED 直接读出。

(3) 频率计

① 测量范围:0.2 Hz～20 000 kHz(可扩展到 0.200 Hz～59 999 kHz)。

② 输入阻抗:500 kΩ/30 pF。

③ 输入电压范围(衰减度为 0 dB):100 mV～2 V(0.200 Hz～10 Hz);

50 mV～2 V(10 H ～20 000 kHz);

100 mV～2 V(20 000 kHz～59 999 kHz)。

2) 面板上按键、旋钮名称及功能说明

(1) 前面板说明

EE1641B 型前面板布局参见附图 6.1。

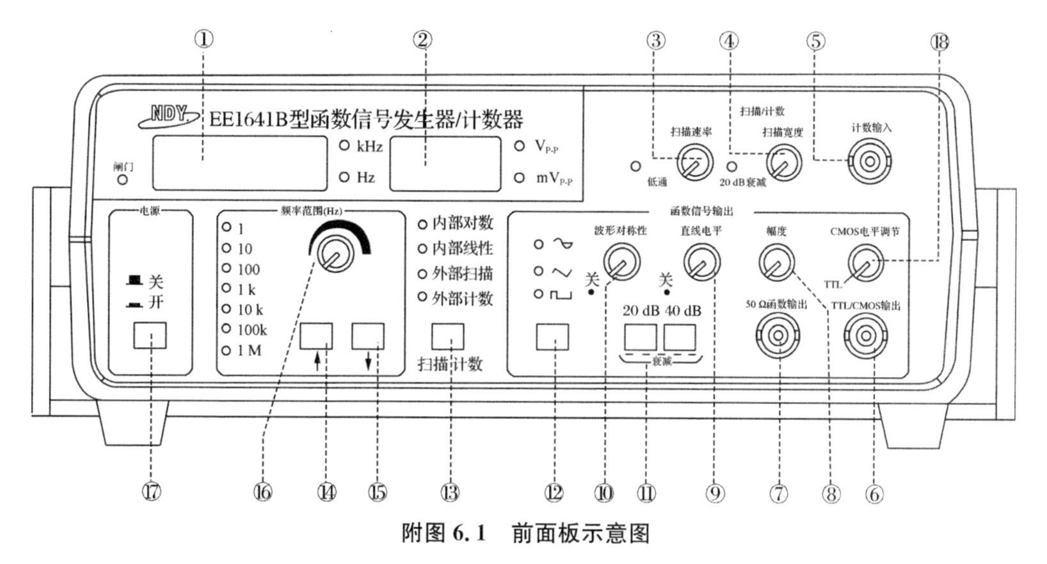

附图 6.1 前面板示意图

① 频率显示窗口:显示输出信号的频率或外测信号的频率。

② 幅度显示窗口:显示函数输出信号的幅度读数为峰峰值。

③ 扫描速率调节旋钮:调节此电位器可以改变内扫描的时间长短。在外测频时,逆时针旋到底(绿灯亮),为外输入测量信号经过低通开关进入测量系统。

④ 宽度调节旋钮:调节此电位器可调节扫频输出的扫频范围。在外测频时,逆时针旋到底(绿灯亮),为外输入测量信号经过衰减“20dB”进入测量系统。

⑤ 外部输入插座:当“扫描/计数键”⑬功能选择在外扫描状态或外测频功能时,外扫描控制信号或外测频信号由此输入。

⑥ TTL/CMOS 信号输出端:标准的 TTL 电平和幅度为(3～15)$V_{p\text{-}p}$的 CMOS 电平,输出阻抗为 600 Ω。

⑦ 函数信号输出端:输出多种波形受控的函数信号,输出幅度 20$V_{p\text{-}p}$(1 MΩ 负载),10$V_{p\text{-}p}$(50 Ω 负载)。

⑧ 函数信号输出幅度调节旋钮:调节范围 20 dB。

⑨ 函数输出信号直流电平预置调节旋钮:调节范围:－5 V～＋5 V(50 Ω 负载),当电位器处于中心位置时,则为 0 电平。

⑩ 输出波形,对称性调节旋钮:调节此旋钮可改变输出信号的对称性,当电位器处在中

心位置或“OFF”位置时，则输出对称信号。

⑪ 函数信号输出幅度衰减开关：“20 dB”“40 dB”键均不按下，输出信号不衰减，“20 dB”“40 dB”分别按下，则可选择 20 dB 或 40 dB 衰减。

⑫ 函数输出波形选择按钮：可选择正弦波、三角波、脉冲波输出。

⑬ “扫描/计数”按钮：可选择多种扫描方式和外测频方式。

⑭、⑮ 上频段、下频段选择按钮：每按一次此按钮，输出频率向上或向下调整 1 个频段。

⑯ 频率调节旋钮：调节此旋钮可改变输出频率的一个频程。

⑰ 整机电源开关：此按键按下时，机内电源接通，整机工作。弹出时，关掉电源。

⑱ CMOS 电平调节旋钮：“关”位置时，信号输出端⑥输出标准 TTL 电平；“开”位置时，CMOS 电平调节范围 $3V_{p\text{-}p}$～$15V_{p\text{-}p}$。

(2) 后面板说明

EE1641B 后面板布局如附图 6.2。

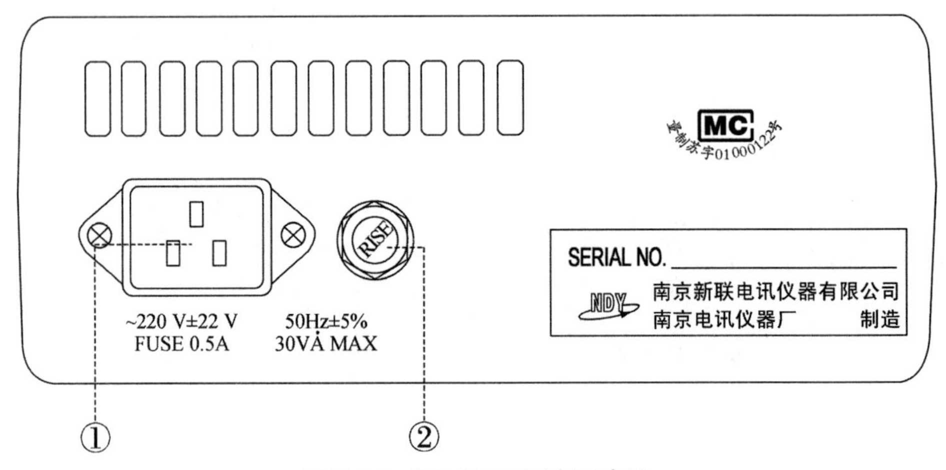

附图 6.2 EE1641B 后面板示意图

① 电源插座(AC220V)：交流市电 220 V 插入插座。

② 电源熔断器(FUSE0.5A)：交流市电 220 V 进线保险丝管座，座内保险容量为 0.5 A。

(3) 函数信号输出

a. 50 Ω 主函数信号输出

Ⅰ. 以终端连接 50 Ω 匹配器的测试电缆，由前面板插座⑦输出函数信号。

Ⅱ. 由频率选择按钮⑭、⑮选定输出函数信号的频段，由频率调节旋钮⑯调整输出信号频率，直到所需的工作频率值。

Ⅲ. 由波形选择按钮⑫选定输出函数的波形分别获得三角波、正弦波、方波。

Ⅳ. 由信号幅度选择器⑪和⑧选定和调节输出信号的幅度。

Ⅴ. 由信号电平设定器⑨选定输出信号所携带的直流电平。

Ⅵ. 输出波形对称调节器⑩可改变输出脉冲信号占空比，与此类似，输出波形为三角波或正弦波时可使三角波变为锯齿波，正弦波变为上升半周与下降半周分别为不同角频率的正弦波形，且可移相 180°。

b. TTL/CMOS 信号输出⑥

Ⅰ. 输出信号电平:TTL 标准电平,CMOS 电平为:(3～15)$V_{p\text{-}p}$。

Ⅱ. 以测试电缆(终端不加 50 Ω 匹配器)由输出插座⑥输出 TTL/CMOS 方波,CMOS 电平调节旋钮⑱调节 CMOS 电平输出幅度。

c. 内扫描/扫频信号输出

Ⅰ. “扫描/计数”按钮⑬选定为内扫描方式。

Ⅱ. 分别调节扫描速率调节器③和扫描宽度调节器④获得所需的扫描信号输出。

Ⅲ. 函数输出插座⑦TTL/CMOS 输出插座⑥均输出相应的内扫描的扫频信号。

d. 外扫描/扫频信号输出

Ⅰ. “扫描/计数”按钮⑬选定为“外扫描方式”。

Ⅱ. 由外部输入插座⑤输入相应的控制信号,即可得到相应的受控扫描信号。

e. 外测频功能检查

Ⅰ. “扫描/计数”按钮⑬选定为“外计数方式”。

Ⅱ. 用本机提供的测试电缆,将函数信号引入外部插座⑤,观察显示频率应与“内”测量时相同。

附录 7 交流毫伏表

YB 2172 型交流毫伏表是高灵敏度、宽频带的电压测量仪器,本仪器具有较高的灵敏度和稳定度,输入阻抗较高。YB 2172 型交流毫伏表可测量频率为 5 Hz～2 MHz 的交流正弦波,测量电压从 100 μV～300 V,表头指示为正弦波有效值,其精度为±3%。

1) *面板上按键、旋钮名称及功能说明*

为提高测量精度,交流毫伏表使用时应垂直放置,面板图如附图 7.1 所示。

① 电源(POWER)开关:按下电源开关,以接通电源。

② 显示窗口:表头指示输入信号的幅度。

③ 零点调节:开机前,如表头指针不在机械零点处,用小一字起将其调至零点。

④ 量程旋钮:开机前,应将量程旋钮调至最大量程处,然后,当输入信号送至输入端后,调节量程旋钮,使表头指针指示在表头的适当位置。

⑤ 输入(INPUT)端口:输入信号由此端口输入。

⑥ 输出(OUTPUT)端口:输出信号由此端口输出。

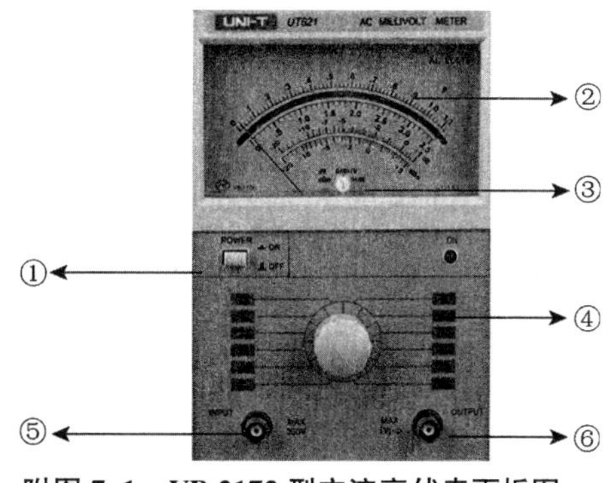

附图 7.1 YB 2172 型交流毫伏表面板图

2) *使用说明*

打开电源开关,表头机械零点调至零处,测量前先估计被测电压的大小,选择“测量开关范围”开关在适当的档位(应略大于被测电压)。若不知被测电压的范围,一般应先将量程开关置于最大档,再根据被测电压的大小逐步将开关调整到合适量程位置,为减小测量误差，在读取测量数据时，应使表头的指针指在电表满刻度上的 1/3 以上区域为好。

根据档位选择对应的表盘刻度线指示。

例：选用 3 V 的档位，读数时看表头满刻盘为 3 的表盘刻度线，当指针指示在 1 上，则实际测量电压为有效值 1 V；当选用 0.3 V 的档位，读数时仍看表头中满刻度为 3 的表盘刻度线，当指针在 1 上，则实际电压为有效值 0.1 V；其他 3×10^{n}（n 为正或负整数）的档位也都同理。当选用 1×10^{n} 电压档位时，读数时则看表头中满刻度为 1 的表盘刻度线。

注意：

(1) 电表指示刻度为正弦波有效值，故用该表测量失真波形，其读数无意义。

(2) 使用时，测试线上夹子接在被测信号两端，但表与被测线路必须"共地"。

(3) 交流毫伏表在小量程档位(小于 1 V 时，打开电源开关后，输入端不允许开路，以免外界干扰电压从输入端进入造成打表针的现象，且易损坏仪表)。

(4) 测量交流电压中包含直流分量时，其直流分量不得大于 300 V，否则会损坏仪表。

(5) 在使用完毕将仪表复位时，应将量程开关放至 300 V 档，测试线两夹子短接，并将表垂直放好。

附录Ⅱ　集成芯片管脚图

74LS00 四 2 输入与非门

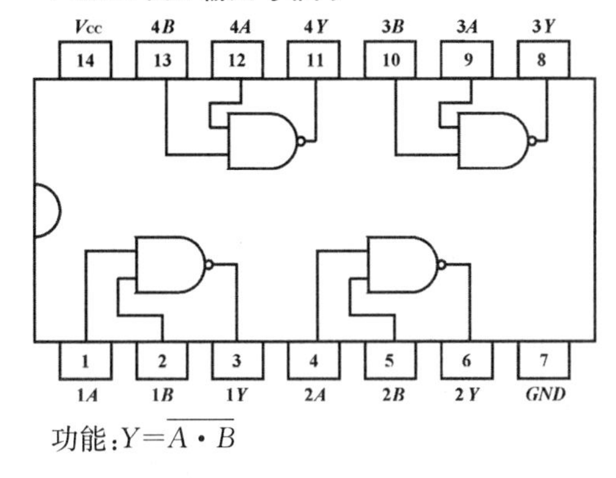

功能:$Y=\overline{A \cdot B}$

74LS02 四 2 输入或非门

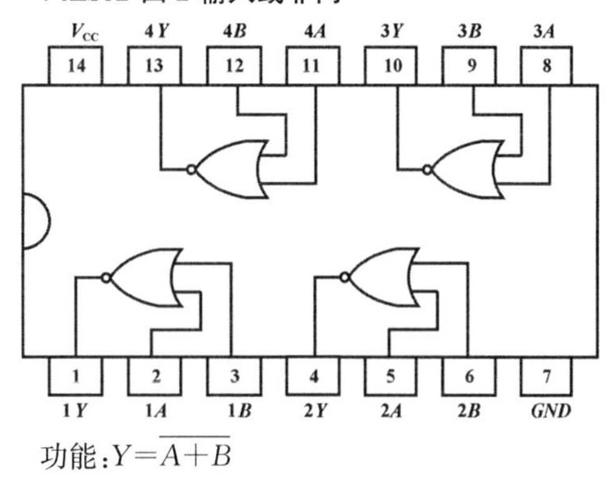

功能:$Y=\overline{A+B}$

74LS03 四 2 输入 OC 与非门

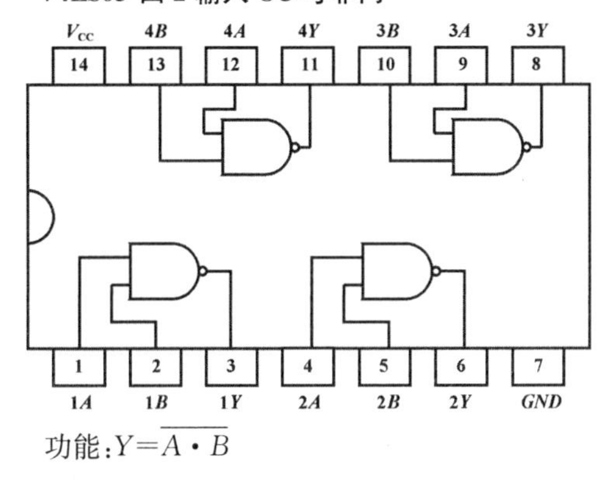

功能:$Y=\overline{A \cdot B}$

74LS04 六反相器

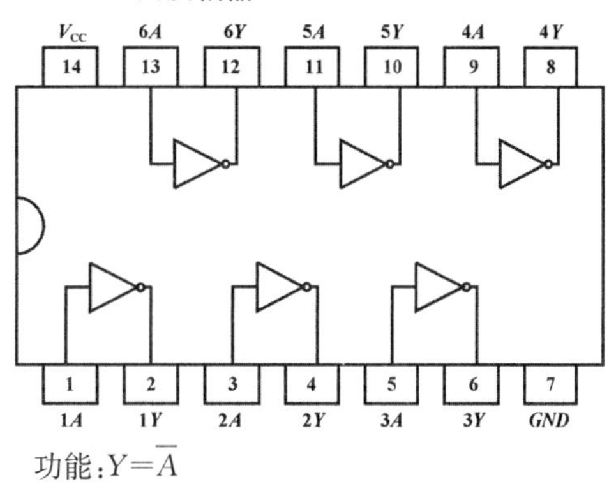

功能:$Y=\overline{A}$

74LS06 六输出高压反相器

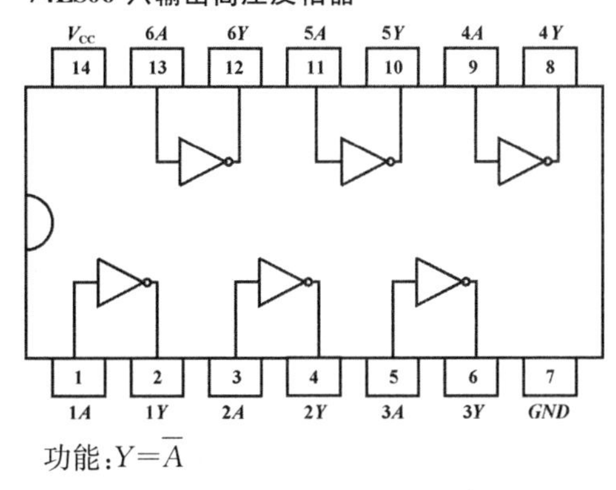

功能:$Y=\overline{A}$

74LS08 四 2 输入与门

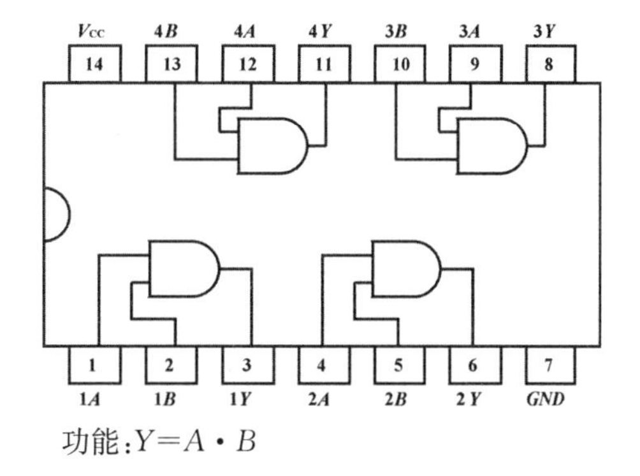

功能:$Y=A \cdot B$

74LS10 三 3 输入与非门

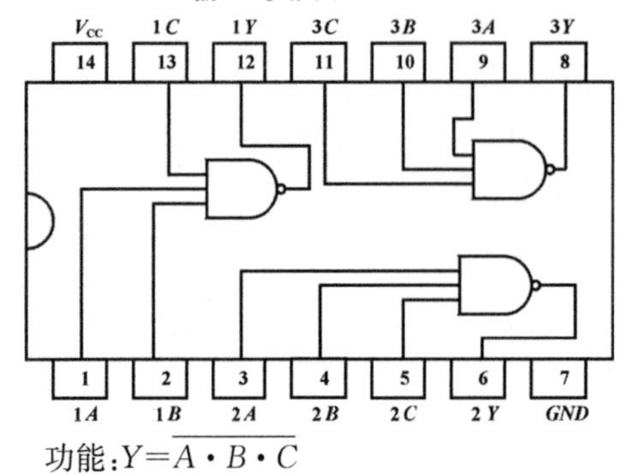

功能:$Y=\overline{A\cdot B\cdot C}$

74LS20 二 4 输入与非门

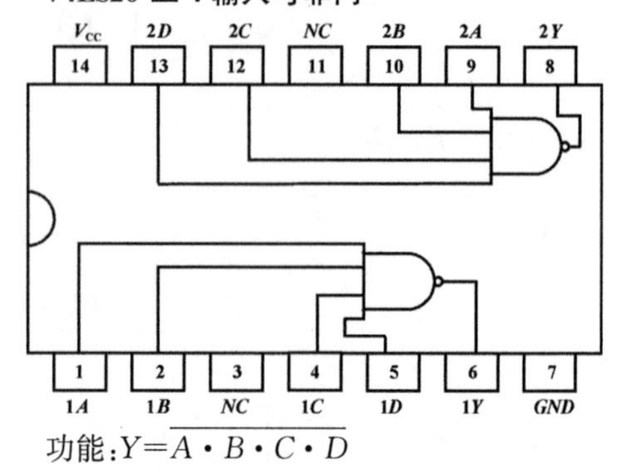

功能:$Y=\overline{A\cdot B\cdot C\cdot D}$

74LS27 三 3 输入或非门

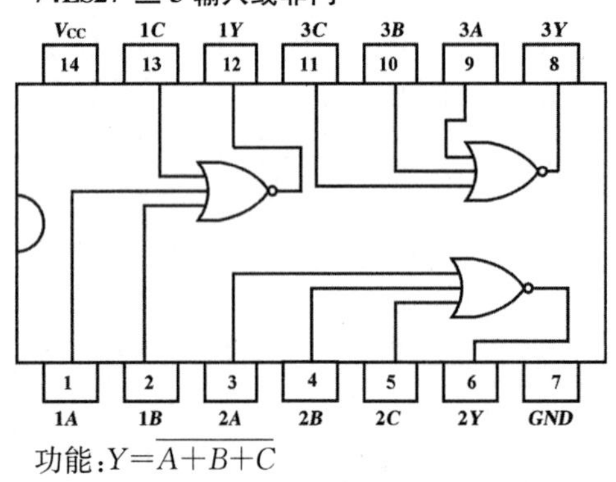

功能:$Y=\overline{A+B+C}$

74LS32 四 2 输入或门

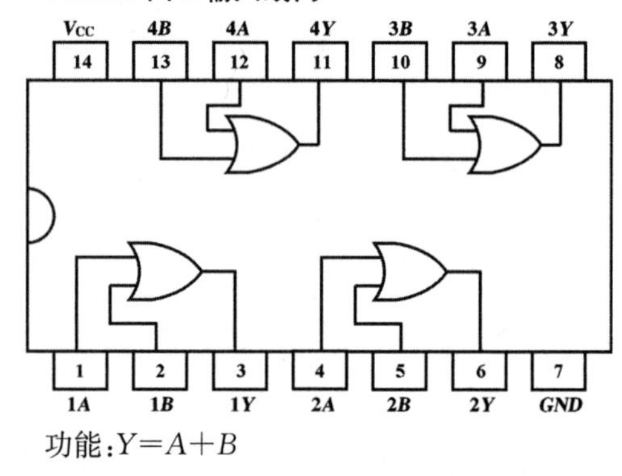

功能:$Y=A+B$

74LS37 三 2 输入高压输出与非缓冲器

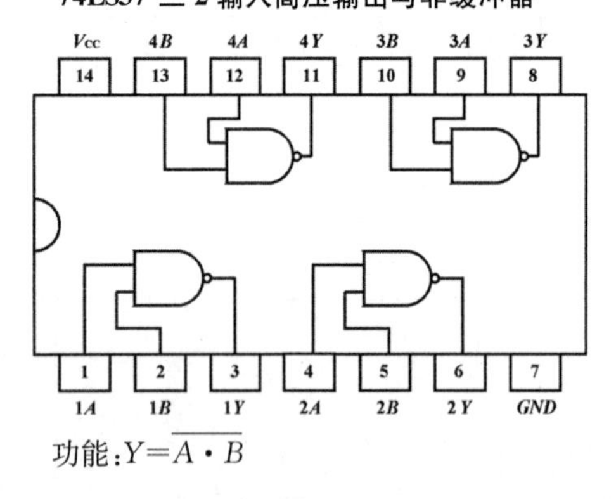

功能:$Y=\overline{A\cdot B}$

74LS48 七段译码器/驱动器

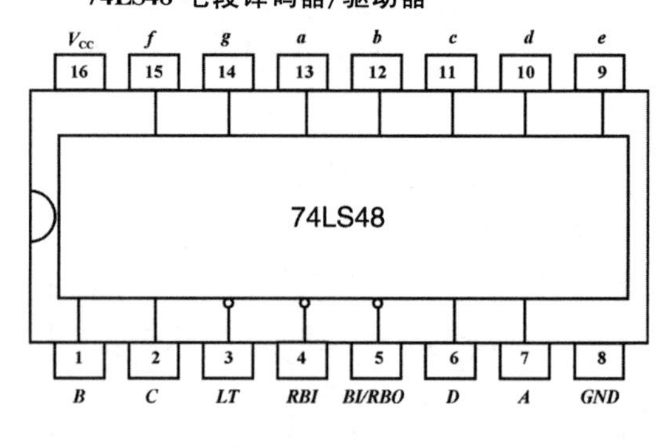

74LS74 双 D 触发器

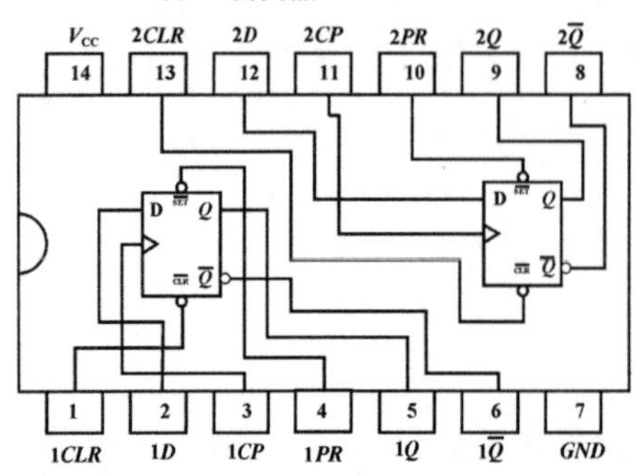

74LS76 双 JK 触发器

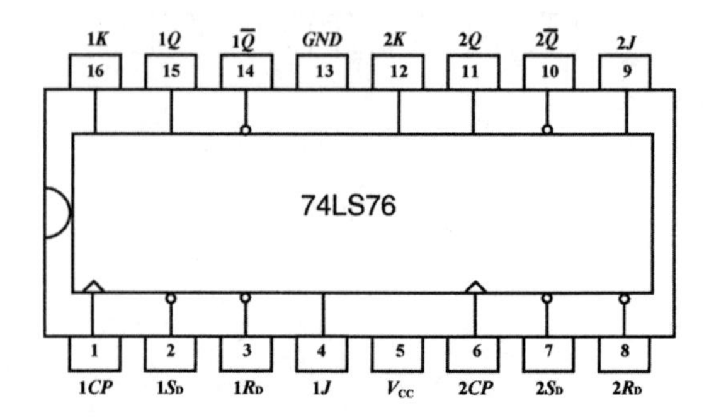

74LS85 4 位数值比较器

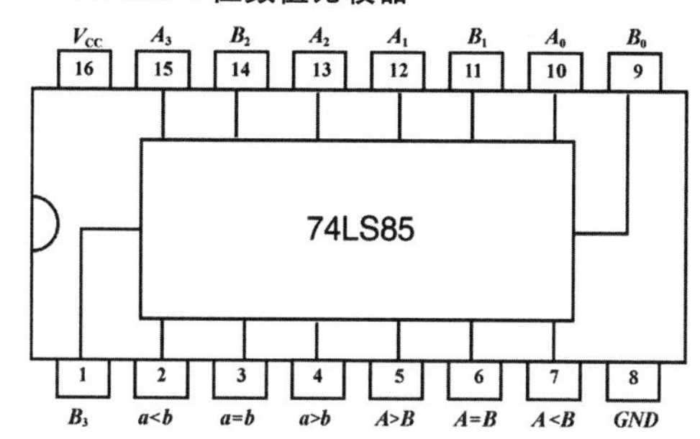

74LS86 四 2 输入异或门

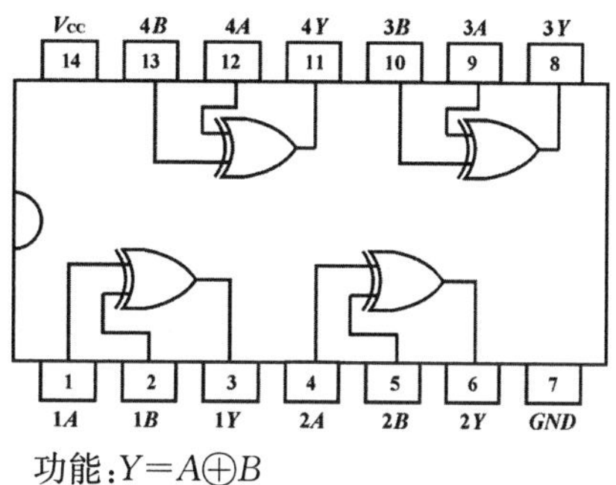

功能：$Y=A\oplus B$

74LS90 十进制计数器

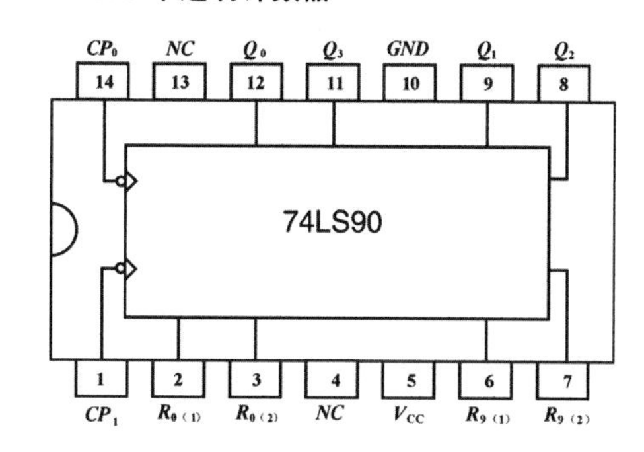

74LS92 十二分频计数器

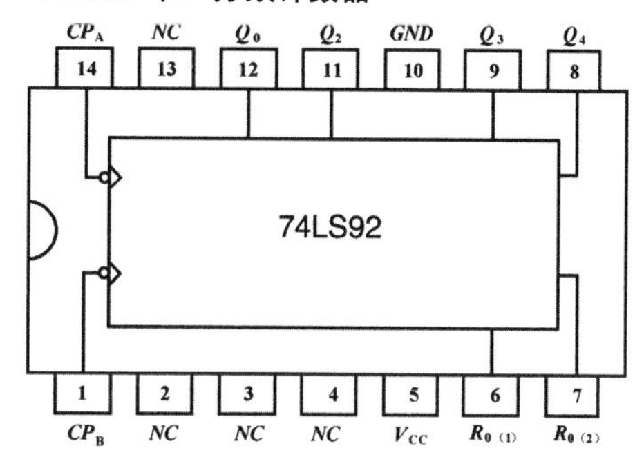

74LS112 双下降沿 JK 触发器

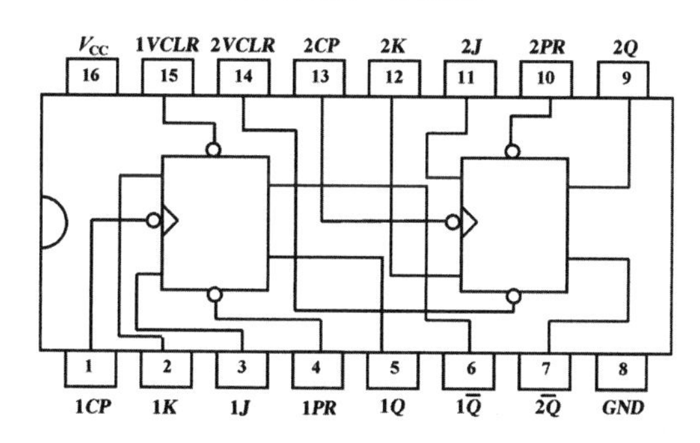

74LS121 施密特触发器输入单稳态触发器

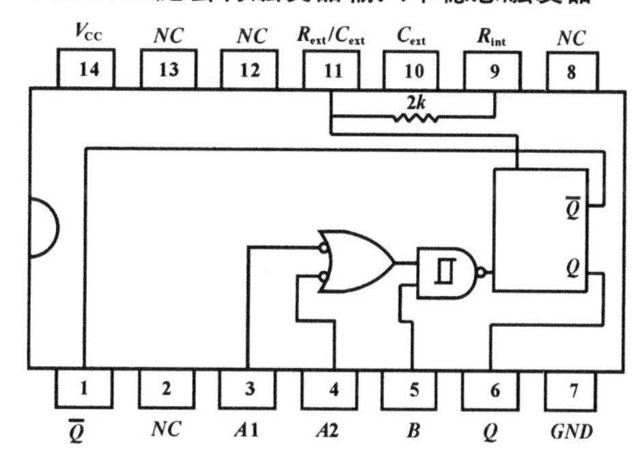

74LS125 四总线缓冲器(三态门)

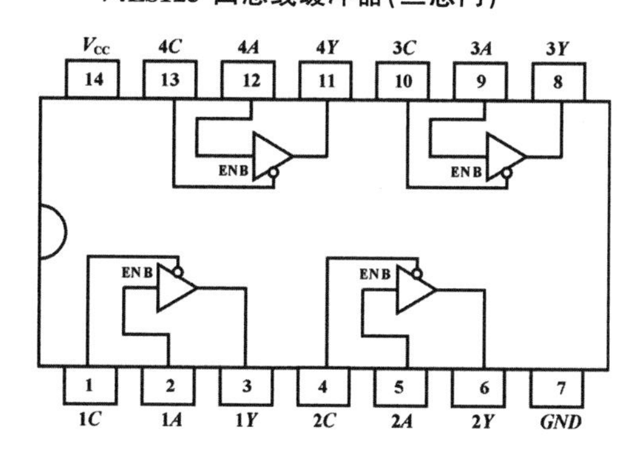

74LS138 3 线-8 线译码器

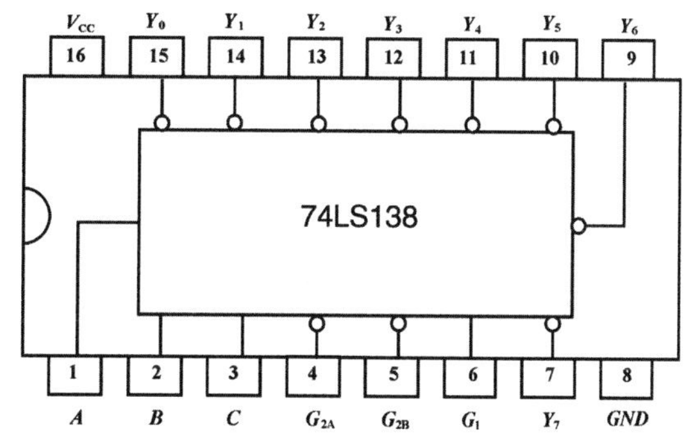

功能：$C=0$ 时，$Y=A$；$C=1$ 时，$Y=$高阻

74LS139 双 2 线-4 线译码器

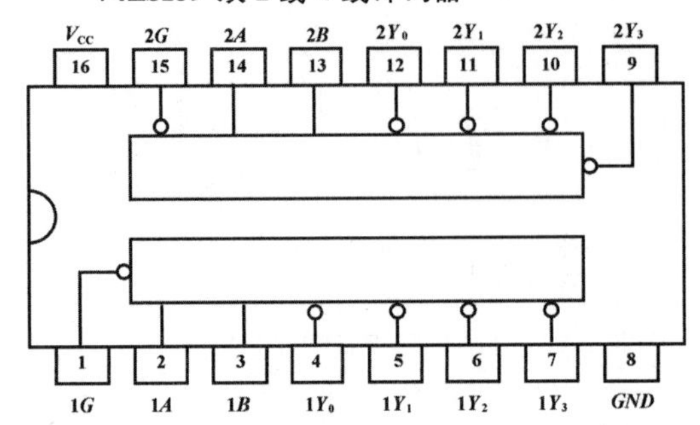

74LS148 8 线-3 线优先编码器

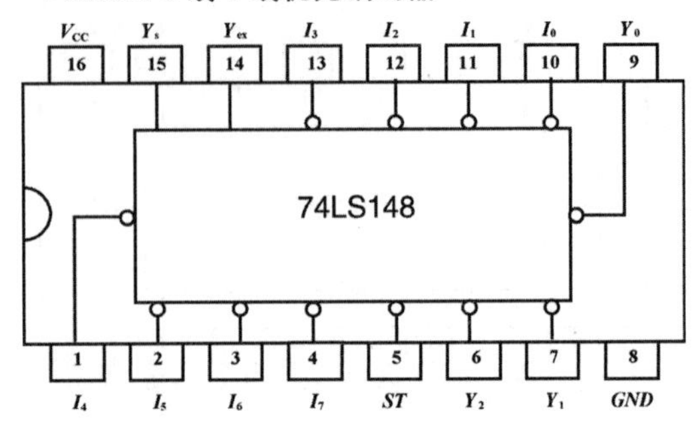

74LS151 八选一数据选择器

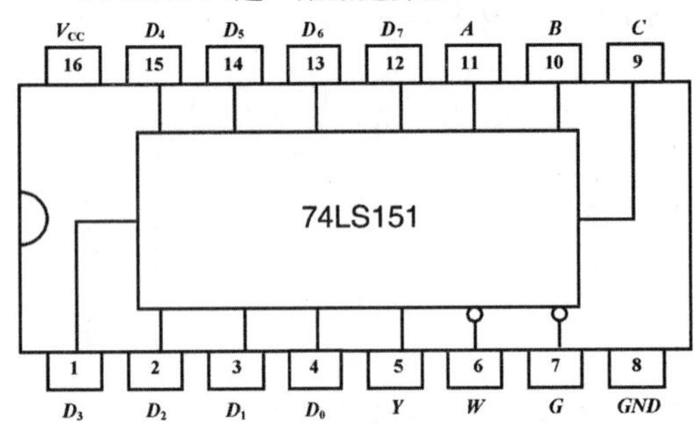

74LS153 双四选一数据选择器

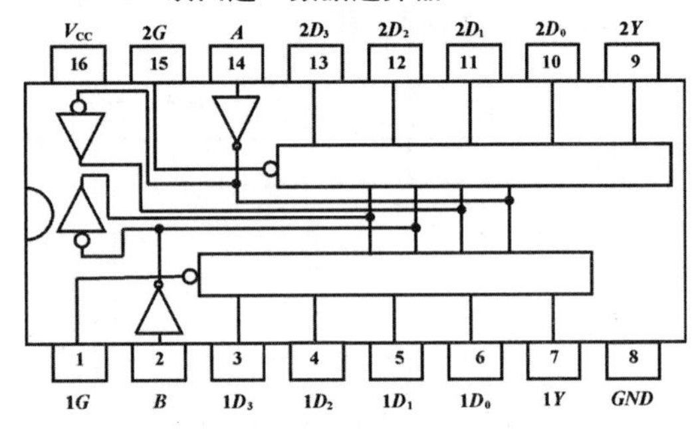

74LS161 4 位二进制同步计数器

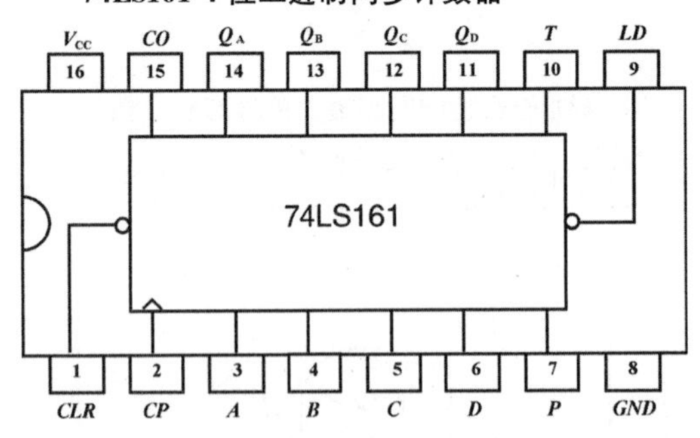

74LS163 4 位二进制同步计数器

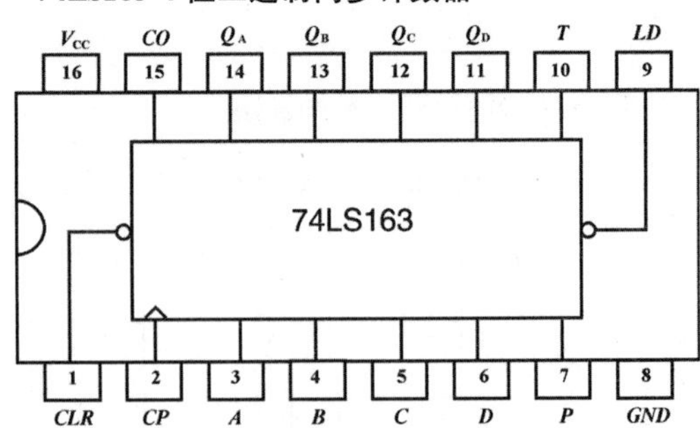

74LS190 十进制同步加/减计数器

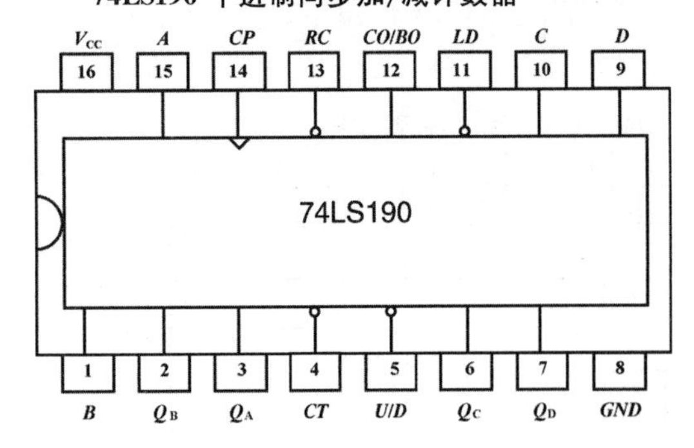

74LS192 十进制同步加/减计数器

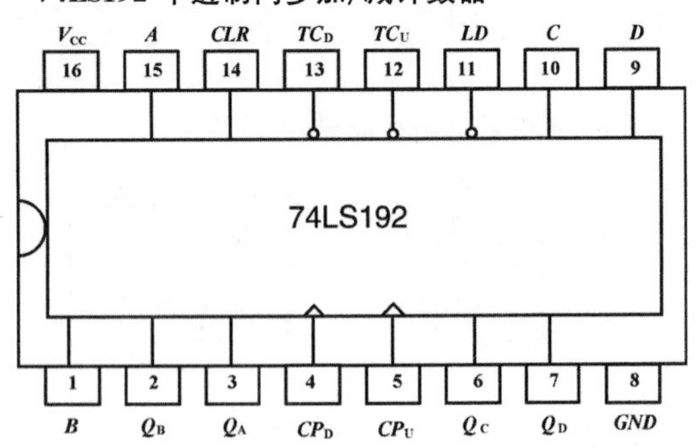

74LS194 4 位双向通用移位寄存器　　**74LS279 四 RS 锁存器**

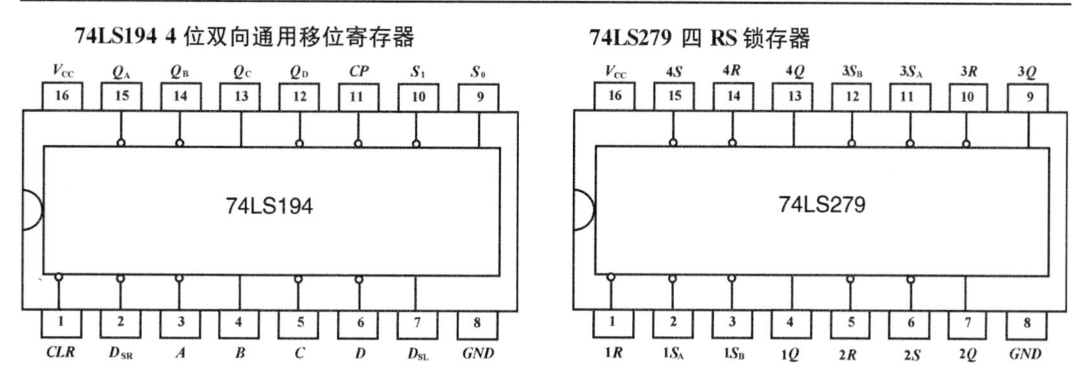

74LS198 8 位并行双向移位寄存器

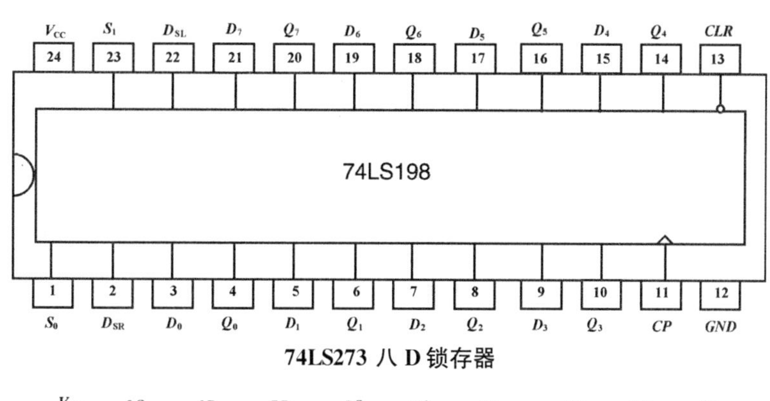

74LS273 八 D 锁存器

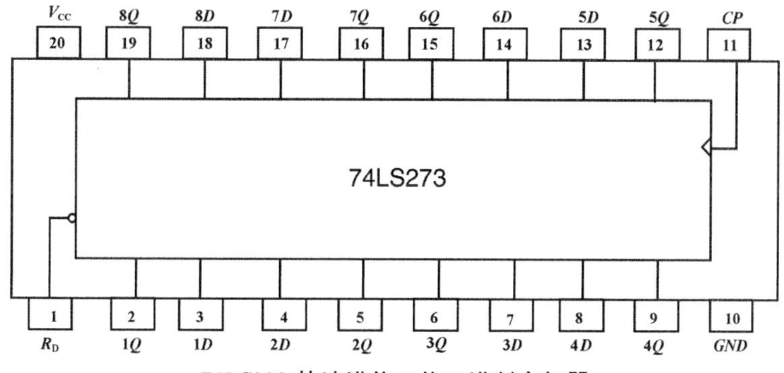

74LS283 快速进位 4 位二进制全加器

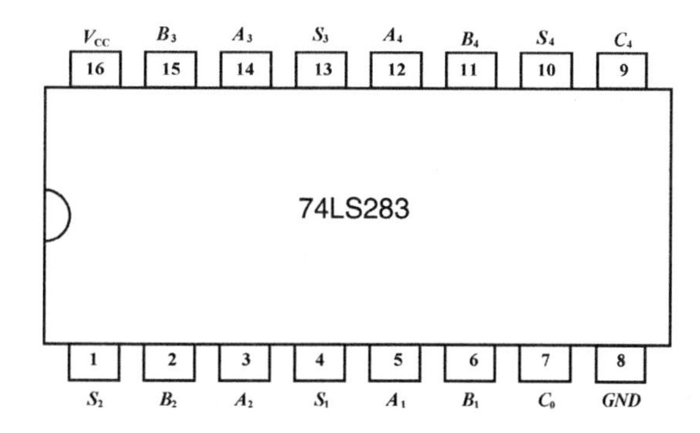

74LS390 LSTTL 型双 4 位十进制计数器

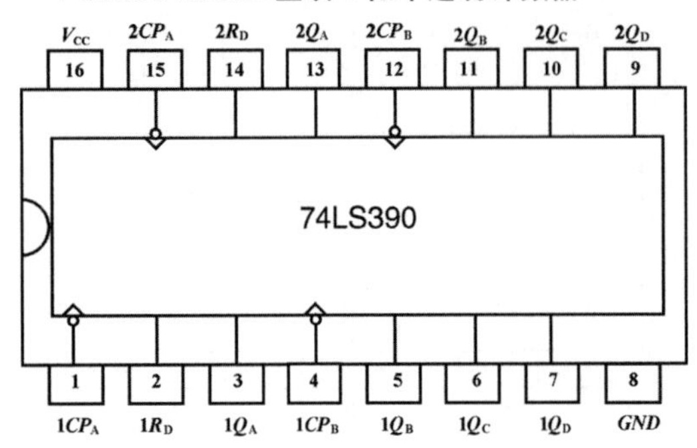

CD4000 二 3 输入或非门一非门

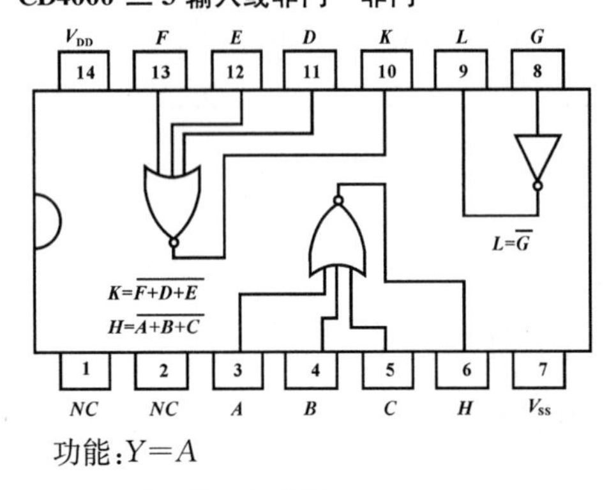

功能：$Y=A$

CD4012 双 4 输入与非门

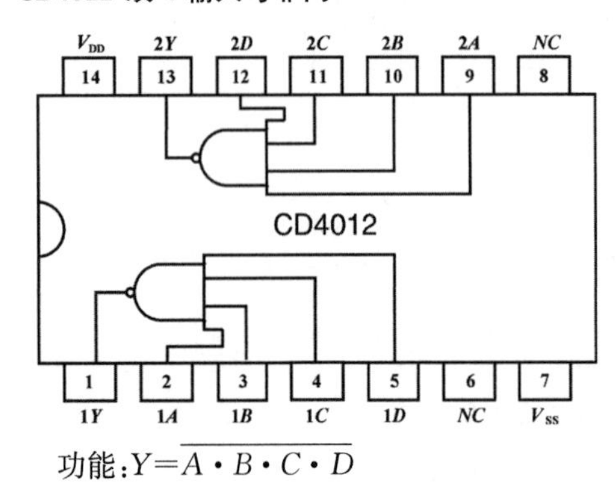

功能：$Y=\overline{A \cdot B \cdot C \cdot D}$

CD4017 十进制计数/分频器

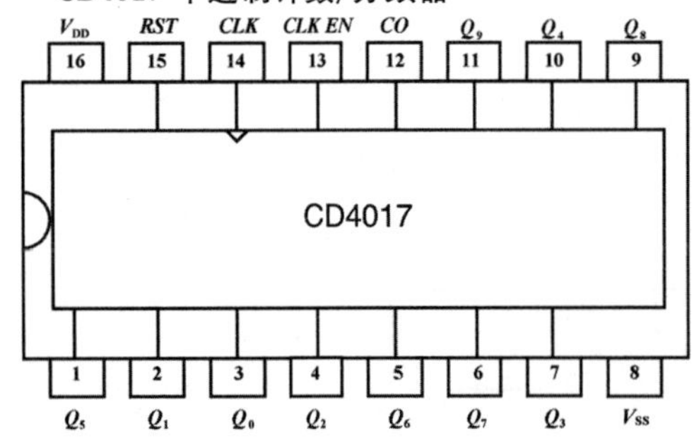

CD4001 四 2 输入或非门

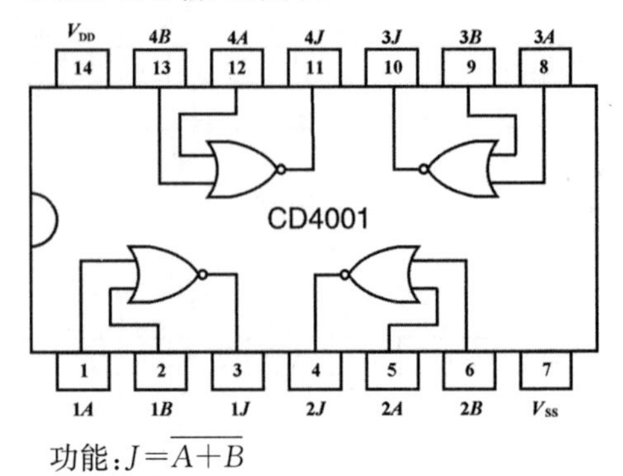

功能：$J=\overline{A+B}$

CD4011 四 2 输入与非门

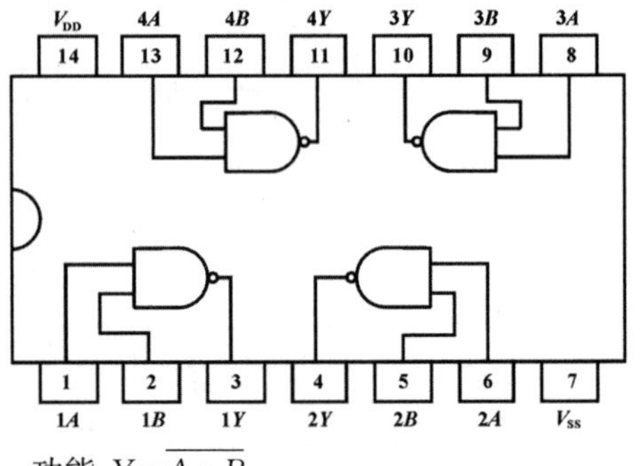

功能：$Y=\overline{A \cdot B}$

CD4013 双 D 触发器

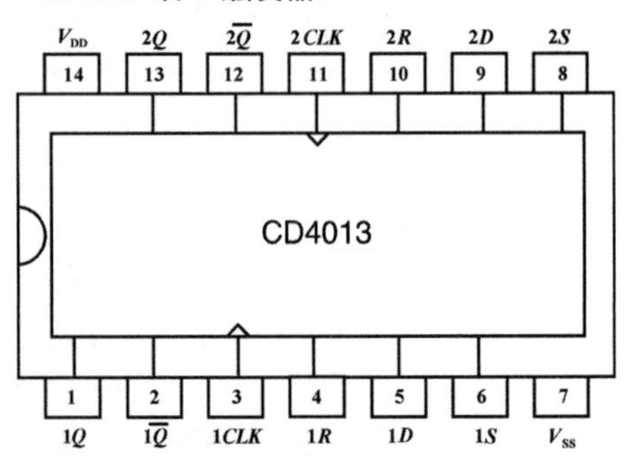

CD4043 四三态 RS 锁存触发器

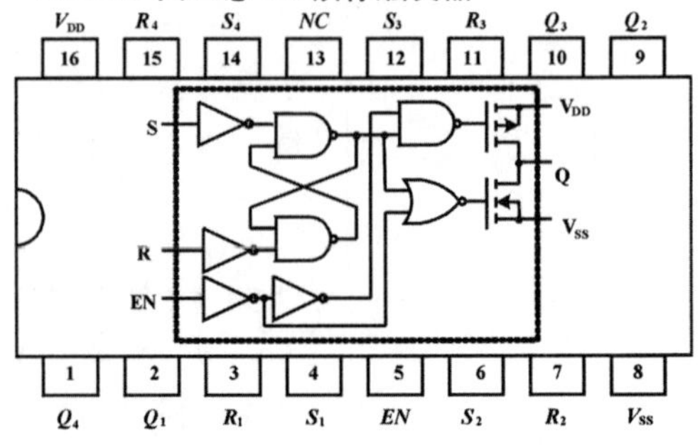

CD4042 四锁存 D 触发器

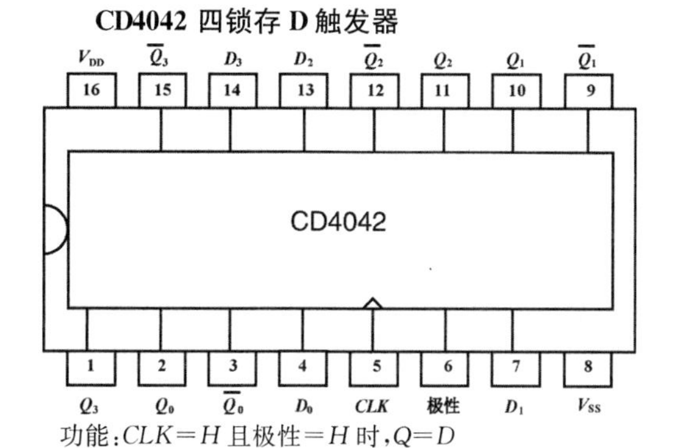

功能:$CLK=H$ 且极性$=H$ 时,$Q=D$

$CLK=L$ 且极性$=L$ 时,$Q=D$

极性$=H$,CLK 下降沿锁存

极性$=L$,CLK 上升沿锁存

CD4060 14 位二进制串行计数器

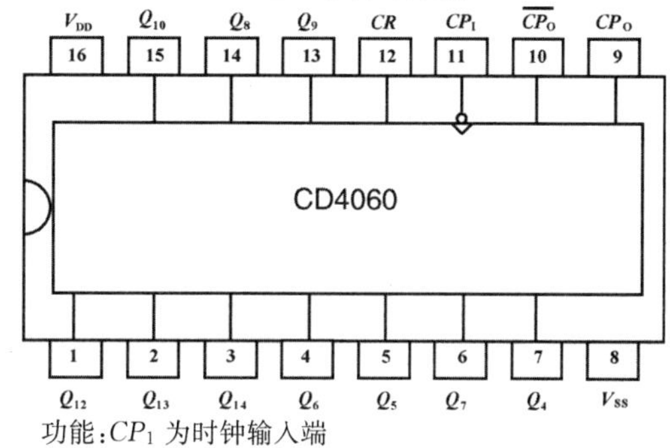

功能:CP_1 为时钟输入端

$\overline{CP_0}$ 为时钟输出端

CP_0 为反相时钟输出端

$Q_4 \sim Q_{10}$,$Q_{12} \sim Q_{14}$ 为计数输出端

CD4069 六反相器

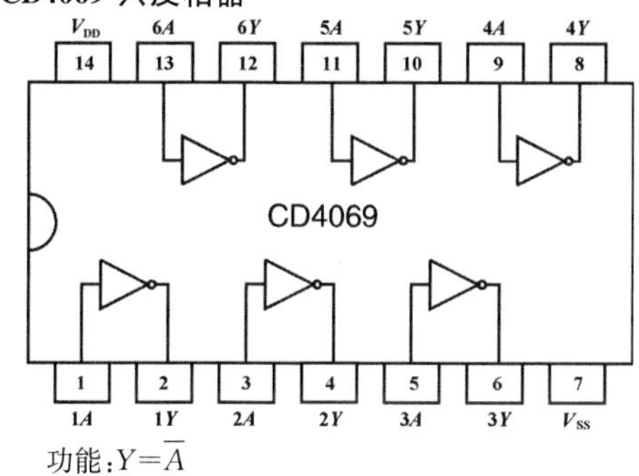

功能:$Y=\overline{A}$

CD4071 四 2 输入或门

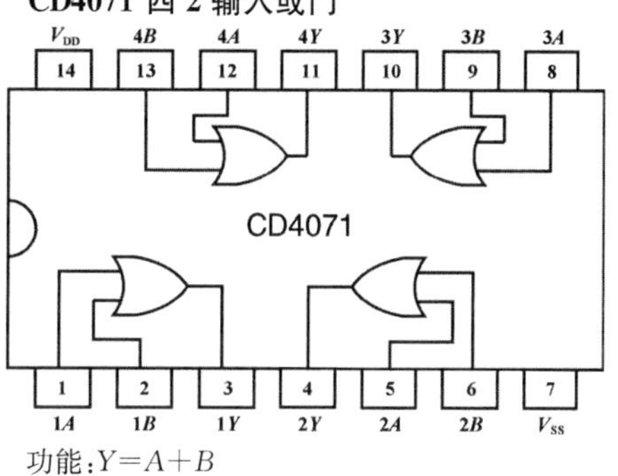

功能:$Y=A+B$

CD4081 四 2 输入与门

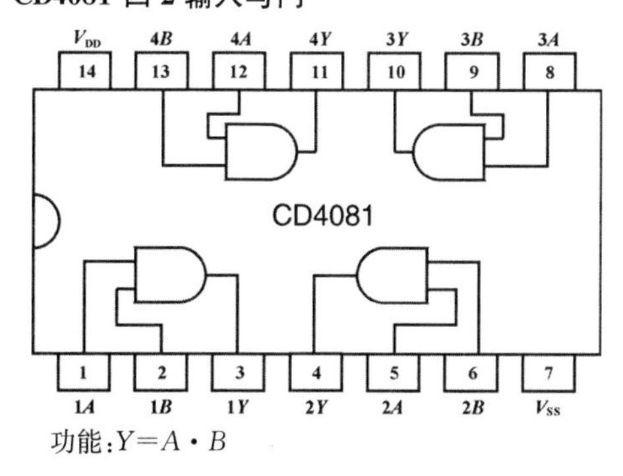

功能:$Y=A \cdot B$

CD4093 四 2 输入与非门施密特触发器

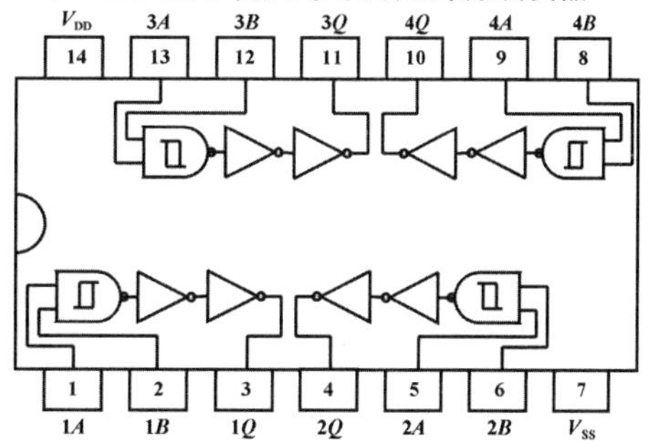

CD40110 十进制可逆计数器/锁存器/译码器/驱动器

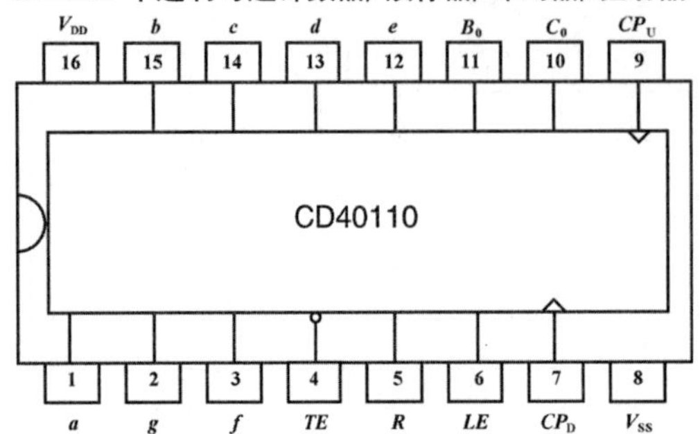

功能:$LE=H$ 时锁存显示,显示不随计数变化

$LE=L$ 时不锁存,显示随计数变化

CD4510 可预置 BCD 码加/减计数器

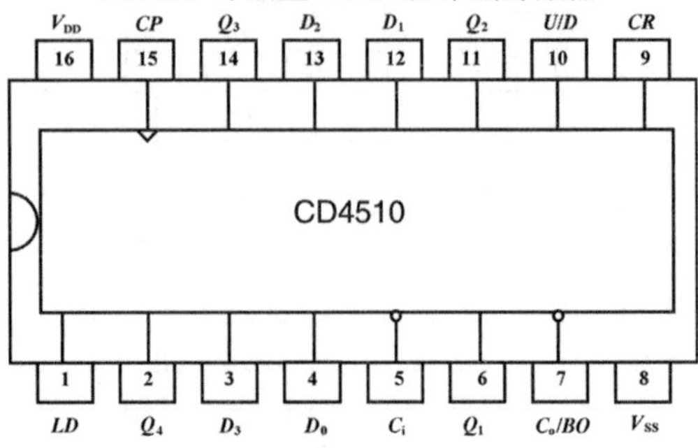

注:C_i、C_0 都为低电平有效

$U/D=H$ 加计数,$U/D=L$ 减计数

CD40192 十进制同步加/减计数器

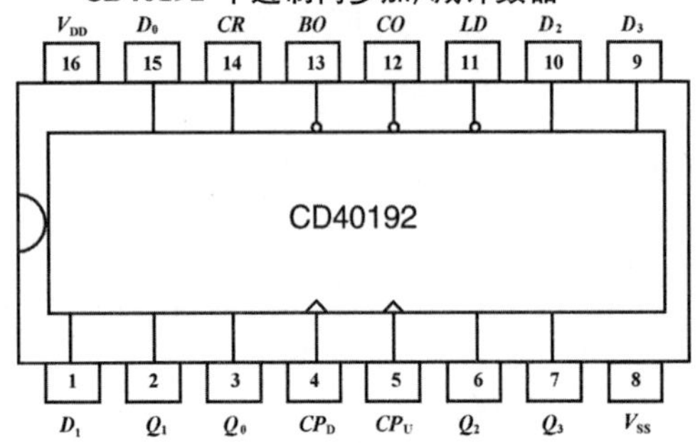

555 定时器

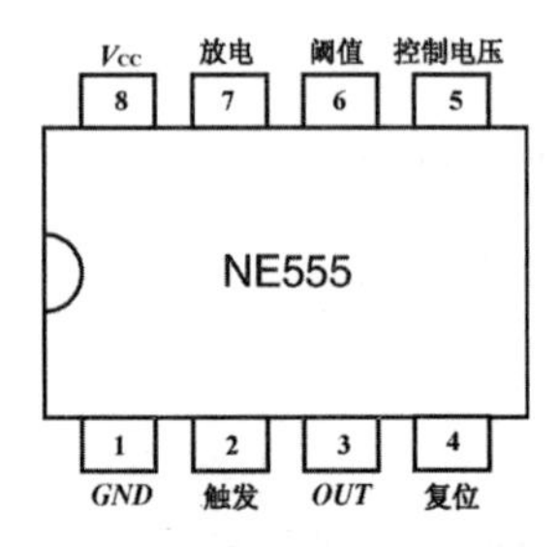

CD4511 BCD 锁存/七段译码器/驱动器

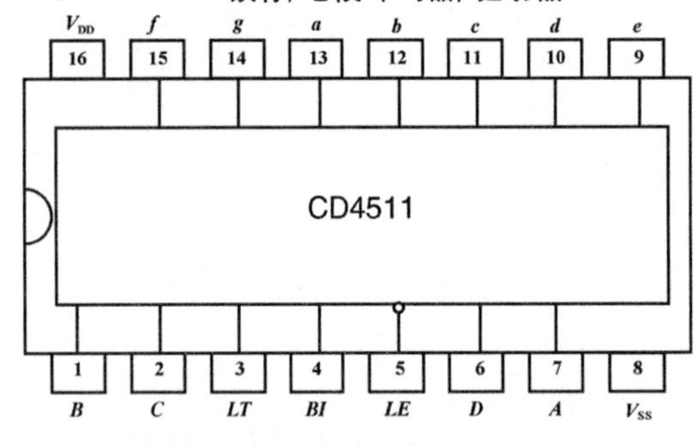

CD40107 双 2 输入与非缓冲器/驱动器(三态)

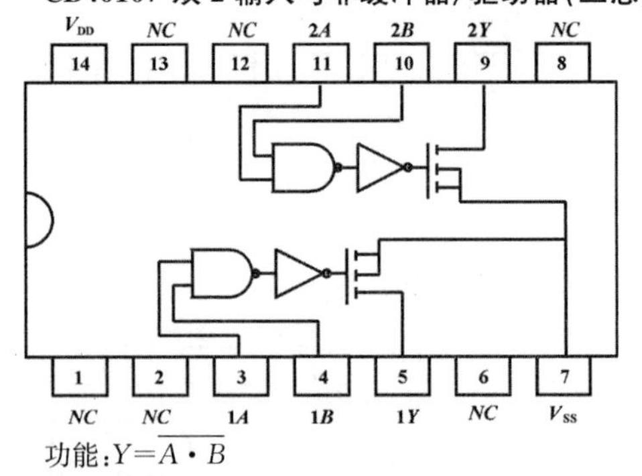

功能:$Y=\overline{A \cdot B}$

CD4049 六反相缓冲器/电平转换器

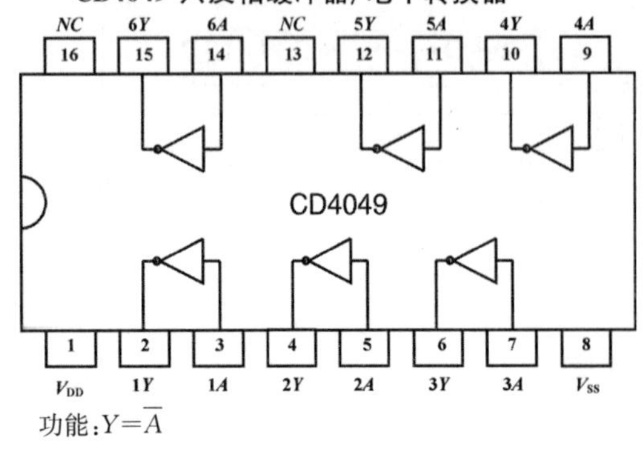

功能:$Y=\overline{A}$

CD4050 六缓冲器/电平转换器

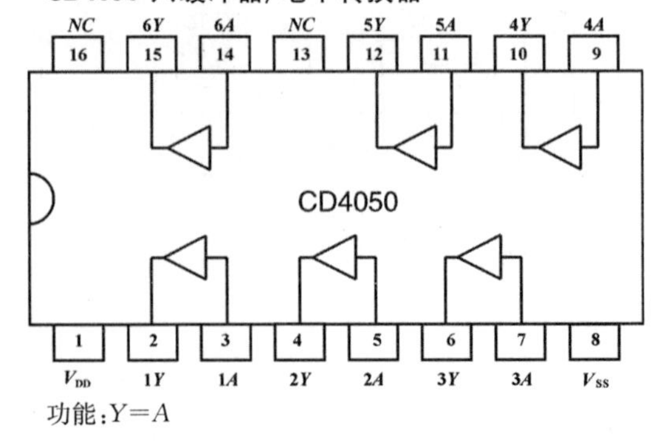

功能:$Y=A$

CD4066 四双向开关

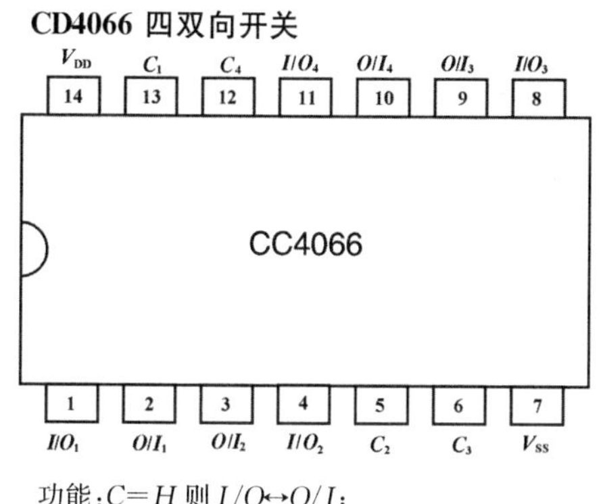

功能：$C=H$ 则 $I/O\leftrightarrow O/I$；

$C=L$ 则 I/O 或 O/I 间高阻

CD14543 4 线-七段译码器

VDD 16, Yg 15, Yf 14, Ye 13, Yd 12, Yc 11, Yb 10, Ya 9

CC14543

1 LD, 2 D2, 3 D1, 4 D3, 5 D0, 6 M, 7 BI, 8 VSS

注：接共阴极发光二极管 $M=L$；

接共阳极发光二极管 $M=H$；

接液晶显示器，从 M 端输入

LM339 集成比较器

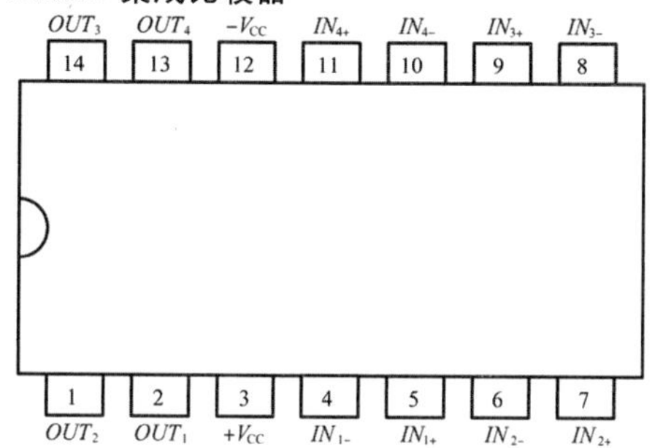

OP07 集成运算放大器

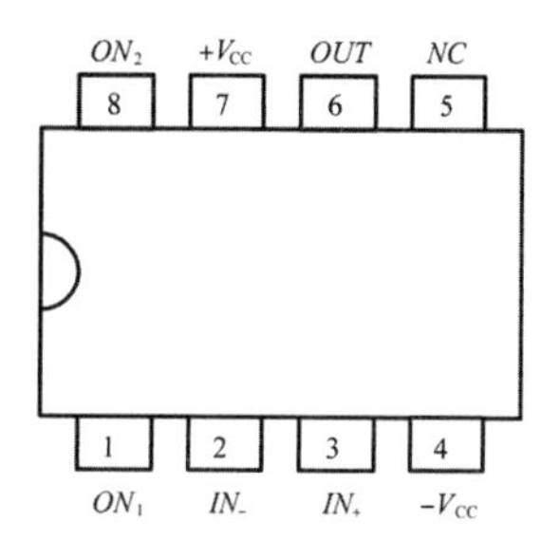

参 考 文 献

[1] 王鲁杨. 电子技术实验指导书[M]. 2 版. 北京：中国电力出版社，2012.

[2] 李佳，姚远，李亚宁. 电子技术实验指导[M]. 西安：西安电子科技大学出版社，2018.

[3] 王翠，王玉珏. 电子技术实验指导[M]. 徐州：中国矿业大学出版社，2011.

[4] 孙梯全，龚晶. 电子技术基础实验[M]. 南京：东南大学出版社，2016.

[5] 罗杰，谢自美. 电子线路设计·实验·测试[M]. 北京：电子工业出版社，2008.

[6] 童诗白，华成英. 模拟电子技术基础[M]. 3 版. 北京：高等教育出版社，2000.